Parkflächen im Herbst 1990

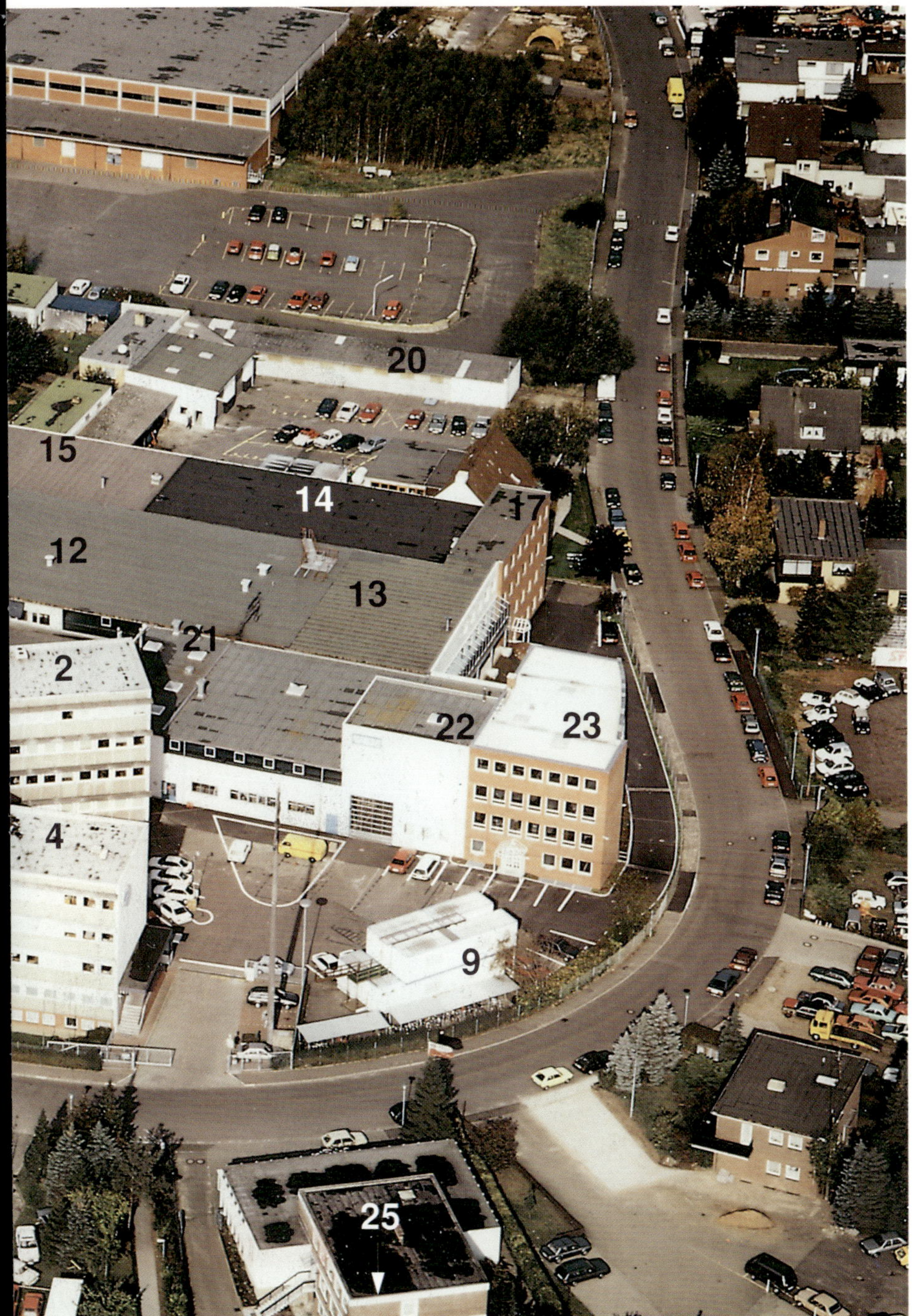

MG

11	Halle 1	(1964)	19	Einfahrt Lenardweg	(1986)
12	Halle 2	(1970)	20	ex-Stieper-Gelände	(1988)
13	Erweiterung Halle 2	(1977)	21	Erweiterung Schweißerei	(1989)
14	Halle 3	(1982)	22	Erweiterung Halle 1	(1990)
15	1. Erweiterung Halle 3	(1985)	23	Verwaltung	(1990)
16	2. Erweiterung Halle 3	(1987)	24	Malerei	(1990)
17	Büroanbau Halle 3	(1986)	25	Parkplatz »An der Hülshorst« (außerhalb des unteren Bildrandes)	(1986)
		(1985)			

Nohse · Rössler

Konstruktionen für die Welt

Herrn Ministerialrat a.D. Helmut Dreher
zur Erinnerung an viele gemeinsame,
erfolgreiche und harmonische Jahre.

Oktober 1992

Fritz Nohse

Prof. Ulrich Gabler,
der langjährige Alleininhaber des IKL und Gründungshauptgesellschafter von MG, gemalt 1988 von Günter Rittner. Das Original wurde Prof. Gabler von den Gesellschaftern zum 75. Geburtstag geschenkt.

Prof. Ulrich Gabler,
for many years sole proprietor of IKL and chief partner in the foundation of MG, portrait painted by Günter Rittner in 1988. The partners gave the original as a present to Prof. Gabler on his 75th birthday.

Lutz Nohse · Eberhard Rössler

Konstruktionen für die Welt

Geschichte der Gabler-Unternehmen IKL und MG

Koehlers Verlagsgesellschaft mbH
Herford

Abbildungen, Grafiken und Pläne

Soweit nicht besonders gekennzeichnet, wurden diese Unterlagen zur Verfügung gestellt von:

INGENIEURKONTOR LÜBECK (IKL),
MASCHINENBAU GABLER GmbH (MG),
Howaldtswerke – Deutsche Werft AG (HDW),
Thyssen Nordseewerke GmbH (TNSW),
Professor Gabler und den Autoren.

Die Abbildung auf dem Schutzumschlag stammt von HDW und zeigt ein neueres Klasse 209-Boot von achtern. Zu beachten sind am Heck die Abweiser für drahtgelenkte Torpedos.

Die beigelegten Klasse 201-Pläne wurden vom IKL zur Verfügung gestellt. Sie unterliegen nun keiner Geheimhaltung mehr.

Die Deutsche Bibliothek – CIP-Einheitsaufnahme

Nohse, Lutz:
Konstruktionen für die Welt: Geschichte der Gabler-Unternehmen IKL und MG / Lutz Nohse; Eberhard Rössler. – Herford: Koehler, 1992
ISBN 3-7822-0552-9
NE: Rössler, Eberhard

ISBN 3 7822 0552 9; Warengruppe 17

Schutzumschlag-, Einband- und Innentitelgestaltung:
Regina Meinecke, Hamburg, unter Verwendung der o.g. Abbildung
Produktion: Christine Detring und Heinz Kameier
Gesamtherstellung: Kunst- und Werbedruck, Bad Oeynhausen
Printed in Germany

Inhaltsverzeichnis

Vorwort

Diese Jubiläumspublikation berichtet über 70 Jahre Arbeit einer Firma und ihr Wirken für den U-Boot-Bau. Sich ändernde Umweltbedingungen haben in dieser Zeit zu Orts- und Kundenwechseln geführt.
Das Unternehmen sah seine Hauptaufgabe stets darin, der eigenen Marine Konstruktionen für den Bau moderner U-Boote bereitzustellen. Dazu war notwendiges Wissen zu erarbeiten, zu erhalten und an den Nachwuchs weiterzugeben. Ständiges Suchen nach besseren Lösungen war damit verbunden. Das war nur möglich bei intensiver und insbesondere kontinuierlicher Behandlung der gesamten Breite des Themas durch qualifizierte Ingenieure mit guten Werkzeugen.
Die für Kunden besonders wertvolle, manchmal jahrelange gemeinsame und variantenreiche Entwurfsarbeit, die erst zum Konstruktionsauftrag führen konnte, nahm stets breiten Raum ein.
Wenn diese Leistungen nicht im Lande erbracht werden konnten oder durften, war man bemüht, im Ausland weiterzumachen. Solche fortlaufenden Arbeiten mußten auch finanziert werden. War die eigene Marine nicht in der Lage, Aufträge zu erteilen, so mußten sie in der Welt gesucht werden. Beides war nur mit Überwindung vieler nichttechnischer Schwierigkeiten möglich, wurde aber immer wieder durch eine kompetente Firmenleitung erreicht.
Mangelnde Bereitschaft anderer Firmen, kleine Stückzahlen von Sondergeräten zu produzieren, führte bald (1962) zur Gründung der IKL-Schwester »Maschinenbau Gabler«. Auch die MG entwickelte sich gut und hatte großen Anteil an der Verbreiterung der Leistungs-Palette des Gesamtunternehmens.
Die vorliegende Darstellung der Geschichte dieses Unternehmens und seiner Vorläufer läßt auch vielfältiges Zusammenwirken mit anderen Firmen im In- und Ausland erkennen. Die ständige Pflege dieser teilweise sehr engen Kontakte hat zur Verbreiterung von Wissen und Erfahrung der Konstrukteure beigetragen. Hier ist besonders das enge Verhältnis zu den Bauwerften zu nennen, das zu wertvollem Erfahrungsrückfluß führte. Und schließlich ließ die Erkenntnis, daß die Qualität eines U-Bootes erst in See, bzw. unter See, abschließend bewertet werden kann, die von Anfang an engen Verbindungen zu den Marinen nie abreißen. Als Folge konnten auch Zweitaufträge gebucht werden, was gegenseitiges Vertrauen voraussetzt. Schließlich mußten alle Export-Erfolge auf dem Markt gegen starke Konkurrenz erkämpft werden. Die sich einstellenden und sichtbaren Erfolge rechtfertigten alle Mühen. Als Ergebnis stehen unserer Bundesmarine auch heute die Fähigkeiten des IKL zur Konstruktion moderner U-Boote zur Verfügung.

Mancherlei Tätigkeiten für den Überwasser-Schiffbau und andere nichtmaritimen Bereiche milderten die Probleme unregelmäßiger Auslastung durch U-Boot-Konstruktionen, mindern deren besondere Bedeutung für das Firmenprofil aber nicht.
Für die Mitarbeiter dürften die namentlichen Erwähnungen von besonderem Wert sein. Sie geben, neben den Darstellungen in den Anlagen, Informationen über das soziale Gefüge der Firma und damit Anregungen auch für Außenstehende.
Da mit diesem Buch außerdem Einblicke in Arbeitsabläufe und Managementverfahren geboten werden, dürfte es über den Kreis der am U-Boot-Bau Beteiligten hinaus Interesse finden. Der Beitrag zur Technik-Geschichte verdient besondere Beachtung.
Mit dieser Schrift wird auch das Lebenswerk des langjährigen Firmenchefs von IKL und MG, Prof. Dipl.-Ing. Ulrich Gabler, gewürdigt, der im In- und Ausland dank seiner Ingenieurleistungen und seiner menschlichen Werte viele Freunde hat.

Rheinbach, im Herbst 1991

Karl-Heinz Otte
Ministerialdirigent a. D.
Bundesministerium der Verteidigung

Einleitung

Im Jahre 1922 wurde in Den Haag die Vorgängerfirma des INGENIEURKONTOR LÜBECK, das INGENIEURSKAANTOR VOOR SCHEPSBOUW, gegründet. Dieses soll ein Anlaß sein, 70 Jahre danach über die Arbeiten des IKL und seiner Vorgänger sowie der Schwesterfirma MASCHINENBAU GABLER GmbH zu berichten. Schließlich arbeiten seit Jahrzehnten Hunderte von Menschen, inzwischen über 600, in Lübeck in beiden Unternehmen, und Tausende auf in- und ausländischen Werften und in Zulieferbetrieben hängen von der Arbeit der INGENIEURKONTOR LÜBECK Prof. Gabler Nachf. GmbH ab.
Das IKL wird nicht nur in Lübeck, sondern bei Fachleuten vieler Länder mit dem Namen des früheren Alleininhabers Prof. Ulrich Gabler in Verbindung gebracht, und damit mit U-Boot-Entwurf und U-Boot-Konstruktion. Die internationalen Handbücher sprechen deshalb bewußt vom »Gabler Design«. Wenn man den Unterseebootbau in der UdSSR und in China nicht berücksichtigt, so sind dann auch in den 60er, 70er und 80er Jahren weltweit über 50 % der konventionell angetriebenen U-Boote in ihren theoretischen Grundlagen in Lübeck entstanden. Geht man davon aus, daß die starke Verteidigungsbereitschaft der Bundesrepublik Deutschland entscheidend dazu beigetragen hat, den Frieden in Mitteleuropa über eine erfreulich lange Zeit zu erhalten, so hat das IKL hierzu für die Bundesmarine mitgewirkt.
Darüber hinaus konnte das IKL zusammen mit den Werftpartnern einen erfolgreichen Export aufbauen. Eine wesentliche Auswirkung war dabei die Erhaltung der Kapazitäten zwischen den einzelnen Bauprogrammen der Bundesmarine. Obwohl die beiden Gabler-Firmen weltweit in Fachkreisen bekannt sind, so wirkten sie doch bis 1986 weitgehend unbeachtet von der großen Öffentlichkeit. Ende des Jahres 1986 gerieten das INGENIEURKONTOR LÜBECK und die Howaldtswerke – Deutsche Werft AG durch den Vorwurf eines ungenehmigten Verkaufs von U-Boot-Plänen in die Schlagzeilen der Zeitungen. In dem vorliegenden Buch wird auch über diese Angelegenheit kompetent und offen berichtet. Berichtet wird aber auch über die großen anderen Arbeitsgebiete des IKL, wie zum Beispiel für den Überwasserkriegsschiffbau, den Handelsschiffbau, die Meerestechnik, das Baumaschinenwesen und die Logistik. Ferner soll aufgezeigt werden, daß die MASCHINENBAU GABLER GmbH über Zulieferung für den U-Boot-Bau hinaus inzwischen eine der bedeutendsten deutschen Hersteller für Thermoformmaschinen ist und sich erfolgreich auf dem Gebiet der Umwelttechnik betätigt.
In den letzten Jahren haben sich große Veränderungen auf der politischen Weltbühne vollzogen. Festgefügte Konfrontationen zwischen Supermächten,

politischen Systemen und Rassen konnten abgebaut oder verringert werden. Neue Spannungen und Gefahren entstanden im Nationalitätenbereich. Die Sehnsucht der Menschen nach Wohlstand und Freiheit und nicht militärischer Druck haben die großen Drohpotentiale in Osteuropa beseitigt.
Für die Friedenserhaltung werden deshalb wohl in Zukunft andere Mechanismen als bisher erforderlich werden, die große finanzielle Zuwendungen benötigen. Statt einer permanenten Hochrüstung erhalten kleine, technologisch optimal ausgerüstete und flexibel einsetzbare Eingreifverbände eine wichtige Bedeutung. Dies hat Auswirkungen auf die industriellen Voraussetzungen. Auch das IKL wird sich den neuen Aufgaben durch Schwerpunktverlagerungen und noch stärkere Diversifikationen anpassen müssen.
Behandelt wird der Stand der Dinge im Herbst 1991. Zum Schluß des Kapitels 17 »Blick in die Zukunft« wird auf die zunehmende Bedeutung der IKL-Partnerschaften verwiesen. Inzwischen wurden Verhandlungen über eine Beteiligung der Howaldtswerke-Deutsche Werft AG am IKL aufgenommen. Dieses entspricht den weltweiten Konzentrations-Tendenzen und wird die IKL-Position stärken, auch im Hinblick auf den ab 01.01.1993 wirksam werdenden europäischen Markt.

Dieses Buch ist für einen größeren Interessentenkreis gedacht, und zwar im einzelnen:

1. für die heutigen und zukünftigen Geschäftspartner der beiden Gabler-Unternehmen;
2. für die IKL- und MG-Mitarbeiter, damit sie sich an ihre Tätigkeiten in den Unternehmen erinnern können und ihren Familien zeigen können, wo sie arbeiten bzw. wo sie gearbeitet haben;
3. für diejenigen, die sich über die genannten Kreise hinaus für die Arbeit in diesen beiden Firmen interessieren; und schließlich soll
4. mit diesem Buch das Lebenswerk von Prof. Ulrich Gabler gewürdigt werden. Lutz Nohse ist glücklich und dankbar, daß er während des größten Teils seiner Berufszeit an der Seite von Ulrich Gabler mitwirken konnte.

Die Zusammenarbeit der beiden Autoren begann bereits vor zwanzig Jahren mit einer gemeinschaftlichen Buchveröffentlichung über die Entwicklung der modernen Küsten-U-Boote. Die Kapitel 1 bis 4 wurden von Eberhard Rössler, die folgenden von Lutz Nohse abgefaßt.

Lutz Nohse *Eberhard Rössler*

1 Die Vorgänger des INGENIEURKONTOR LÜBECK (IKL)

1.1 Es begann vor siebzig Jahren: INGENIEURSKAANTOR VOOR SCHEPSBOUW (IvS)

Dr.-Ing. e.h. Hans Techel war im Ersten Weltkrieg bei der Germaniawerft Kiel U-Boot-Konstruktionschef. Im IvS, dem Vorgängerunternehmen des IKL, war Dr. Techel der technische Direktor.

Dr. Ing. (honoris causa) Hans Techel was head of the submarine design department at Germaniawerft Kiel in World War I. At IvS, the predecessor company of IKL, Dr. Techel was Technical Director.

Der deutsche U-Boot-Export hat eine lange Tradition. Noch bevor das erste U-Boot für die Kaiserliche deutsche Marine bei der Germaniawerft auf Kiel gelegt wurde, waren von dieser Werft drei U-Boote eines ähnlichen Typs für die russische Marine begonnen worden. Auch nach dem zögernden Beginn des U-Boot-Baus für die deutsche Marine bemühte sich die Germaniawerft um ausländische Aufträge für ihre U-Boot-Konstruktionen. Bis zum Beginn des Ersten Weltkrieges standen neun Booten für die deutsche Marine elf Export-U-Boote für Rußland, Österreich-Ungarn, Norwegen und Italien gegenüber. Weitere fünf U-Boote für Österreich-Ungarn waren 1914 in Bau. Mit der Türkei und Griechenland wurde über den Verkauf von GW-U-Booten verhandelt. Diese Boote waren eigentlich für die deutsche Marine vorgesehen, GW wollte dafür modernere Ersatzbauten liefern.
Für diese vielfältigen konstruktiven Aktivitäten war das von dem spanischen Ingenieur d'Equevilley bei der Germaniawerft eingerichtete U-Boot-Konstruktionsbüro insbesondere nach der 1907 erfolgten Übernahme durch Dipl.-Ing. Hans Techel erweitert worden. Die starke Zunahme des U-Boot-Baus bei der Germaniawerft während des Ersten Weltkrieges (31 Ms-U-Boote von ca. 800 t, 8 Handels-U-Boote von ca. 1500 t, 4 U-Kreuzer von ca. 2000 t, 8 UB I-Boote von ca. 125 t, 6 UC II-Minenboote von ca. 400 t, 6 UB III-Boote von ca. 500 t wurden abgeliefert, eine große Zahl weiterer großer und mittlerer U-Boote befand sich bei Kriegsende in Bau) machte eine weitere Verstärkung von Techels Büro mit fähigen und ideenreichen Konstrukteuren erforderlich.

Außer bei der Germaniawerft waren vor dem Ersten Weltkrieg nur noch bei der Kaiserlichen Werft in Danzig U-Boote für die deutsche Marine gebaut worden. Wegen der starken Auslastung der Kaiserlichen Werften durch den Überwasserkriegsschiffbau und Reparaturen war hier eine stärkere Produktionsausweitung für den U-Boot-Bau nicht möglich. So wurden mit zunehmender Bedeutung der U-Boote in der deutschen Kriegsführung und wachsenden U-Boot-Aufträgen weitere Privatwerften zum U-Boot-Bau herangezogen. Dazu gehörten insbesondere die AG Weser in Bremen, die Vulcan AG und Blohm & Voss in Hamburg. Für die Fertig- und Detailkonstruktion richteten diese Werften ebenfalls U-Boot-Konstruktionsbüros ein.
Am Ende des Ersten Weltkrieges besaß Deutschland wohl die leistungsfähigste U-Boot-Industrie mit besonders ausgereiften U-Boot-Konstruktionen. Die Bestimmungen des Versailler Friedensvertrages, die Deutschland den U-Boot-Bau untersagten, trafen deshalb besonders diese Werften schwer.
Es wurde nun versucht, wenigstens die vorhandenen Pläne und Erfahrungen im Ausland nutzbar zu machen und dabei den bedeutenden U-Boot-Konstrukteuren dieser Werften dort eine Fortsetzung ihrer Arbeit zu ermöglichen. So wurden 1920 von Germaniawerft und der Vulcan AG Zeichnungen des U-Kreuzers U 142 und des großen Minen-U-Bootes U 117 an Japan verkauft. Gleichzeitig konnten einige Mitarbeiter aus Techels Büro dort tätig sein.
Die deutsche Marineleitung unterstützte diese Aktivitäten, da man sich dadurch eine Bewahrung und Weiterentwicklung der großen deutschen Erfahrungen auf dem U-Boot-Gebiet erhoffte. Als Anfang 1922 der in Argentinien tätige

Marineberater Korv. Kpt. a.D. Karl Bartenbach die deutsche Marineleitung von der Absicht der Argentinier, eine kleine U-Boot-Flotte von zehn Booten aufzubauen, in Kenntnis setzte, gab sie diese Information sofort an die Werften weiter und ermunterte die Vulcan AG, gemeinsam mit den beiden Krupp-Werften Germaniawerft und AG Weser ein Konsortium zu bilden, das sich mit Aussicht auf Erfolg um derartige Aufträge bemühen könnte. Da ein solcher Auftrag nach den Bestimmungen des Friedensvertrages nicht von einer deutschen Firma ausgeführt werden durfte, beschlossen die drei Werften im Juli 1922, ein U-Boot-Konstruktionsbüro unter der Bezeichnung N.V. Ingenieurskaantor voor Schepsbouw (IvS) in Holland einzurichten. Holland war ausgewählt worden, da es den Versailler Vertrag nicht unterzeichnet hatte. Das Gründungskapital betrug 12 000 Holländische Gulden. Zum technischen Direktor wurde Dr.Ing. e.h. Hans Techel, zum kaufmännischen Direktor der ehemalige U-Boot-Kommandant und spätere Flottillen-Chef Korv.Kpt. a.D. Ulrich Blum ernannt. Mit der geringen finanziellen Basis waren vorerst keine großen Sprünge möglich. Das U-Boot-Material der drei Werften wurde gesammelt und für den Transport nach Holland verpackt. Einen kleinen Stamm bewährter Mitarbeiter aus Techels GW-Büro, darunter Hugo Seligmann (seit 1904 bei der GW), Georg Behrmann, Hugo Peine (seit 1913 bei der GW), Karl Knorre und Richard Wagner (seit 1914 bei der GW) gewann man für die neue Firma. Sie arbeiteten erste Entwürfe auf der Basis bewährter Konstruktionen der deutschen Marine aus.

Die Eröffnung eines eigenen Büros von IvS in Den Haag verzögerte sich, da die holländische Regierung die Registrierung verweigerte. So arbeitete das IvS vorerst in einem Büro auf dem Gelände der Germaniawerft in Kiel.
Erst als der holländische Anwalt Dr. Blaupot ten Cate aus Den Haag die Firma IvS unter seinem Namen registrieren ließ, war im Sommer 1925 der Umzug nach Holland möglich. IvS zog hier mit 11 Mitarbeitern in ein Geschäftshaus Ecke Wagenstraat/Gedempte Burgwal. Neben den bereits genannten IvS-Angehörigen waren dies die GW-Konstrukteure Leopold Bänder (Chef der Ingenieurabteilung), Edgar Rickmeier und Hermann Grieger sowie die Sekretärin Frl. Kreutzfeld.
Waren bisher die Einkünfte aus Entwürfen, Berechnungen, Gutachten usw. recht gering gewesen, ergab sich im Jahr des Umzuges nach Holland die erste realisierte neue U-Boot-Konstruktion, ein an den UB III-Typ anknüpfendes 500-t-U-Boot für die Türkei. Da die Finanzierung unsicher war, kam die Reichsmarine als vierter Aktionär über eine zwischengeschaltete Scheinfirma in das Gründungskonsortium dazu.
Im Mai 1925 erhielt dann die holländische Werft Fijenoord, Rotterdam, vom IvS den Auftrag für den Bau von zwei U-Booten nach dem Entwurf Pu 46. Die Werftbezeichnungen für diese U-Boote lauteten Fij 304/305. Am 1. Februar 1927 lief das erste Boot mit dem Namen *Birindci Inönü* und am 12. März 1927 das zweite, das den Namen *Ikindci Inönü* erhielt, vom Stapel. Die Übergabe an die türkische Marine erfolgte im Frühjahr 1928.

Die zweite Möglichkeit, U-Boote nach IvS-Entwürfen bauen zu lassen, ergab sich in Finnland. Nach der wenig erfolgreichen Mission in Argentinien war Korv.Kpt. a.D. Bartenbach dort ab 1924 als Marineberater tätig. Durch seine Initiative kam es 1926 zu einem Vertrag mit der finnischen Marine, nach dem drei U-Boote des IvS-Entwurfes Pu 89 bei der Crichton-Vulkan Schiffswerft in Åbo, Finnland, gebaut werden sollten.
Bei dem Entwurf Pu 89 handelte es sich um ein mittleres U-Boot von knapp 500 t, das eine kombinierte Torpedo- und Minenbewaffnung besitzen sollte. Die Unterbringung von 20 Minen in Schächten seitlich vom Druckkörper war bei einem U-Boot dieser Größe eine neue Konstruktion, die erstmals im November 1925 für Chile ausgearbeitet worden war (Pu 58/Pu 72). Der entsprechende erste Entwurf Pu 78 für Finnland hatte eine Verdrängung von 400 t und war mit drei Torpedorohren ausgerüstet. In der endgültigen Ausführung Pu 89 besaß das Boot dann 4 Torpedorohre (2 vorn, 2 hinten).
Die Kiellegung der drei Boote erfolgte 1926/27. Als Berater und für die Bauaufsicht waren vom IvS die Konstrukteure Hugo Peine, Wilhelm Etzbach und Edgar Rickmeier zur Crichton-Vulkan Schiffswerft entsandt worden. Wegen der fehlenden Erfahrung der Werft im U-Boot-Bau und wegen der Arbeitsunterbrechungen in der kalten und langen Winterperiode dauerte die Bauzeit fast dreieinhalb Jahre. Die drei U-Boote mit den Werftbezeichnungen CV 702-704 erhielten nach den Indienststellungen im Frühjahr 1931 die Namen *Vetehinen, Vesihiisi* und *Iku-Turso.*

Bereits bei den ersten Kontakten von Bartenbach mit der finnischen Marine zeigte sich diese an einem kleinen Minen-U-Boot interessiert, das sie auf dem Ladogasee einsetzen konnte, wo jedoch auf Grund eines russisch-finnischen Vertrages nur Kriegsschiffe mit weniger als 100 t Gewicht verwendet werden durften. Bartenbach gab diese Information sofort an das IvS weiter, bei dem sich noch in Kiel Hugo Seligmann an den Entwurf eines entsprechenden 99-t-U-Bootes (Pu 23) machte. Die finnische Marine zögerte dann aber mit der Bestellung. 1926 wurde das Angebot eines 99-t-U-Bootes als Pu 78/79 zusammen mit Pu 89 wiederholt. Doch erst 1929 gelang es Bartenbach, Finnland zum Bau dieses Klein-U-Bootes nach den inzwischen verbesserten Plänen Pu 109/110 zu bewegen. Der Bau erfolgte bei Hietalahden Laivatelakka in Helsingfors. Hier lief das kleine Boot am 2. Juli 1930 vom Stapel und erhielt dabei den Namen *Saukko*. Es wurde gemeinsam mit CV 702 und CV 703 durch eine deutsche Mannschaft erprobt und war damals das kleinste U-Boot der Welt.

Bericht von Prof. Gabler in einer Firmenmitteilung aus dem April 1973

Am 28.3.1973 feierte unser Vertreter in der Türkei, Herr Ali Nuri, Istanbul, seinen 90. Geburtstag. A.N. war bereits seit 1928 Vertreter unserer Vorgängerfirma, dem Ingenieurskantoor voor Schepsbouw. Am Zustandekommen des jetzigen Auftrages ist A.N. beteiligt. An der Geburtstagsfeier, die sich im wesentlichen im Kreise der großen Familie abspielte, konnte ich – zusammen mit meiner Frau – teilnehmen, da wir den Urlaub entsprechend gelegt hatten. Herr A.N. betreibt ein ausgedehntes Vertretergeschäft, so ist er für die AEG, Dyckerhoff & Widmann u. a. tätig. Er hat es sehr bedauert, daß die nunmehr fast fertiggestellte neue Bosporus-Brücke an die englische Konkurrenz, welche in Arbeitsgemeinschaft mit Hochtief arbeitet, gegangen ist. Auch am Tage seines Geburtstages war A.N. morgens und nachmittags in seiner Firma tätig.

Der Lebenslauf A.N.s ist interessant. Er ist geboren in Athen, aber auf türkischem Boden, denn sein Vater war zu der Zeit Gesandter der Türkei in Griechenland. Den größten Teil seiner Jugend verbrachte A.N. in Berlin, wo sein Vater damals Gesandter der Hohen Pforte war. Er besuchte dort das französische Gymnasium. Dann ging er zusammen mit seinem Vater nach England. Nachdem sein Vater Großwesir (entspricht unserem Reichskanzler) geworden war, kam A.N. wieder nach Berlin, wo er als Leutnant im 2. Dragonerregiment diente. Später besuchte er in Deutschland die Kriegsakademie und ist auf die Weise Jahrgangskamerad verschiedener deutscher bekanntgewordener Feldmarschälle. Einer seiner Vorgesetzten und späteren Freunde war der vor einigen Jahren verstorbene Herzog Adolf Friedrich von Mecklenburg (zuletzt wohnhaft in Eutin, früher Gouverneur von Togo, bekannt geworden als Förderer des Sports).

Im Ersten Weltkrieg war Ali Nuri Adjutant des Generalfeldmarschalls von der Goltz-Pascha (Dardanellen-Verteidigung). Er war 1918 in der türkischen Delegation bei den Friedensverhandlungen in Versailles, die damals von türkischer Seite nicht ratifiziert wurden. Am Befreiungskrieg gegen die Griechen 1922 konnte er nicht teilnehmen, weil er zu dieser Zeit Adjutant des letzten Sultans war. Nach Umwandlung der Türkei in eine Republik durch Kemal Pascha schied er aus dem militärischen Dienst aus. Er wandelte das Palais seines Vaters in das heutige Park-Hotel um und gründete seine oben genannte Firma.

Ali Nuri spricht neben seiner Muttersprache perfekt Deutsch mit einem leichten Berliner Akzent, Englisch, Französisch, Armenisch und Griechisch.

Die Familie A.N.s stammt aus der damals türkischen Krim. Der Großvater A.N.s war Oberst in der türkischen Armee und nahm 1839 an der Schlacht bei Nisib teil, jener Schlacht, die türkischerseits gegen die Ägypter verloren wurde und an der Moltke in seiner türkischen Zeit als Berater teilgenommen hat.

Seit Jahren habe ich von Zeit zu Zeit die Freude und die Ehre gehabt, von A.N. über erlebte Weltgeschichte unterrichtet zu werden, einer Geschichte, die sich, aus der Sicht von Istanbul – einer Stadt, die für mehr als ein Jahrtausend die Hauptstadt der Welt war – so ganz anders darstellt, als wie wir lernten und noch weit anders, als sie jetzt vielfach dargestellt wird – und es handelt sich doch immer um dieselbe Geschichte.

IvS-Vertreter Ali Nuri, Foto aus dem Jahre 1973, im 90. Lebensjahr.

Ali Nuri, representative of IvS at the age of 90 picture dated 1973.

Inzwischen war ein weiterer Konstruktionsauftrag mit Finnland abgeschlossen worden. Es handelte sich diesmal um einen größeren Überwasserkriegsschifftyp. In den Jahren von 1929 bis 1933 entstanden nach IvS-Plänen die 3900 t großen Küstenpanzerschiffe *Ilmarinen* und *Väinämöinen* bei Crichton-Vulkan.

Ab 1924 spielte auch Spanien als potentieller Kunde für IvS-U-Boote eine immer bedeutendere Rolle. Die Bemühungen von IvS, sich in Zusammenarbeit mit der spanischen Unternehmensgruppe UNL an einem ehrgeizigen U-Boot-Bauprogramm zu beteiligen, führten aber trotz starker Hilfestellung der deutschen Marineleitung zu keinem Abschluß. In einem neuen Anlauf wurde 1927 eine enge Zusammenarbeit mit dem spanischen Industriellen Don Horacio Echevarrieta angestrebt. Echevarrieta besaß gute Verbindungen zum spanischen Königshaus und hatte ehrgeizige Pläne, die aber seine Möglichkeiten erheblich überstiegen. Andererseits ergab eine Zusammenarbeit mit ihm die einmalige Chance, ein größeres U-Boot nach den Vorstellungen der deutschen Marineleitung für eine angenommene kommende Wiederaufrüstung auf dem U-Boot-Gebiet zu bauen und zu erproben.

Als Grundlage dafür diente der Entwurf 51 A (G-Typ) der Kaiserlichen Marine aus dem Jahr 1918, der den UB III-Typ ablösen sollte. Er wurde vom IvS der fortentwickelten U-Boot-Technik angepaßt und erhielt im November 1927 die IvS-Bezeichnung Pu 94. Die weitere Entwicklung wurde wesentlich bestimmt durch den Wunsch der spanischen Marine nach einer stärkeren Überwasserleistung, wobei die Genfer Tonnagebegrenzung von 600 ts für »kleine« U-Boote möglichst eingehalten werden sollte. Im Laufe der Entwurfsarbeiten stellte sich dann aber heraus, daß beides nicht zu erreichen war. Als noch andere Forderungen dazukamen, gab man die Tonnagebegrenzung auf, und der Entwurf hatte in der endgültigen Ausführung Pu 111 von 1928 eine Standard-Verdrängung von 690 ts.

Der schleppende Ausbau der vorgesehenen Bauwerft Larrinaga y Echevarrieta in Cadiz verzögerte den Baubeginn, der unter der Werftbezeichnung Ech 21 schließlich im Februar 1929 erfolgte. Wegen des unfertigen Zustandes der Helling konnte die Kiellegung aber erst am 25. März 1929 vorgenommen werden. Als Bauzeit war ein Jahr veranschlagt worden. Obwohl den größten Teil der Baukosten die deutsche Marine bestritt, die Bootshülle in Einzelteilen auf der holländischen Werft Fijenoord vorgefertigt worden war, die meisten Ausrüstungen und Maschinen aus Deutschland geliefert wurden und nicht zuletzt auch personelle Hilfe erfolgte, dauerte die Fertigstellung 20 Monate. Ein Hauptgrund für die Verzögerungen war der Konkurs von Echevarrieta. Das Boot erhielt nun die Bezeichnung E1, wurde vom IvS übernommen und auf deutsche Kosten zu Ende gebaut.

Die verspätete Fertigstellung von E1 war auch eine Folge der Entscheidung für neue 1400-PS-Dieselmotoren von MAN. Diese wurden erst Anfang Juni 1930 beim Hersteller abgenommen und trafen am 25. Juli 1930 in Cadiz ein. Hier konnten sie aber nicht in das auf der Helling liegende Boot eingesetzt werden, da die Hellingkräne für die 18 t schweren Motoren zu schwach waren. So waren beim Stapellauf am 22. Oktober 1930 die Dieselmotoren noch nicht eingebaut.

Die Erprobungen des Bootes und seiner Einrichtungen begannen schon am 9. November 1930, die eigentlichen Probefahrten konnten jedoch erst ab Mai 1931 durchgeführt werden. Für sie war eine deutsche Crew unter Leitung des erfahrenen ehemaligen U-Boot-Kommandanten und UAK-Spezialisten Robert Bräutigam zusammengestellt worden.

Modell des IvS-Entwurfes Pu 111 für das 755 t U-Boot E 1.

Model of the IvS design Pu 111 for the 755 t submarine E 1.

E 1 im Sommer 1931 bei der Erprobung vor Cadiz (Spanien). E 1 war als Typboot für den Neuaufbau der deutschen U-Bootwaffe vorgesehen und besaß eine Reihe von Neuerungen (u. a. den schwallosen Torpedoausstoß). Nachdem wegen des Sturzes der spanischen Monarchie der geplante Ankauf dieses Bootes durch Spanien nicht mehr in Frage kam, wurde es 1934 an die Türkei verkauft, die es im Mai 1935 unter dem Namen GÜR in Dienst stellte.

E 1 during trials off Cadiz (Spain) in the summer of 1931. E 1 was planned to be the type boat for the reconstruction of the German submarine arm and was equipped with several new developments (among others the surgeless torpedo ejection). After the planned purchase of the boat by the Spanish Navy was out of the question due to the overthrow of the Spanish monarchy, it was sold to Turkey in 1934 who commissioned it in May 1935 under the name GÜR.

Vom IvS nahmen die Konstrukteure Hugo Seligmann, Engelbert Freitag, Fritz Ebschner und andere an den Erprobungen teil. Die Probefahrten endeten am 4. Juli 1931. Die Erprobungen waren am 8. Dezember 1931 abgeschlossen, und das Boot war fertig zur Übergabe.
Die Gesamtkosten für E1 betrugen 5,3 Mio RM, wovon die Reichsmarine 4,5 Mio RM übernahm. Den Rest zahlte Echevarrieta. Die relativen Baukosten für E1 betrugen 7 RM/kg, waren also nicht größer als bei dem etwa zur gleichen Zeit gebauten Panzerschiff *Deutschland*.
Der 1932 erfolgte Sturz der spanischen Monarchie verhinderte den vorgesehenen Ankauf von E1 durch Spanien. Eine Übernahme des Bootes durch die deutsche Marine war zwar wünschenswert, aber zum damaligen Zeitpunkt nach den Bestimmungen des Versailler Vertrages nicht möglich. Es mußte also ein neuer Interessent für dieses Boot im Ausland gefunden werden. Nach vergeblichen Bemühungen, Argentinien für das Boot zu interessieren, gelang es 1934, E1 – allerdings mit erheblichen finanziellen Verlusten – für ca. 3 Mio RM an die Türkei zu verkaufen, die es im Mai 1935 unter dem Namen *Gür* in Dienst stellte.

Ein weiteres U-Boot, vom IvS mehr nach den Bedürfnissen der deutschen Marine als nach den Wünschen eines ausländischen Auftraggebers entwickelt, war ein 250-t-Küsten-U-Boot, dessen Eigenschaften seit 1926 in einer Reihe von Besprechungen im Marinekommandoamt festgelegt worden war. In der endgültigen Ausführung J 7 von 1929 wurde es dem IvS zur Fertigkonstruktion übergeben. Es hatte hier die Bezeichnung Pr 179. Bauwerft sollte wieder Chrichton-Vulkan in Åbo sein. Nach der erfolgreichen Erprobung von *Vetehinen* erklärte sich Finnland am 9. Oktober 1930 bereit, das neue U-Boot dort bauen zu lassen, wenn Finnland das Vorkaufsrecht eingeräumt bekäme. Der Bau für dieses Boot, das die Bezeichnung CV 707 erhielt, dauerte zwei Jahre. Der Stapellauf erfolgte am 10. Mai 1933. Anschließend erprobten deutsche Besatzungen 1933 und 1934 das Boot. Da dieses U-Boot als Typboot für die ersten neuen deutschen U-Boote nach der Aufhebung des U-Boot-Verbots vorgesehen war, wurden bei diesen Probefahrten gleichzeitig die ersten neuen U-Boot-Offiziere geschult. Erst am 13. Januar 1936 wurde CV 707 von Finnland übernommen und unter dem Namen *Vesikko* in Dienst gestellt.

CV 707 (IvS-Bezeichnung Pr. 179) Anfang Mai 1933 auf der Werft von Crichton-Vulkan in Turku (Abo) in Finnland unmittelbar vor dem Stapellauf. Dieses U-Boot war das Typboot des Typs II der deutschen Kriegsmarine. Es wurde im Sommer 1933 und 1934 mit deutschen Mannschaften ausführlich erprobt, wobei auch mehrere für die neue deutsche U-Bootwaffe vorgesehene Offiziere und Unteroffiziere ihre Bordausbildung erhielten. 1935 wurde CV 707 von Finnland angekauft und am 13. Januar 1936 unter dem Namen VESIKKO in Dienst gestellt. Das Boot hat den Zweiten Weltkrieg überlebt und ist als U-Bootdenkmal in Suomenlimma (Sveaborg) aufgestellt.

CV 707 (IvS designation Pr. 179) on the premises of the Crichton-Vulkan shipyard in Turku (Abo) in Finland shortly before the launch in early May 1933. This submarine was the type boat of the German Navy Type II. In the summer of 1933 and 1934 it was thoroughly tested and tried, with several officers and petty officers destined for the new German submarine arm receiving their on board training at the same time. In 1935 CV 707 was purchased by Finland and commissioned on 13 January 1936 under the name VESIKKO. The boat survived WW II and was erected in Suomenlimma (Sveaborg) as a submarine monument.

Die zweifache Aufgabenstellung des IvS, einmal die exportorientierte Erarbeitung von U-Boot-Angeboten, die auf die Bedürfnisse der verschiedensten Interessenten in der ganzen Welt – außer den schon genannten Ländern waren dies insbesondere Rumänien, Jugoslawien, Bulgarien, Japan, China, Schweden, Portugal, Norwegen, die UdSSR und Brasilien – zugeschnitten waren, zum anderen die konstruktive Vorbereitung für eine neue deutsche U-Boot-Waffe nach einer Aufhebung des Versailler U-Boot-Verbots, bedingten eine starke Ausweitung der Arbeit, für die die bisherigen Büroräume zu klein wurden. 1931 erfolgte deshalb der Umzug des IvS in die Rückseite der Rotterdamschen Bank in der Kneuterdijk 8.

Als Partner im Exportgeschäft war die Essener Firma Ferrostaal AG tätig. Wie der Name besagt, hatte diese 1930 gegründete Export-Import-Firma für Eisen- und Stahlwaren eine holländische Vorgängerin, die 1919 in Den Haag gegründete N.V. Algemeene Ijger-en Staal-Maatschappij Ferrostaal, die in den zwanziger Jahren von der Gutehoffnungshütte Aktienverein übernommen worden war. Die Aufträge der deutschen Marineleitung wickelte dagegen die Scheinfirma IGEWIT (Ingenieurbüro für Wirtschaft und Technik GmbH) ab.

Im Juni 1927 beschloß Schweden den Bau von zwei mittleren Minen-U-Booten. Da bereits früher schwedische U-Boote nach deutschen Plänen (*Bävern, Illern* und *Uttern*) gebaut worden waren, bestanden noch gute Beziehungen zu den deutschen Werften. So erhielt auch das IvS die Aufforderung, ein entsprechendes Angebot zu unterbreiten. Am 14. Dezember 1929 legte das IvS den Entwurf für ein 460-t-U-Boot (Pr 164) vor. Ein Jahr später folgte dann ein Vertragsentwurf für Pr 183. Doch erst am 18. November 1931 schloß das IvS mit Schweden einen Vertrag über die Lieferung der Konstruktionsunterlagen für ein Minen-U-Boot (Pr 196) ab.

Dieser Entwurf ist als Weiterentwicklung der *Vetehinen*-Klasse (Pu 89) anzusehen. Am 26. September 1932 folgte ein Lizenzvertrag über den Bau zweier U-Boote dieses Typs (*Delfinen* und *Nordkaperen*), am 17. Juli 1933 kam noch ein drittes Boot (*Springaren*) dazu. Bauwerft war Kockums in Malmö. Die Boote liefen hier 1934/35 vom Stapel und wurden 1936/37 von der schwedischen Marine übernommen.

Ein anderes Land, mit dem IvS ein erfolgreiches Exportgeschäft abschloß, war die UdSSR. Bereits 1921 hatte die Reichsmarine versucht, Kontakte zur UdSSR zu knüpfen. Im Juli 1926 wurden diese Versuche durch Reisen hochran-

giger Marineoffiziere nach Rußland wiederholt, ohne daß sich vorerst greifbare Erfolge einstellten.
Im Frühjahr 1932 kam eine russische Kommission nach Deutschland und Holland, um sich über neue IvS-Konstruktionen auf dem U-Boot-Gebiet zu informieren. Dabei stellte sich heraus, daß die sowjetische Marine bereits Pläne der *Vetehinen*-Klasse besaß und an Konstruktionszeichnungen des kleinen finnischen U-Bootes *Saukko* sehr interessiert war. Das IvS lehnte den Verkauf dieser Pläne ab und bot dafür Zeichnungen von 8–10 nicht ausgeführten U-Boot-Projekten zum Preis von 3000 Gulden an. Dieses relativ kleine Geschäft kam sofort zustande.
Der sowjetischen Marine war auch bekannt, daß das U-Boot E1 von Spanien nicht übernommen wurde und zum freien Verkauf zur Verfügung stand. Die Kommission erkundigte sich deshalb nach dem Preis für dieses U-Boot. Dieser wurde von U. Blum mit 1,5 Mio $ beziffert.
Auf Grund des an diesem Boot gezeigten Interesses bot das IvS im März 1932 der russischen Kommission die vollständigen Unterlagen für einen Nachbau des E 1-Typs für 1.360.000 Reichsmark sowie zusätzliche Pläne für zwei U-Boote von ca. 600 t (eines mit und eines ohne Minenbewaffnung) an.

Anfang Januar kam es dann zu direkten Verhandlungen zwischen dem IvS und der sowjetischen Marine über dieses Angebot, die mit der Abfassung eines Vertrages über die »Ausarbeitung von vorläufigen Projekten, definitiven Bauunterlagen und Leistung technischer Hilfe bei der Herstellung von Werkstattzeichnungen und dem Bau . . « abgeschlossen werden konnten.
Im April 1933 fuhr Techel nach Leningrad, wo eine Vorführung von E 1 vor sowjetischen Fachleuten vereinbart wurde. Dazu kam es vom 17. bis 22. Juli 1933 in Spanien.
Zu dem Ankauf von E 1 durch die UdSSR kam es jedoch nicht. Dagegen konnte der Vertrag über die Lieferung aller Bauunterlagen und die gewünschte personelle Hilfe für die Herstellung eines modifizierten E 1-U-Bootes, das die IvS-Bezeichnung Pr 224 II bzw. E II erhielt, abgeschlossen werden. Dieser E II-Typ mit 828 t Deplacement unterschied sich in erster Linie von E 1 durch die Verwendung stärkerer MAN-Dieselmotoren von 2000 PS und den Einbau eines eigenen Geschützes auf dem Deck vor dem Turm.
Zum Bau des Typbootes S 1 ging eine IvS-Baubelehrungsgruppe mit R. Wagner, H. Seligmann und F. Ebschner nach Leningrad, wo die Kiellegung im Dezember 1934 erfolgte. Der Stapellauf von S 1, dem ersten Boot einer umfangreichen und erfolgreichen neuen U-Boot-Klasse der sowjetischen Marine, fand am 8. August 1935, also noch vor dem Stapellauf des entsprechenden Typ I A-Bootes U 25 der Kriegsmarine, statt. Beim Bau von U 25/26 bei der AG Weser in Bremen soll übrigens eine Gruppe von sechs sowjetischen U-Boot-Konstrukteuren Konstruktions- und Bauerfahrungen gesammelt haben.

1.2 Die U-Boot-Konstrukteure kommen nach Lübeck: INGENIEURKONTOR FÜR SCHIFFBAU

Das im Herbst 1932 beschlossene Umbauprogramm der Reichsmarine sah neben einer Modernisierung und Verstärkung der kleinen deutschen Flotte auch den Aufbau einer U-Boot-Flottille vor, die aus U-Booten der IvS-Typen E 1 (Typ I) und CV 707 (Typ II) bestehen sollte. Der Bau von zwei Typ I A- und sechs Typ II-U-Booten sollte erst nach einer vertraglichen Zustimmung Englands zu einer neuen deutschen U-Boot-Streitmacht beginnen. Die Vorbereitungen waren jedoch soweit voranzutreiben, daß die neuen Boote dann in kürzester Zeit zur Verfügung stehen könnten.
Als die Verhandlungen mit England erkennen ließen, daß für die neuen deutschen U-Boote eine Begrenzung der Gesamttonnage und nicht der Anzahl in Frage kam, wurde auch der Bau eines mittleren U-Bootes wünschenswert. Bereits Anfang 1934 lag mit der Bezeichnung Arb. Nr. 1115 ein IvS-Entwurf vor, der fast in allen Einzelheiten dem späteren Typ VII der Kriegsmarine entsprach. Dieser Typ war von vornherein als ein möglichst kampfkräftiges U-Boot in Anlehnung an die CV 707-Konstruktion, jedoch mit stärkerem Antrieb, stärkerer Bewaffnung und Sattelzellen, konstruiert worden, wobei im Gegensatz zu E 1 die 600-ts-Begrenzung der Genfer Festlegung eingehalten wurde.
Doch vorerst ging es darum, den Bau weiterer kleiner Boote, die schnell fertiggestellt werden konnten, vorzubereiten. Mitte 1934 beschloß die Marineleitung, den ersten sechs Booten des Typs II weitere sechs einer verbesserten Ausführung II B folgen zu lassen. Der nächste Schritt war nun die Einrichtung für diese Aufgabe geeigneter U-Boot-Konstruktionsbüros bei den für den Bau vorgesehenen Werften Deutsche Werke Kiel und Germaniawerft. Der Stamm erfahrener U-Boot-Konstrukteure für diese Büros konnte nur von IvS kommen.
Das neue U-Boot-Konstruktionsbüro der Germaniawerft baute ab 1. Oktober 1934 Wilhelm Etzbach (seit 1926 beim IvS) zusammen mit den IvS-Konstrukteuren Stötzel, Strehlow, Buhr und Freitag auf. Auch für die U-Boot-Bauaufsicht der Kriegsmarine waren IvS-Fachkräfte unerläßlich. Jany und Reimer verließen das IvS für diese neue Aufgabe. Am 1. November 1934 folgte Gemberg, ein weiterer langjähriger Mitarbeiter von IvS, der Chef der neuen U-Boot-Abteilung der Germaniawerft wurde. Für den Bau der beiden U-Boote des Typs I A und der folgenden Typ VII-Boote wurde Anfang 1935 auf dem Gelände der AG Weser ein Zweigbüro von IvS unter der Leitung von Hugo Seligmann (Schiffbau) und Edgar Rickmeier (Maschinenbau) mit weiteren zehn IvS-Mitarbeitern eingerichtet. Die offizielle Bezeichnung dieses Büros lautete SCHIFFBAUKONTOR GmbH BREMEN.

Am 7. September 1934, also in der Zeit intensiver Vorbereitungen für den vorgesehenen neuen deutschen U-Boot-Bau, meldete die New York Times in einer vielbeachteten Notiz: »In einem Bericht an die Electric Boat Co erklärte Kpt. Paul Koster, ein ehemaliger Offizier der holländischen Marine und damaliger Vertreter obiger Firma in Europa, daß Inkavos (Telegrammbezeichnung von IvS) seiner Meinung nach eine deutsche Gesellschaft sei, die zu dem Zweck organisiert sei, die deutsche Marine stets auf dem laufenden über die U-Boot-Konstruktionen aller Länder zu halten... Herr Techel sei die ›Seele der ganzen Sache‹. Herr Koster deutete darauf hin, daß es notwendig sein würde, die ehemaligen Verbündeten zu bewegen, sich ins Mittel zu legen, um Deutschland zu zwingen, die Bestimmungen des Versailler Friedensvertrages einzuhalten.«
Trotz eines offiziellen Dementis im Völkischen Beobachter vom 6. Oktober 1934: »... Tatsächlich verhält sich die Sachlage folgendermaßen: In Den Haag besteht wirklich ein Schiffskonstruktionsbüro ›Inkavos‹. Es ist von einem Holländer Dr. Blaupot ten Cate gegründet worden und wird von ihm und seinem Sohn kontrolliert. Er hat sich, da er selbst kein Fachmann ist, die Kräfte zweier durch den Friedensschluß aus ihrer Bahn gedrängter Schiffbaufachleute gesichert, die nun seit Jahren für jeden Staat, der bestellt und bezahlt – nicht in letzter Linie für Holland selbst – Schiffspläne entwerfen und liefern« war dadurch eine Pressekampagne gestartet worden, die sich als sehr schädlich für die geheimen Vorbereitungen des U-Boot-Baus und die Bemühungen um die Zustimmung Englands für neue deutsche U-Boote erwies. Am 12. Dezember 1934 entschied man deshalb in einer Besprechung im Allgemeinen Marineamt B zwischen dem IvS, seinen Gesellschaftern und der Marineleitung, daß das IvS mit der Restbelegschaft in Den Haag verbleibt, die Marine jedoch als Gesellschafter ausscheidet. Die Deschimag übernahm zwei Drittel und die Germaniawerft ein Drittel ihres Anteils. Die Beziehungen zwischen IvS und der deutschen Marine endeten am 16. März 1935. Von diesem Zeitpunkt ab sollte die gesamte Konstruktionsarbeit für U-Boote, die auf deutschen Werften gebaut wurden, auch hier ausgeführt werden.
Das IvS, das noch bis 1937/38 unter der Leitung von Blum und Dr. Techel stand, beschränkte sich auf Entwurfsarbeiten für ausländische Auftraggeber und deren Bauausführung im Ausland. Nur die bereits 1934 vom IvS angebotenen 1000-t-U-Boote für die Türkei, von denen nach dem Vertrag vom Juni 1936 zwei bei der Germaniawerft in Kiel gebaut wurden, betreute hier bis 1938 das IvS. Hierbei handelte es sich um eine vergrößerte Ausführung des E 1-Typs (Pr 280 – *Saldiray*) und ein ähnliches U-Boot mit zusätzlichen Minenschächten an den Seiten im Außenschiff (*Batiray*). Zwei weitere U-Boote des Saldiray-Typs (*Yildiray* und *Atilay*) baute die Germaniawerft 1937 bis 1939 auf der türkischen Staatswerft Ismid.
Der letzte U-Boot-Auslandsauftrag, den das IvS von Den Haag mit Unterstützung der Deschimag ausführte, war der Bau der beiden 640-t-U-Boote *Marsuinul* und *Rechinul* für Rumänien (Auftrag 1936, Baubeginn 1938, Fertigstellung 1944 in Galatz).
Nach dem Abschluß der Konstruktionsarbeiten für die Typen I A und VII erhielt im August 1936 das IvS-Zweigbüro

Betriebsausflug des Ingenieurkontor für Schiffbau (IfS) im Sommer 1938. An dem Anleger der ehemaligen Fähre Israelsdorf/Dänischburg bei Lübeck hat sich eine lustige Gesellschaft zu einem Gruppenfoto versammelt. In der letzten Reihe überragt alle Jungingenieur Ulrich Gabler (mit Stab).

A company outing of Ingenieurkontor für Schiffbau (IfS) in the summer of 1938. A joyous party gathered for a group picture at the berth of the former ferry Israelsdorf/Dänischburg near Lübeck. In the last row the young engineer Ulrich Gabler (toting a rod) towers above all the others.

Das ursprünglich für China bestimmte 250-ts-Boot U 120 (ähnlich Typ II B) am 26. März 1940 vor dem Stapellauf bei den Flender Werken Lübeck. Die Fertigkonstruktion dieses U-Bootes war vom IfS ausgeführt worden. Auf dem Schwesterschiff U 121 war Ulrich Gabler erstmals als Leitender Ingenieur eingesetzt.

The 250 ts submarine U 120 (similar to Type II B), originally meant to be built for China, during its launch at the Flender Werke Lübeck on 26 March 1940. IfS had performed the finishing design of this submarine. It was on its sister ship, U 121, where Ulrich Gabler was deployed as Engineer Officer for the first time.

SCHIFFBAUKONTOR BREMEN den Namen INGENIEURKONTOR FÜR SCHIFFBAU GmbH (IfS). Gleichzeitig verlegte man dessen Sitz nach Lübeck. Die IvS-Gesellschafter ernannten Dr. Techel und Blum zu Direktoren dieser neuen Firma, die ihrerseits Bänder und Wagner zu Prokuristen bestellten und mit der praktischen Leitung beauftragten. Seligmann und Rickmeier blieben mit einem Teil ihrer IvS-Mitarbeiter in Bremen, wo sie die dort erforderlichen Arbeiten (insbesondere die Fertigkonstruktion des U-Boot-Typs IX) weiterführten.

Das INGENIEURKONTOR FÜR SCHIFFBAU, deutsche Fassung des holländischen IvS-Namens, zog in die Büroräume der Lübecker Firma Carl Thiel & Söhne. Seine Hauptaufgabe war die Erarbeitung von Angeboten für Export-U-Boote, die auf deutschen Werften gebaut werden sollten. Die vertragliche Abwicklung und die Verhandlungen mit den Kunden wurde einer staatlich kontrollierten speziellen Exportfirma, der HAPRO GmbH (Handelsgesellschaft für Export) in Berlin übertragen.

Zu den ersten Aufträgen der IfS gehörten vier kleine U-Boote für China (zwei ähnlich Typ II B und zwei 255-t-Minen-U-Boote (Pr 257)), die auf der Flender-Werft in Lübeck gebaut werden sollten. Dazu kam noch ein kleiner U-Boot-Tender von 372 BRT.

Die ersten beiden U-Boote und der Tender waren bald nach Kriegsbeginn fertig und konnten dann als U 120 und U 121 sowie *Königsau* von der Kriegsmarine übernommen werden. Die Verhandlungen mit China über den Bau von Unter-

seebooten nach IvS-Plänen liefen bereits seit 1931. Dazu sollte auch noch ein größeres Begleitschiff, die spätere *Tanga* der Kriegsmarine, geliefert werden.
Zwei weitere U-Boote vom Typ II (Auftrag 28. Oktober 1938), die auf der Germaniawerft gebaut werden sollten,

IfS-Mitarbeiter während des Krieges vor ihrer Arbeitsstätte in der Firma Carl Thiel & Söhne, Lübeck, Schwartauer Allee 109. In der hinteren Reihe von links nach rechts die Herren Manzen, Grieger, Bänder, Hase und Knaack, davor umrahmt von einer Damenriege Oberingenieur Schmidt.

IfS staff in front of their places of work in the building of Messrs. Carl Thiel & Söhne, Schwartauer Allee 109, during the war. In the back row from left to right Messrs. Manzen, Grieger, Bänder, Hase and Knaack, in front, surrounded by the ladies, chief engineer Mr. Schmidt.

waren für Jugoslawien bestimmt. Für Bulgarien waren drei U-Boote eines mittleren Typs (ähnlich Typ VII) vorgesehen, deren Bau gleichfalls für die Germaniawerft bestimmt war. 1938 übernahm das IfS vom IvS die Abwicklung der 1000-t-Boote *Saldiray* und *Batiray* für die Türkei. Dazu gehörte in erster Linie die Erprobung dieser Boote.
Zwei weitere Schiffe, die vom IfS entworfen, durchkonstruiert und schließlich auch gebaut worden sind, waren die rumänischen Minenleger *Amiral Murgescu* und *Cetetea Alba.*
Ein wichtiger Arbeitsbereich war die Konstruktion und Lieferung von ausfahrbaren Peil- und Stabantennen für die deutschen U-Boote. Die elektrische Abteilung des IfS, die sich besonders mit derartigen Anlagen beschäftigte, stand unter der Leitung von Oberingenieur Ebschner.
Nach dem Ausbruch des Zweiten Weltkrieges entfiel die Exportaufgabe des IfS. Entsprechend mußte der Personalbestand verringert werden. Ein großer Teil der Konstrukteure wurde von der Germaniawerft und der Deschimag übernommen. Die Funkpeilabteilung unter der Leitung von Ebschner blieb aber bestehen.
Für alle in Deutschland gebauten Boote wurden die Funkpeiler und ausfahrbaren Stabantennen geliefert. Der Bau dieser Geräte erfolgte in einer Maschinenfabrik in Bernburg (heute Sachsen-Anhalt). In der Schlußphase des Krieges entwarf das IfS nochmals ein U-Boot. Es handelte sich um das Kleinst-U-Boot Typ *Biber III,* das einen bereits erprobten Kreislauf-Dieselmotor erhalten sollte.
Mit der Liquidation der Krupp'schen Germaniawerft erlosch Mitte 1946 auch das IfS.

2 Entstehung und erstes Jahrzehnt des INGENIEURKONTOR LÜBECK (IKL)

2.1 Ulrich Gabler, Gründer und Namengeber des IKL

Ulrich Gabler wurde am 1.10.1913 in Berlin geboren. Seine Jugend verlebte er in Oldenburg/Oldenburg, wo er 1932 das Abitur am Humanistischen Gymnasium ablegte. Danach studierte er Schiffbau (mit Maschinenbau als Nebenfach) an der Technischen Hochschule in Berlin-Charlottenburg.

Nach der Diplomprüfung 1938 trat er nach kurzer Assistentenzeit bei Prof. Schnadel in die Firma Ingenieurkontor für Schiffbau in Lübeck ein. Hier nahm er zunächst an den Arbeiten für die Stahlkonstruktion des genannten rumänischen Minenlegers *Amiral Murgescu* teil. Durch eine neuartige von Gabler vorgeschlagene Stahlkonstruktion erhielt die Firma einen Auftrag des Oberkommandos der Kriegsmarine, wodurch Gabler zum Gruppenführer befördert wurde.

Als Gabler drei Monate vor Kriegsbeginn von einer Geschäftsreise aus Rumänien zurückkehrte, fand er eine Dienstverpflichtung zum Oberkommando der Kriegsmarine vor. In Berlin war er nun »wissenschaftlicher Hilfsarbeiter«.

Bei Kriegsbeginn meldete er sich freiwillig zur Kriegsmarine. Gabler hatte bereits während seines Studiums eine Ausbildung als Reserveoffiziersanwärter für das Marineingenieurwesen absolviert und war danach zum Leutnant (Ing.) d.R. ernannt worden. Nach der Teilnahme an einem Lehrgang für Leitende Ingenieure in Neustadt und einer Bordausbildung auf U 3 unter Kptl. Schepke wurde Gabler zunächst Leitender Ingenieur (LI) auf U 121, dem zweiten seinerzeit vom IfS für China konstruierten U-Boot, das wegen der geringen Batteriekapazität nur als Schulboot eingesetzt wurde.

Anfang 1941 kam Lt (Ing.) Gabler zur Baubelehrung auf das Typ VIIC-Boot U 564, dessen Kommandant der damalige Oberleutnant zur See Reinhard Suhren war. Mit Suhren nahm Gabler als LI an allen sechs Feindfahrten teil, die dieser erfolgreiche Kommandant mit dem Boot durchführte.

Ende 1942 wurde Gabler, inzwischen zum Oberleutnant (Ing.) befördert, von U 564 abkommandiert und war zunächst vier Monate in Pillau als Ausbilder auf Schulbooten tätig. Danach erfolgte seine Kommandierung zur Firma Walter in Kiel-Projensdorf.

Hellmuth Walter und der Referent für die Walter-Antriebe im OKM, Marinebaurat Heinrich Waas, hatten Dönitz ersucht, U-Boot-Ingenieure mit Fronterfahrung für die Mitarbeit an der Konstruktion der revolutionären Walter-U-Boote zur Verfügung zu stellen. Zuerst kam auf Empfehlung von Dr. Pflaum im Oktober 1942 Gablers Crew-Kamerad Heep (LI auf U 203) zur Firma Walter. Heep war Diplom-Ingenieur mit der Fachrichtung Maschinenbau. Die Bootskonstruktion erforderte aber auch einen fronterfahrenen Schiffbauer. Auf Anraten von Heep forderte Waas darauf Gabler an, der jedoch nur abgeordnet und nicht vom Wehrdienst freigestellt wurde.

Unter der Leitung von Marinebaudirektor Fischer hat Gabler maßgeblich an den Entwürfen der neuen Walter-U-Boot-Typen XXII, XVII A und XXVI mitgewirkt. Der Typ XXII

Ulrich Gabler auf der Brücke von U 564 während eines Zusammentreffens mit U 203 im Sommer 1942. Von links nach rechts: Kptl. R. Suhren (Kmdt. U 564), Kptl. Mützelburg (Kmdt. U 203), Bootsmannsmaat Bartels, Obl. (Ing.) Heep (LI U 203) und Obl. (Ing.) Gabler (LI U 564).

Ulrich Gabler on the bridge of U 564 when meeting U 203 in the summer of 1942. From left to right: Kptlt. Suhren (Commanding Officer U 564), Kptlt. Mützelburg (Commanding Officer U 203), Coxswain's Mate Bartels, Obl. (Ing) Heep (Engineer Officer U 203) and Obl. (Ing) Gabler (Engineer Officer U 564).

war als kleines Küsten-U-Boot mit einer Walter-Turbine geplant und sollte im Mittelmeer eingesetzt werden. Zwei Vorläuferboote wurden im Sommer 1943 bei den Kieler Howaldtswerken in Auftrag gegeben, eine große Serie sollte folgen. Doch dazu kam es nicht, da inzwischen die völlige Umstellung des deutschen U-Boot-Baus auf die neuen U-Boot-Typen XXI und XXIII mit relativ großer Batteriekapazität und starkem elektrischem Antrieb befohlen war. Bei der Konstruktion dieser neuen Typen ging man von den für hohe Unterwassergeschwindigkeit günstigen Formen der Walter-Typen XVIII und XXII aus, was jedoch zu U-Booten führte, die erheblich größer bzw. kleiner als der in seiner Größe als optimal angesehene Typ VII C ausfielen. Bei der Firma Walter wurde deshalb im Herbst 1943 versucht, durch Vergrößerung des 300-t-Walter-Typs XVII ein mittleres U-Boot mit großer Unterwassergeschwindigkeit und hoher Torpedorohrzahl zu schaffen. Dieser Entwurf erhielt die Bezeichnung XVII A. Aus ihm entstand im Winter 1943/44 der Walter-Typ XXVI, der ab 1945 parallel zu den Elektro-U-Boot-Typen XXI und XXIII in Großserie gebaut werden sollte.

Um sich mit der neuen Antriebstechnik der Walter-U-Boote vertraut zu machen, nahm Gabler mehrmals an ihren Probefahrten – letztmalig Anfang 1945 in Hela – teil. Dabei steuerte er auch das kleine Walter-Versuchs-U-Boot V 80, das unter Wasser Geschwindigkeiten bis zu 26 kn erreichte, was damals Weltrekord bedeutete.

Neben der Konstruktion von Walter-U-Booten beschäftigte sich Gabler an der Entwicklung einer brauchbaren Anlage, mit der die U-Boote auf Sehrohrtiefe Frischluft ansaugen

Das kleine Walter-Versuchs-U-Boot V 80 bei Überwasserfahrt. Am Heck tritt der bei der H_2O_2-Zersetzung gebildete Dampf brodelnd aus dem Wasser. Dieses »Unterwasser-Schnellboot« wurde von 3–4 Mann gefahren. Ulrich Gabler steuerte es mehrmals selbst, zuletzt Anfang 1945 vor Hela.

The small Walter trial submarine V 80 during surface transit. At the stern steam generated in the decomposition of H_2O_2 is swirling out of the water. This "high-speed submarine" was operated by 3–4 men. Ulrich Gabler himself steered this boat several times, the last time off Hela early in 1945.

Das Walter-U-Boot U 793 (Typ Wa 201) nach der Hebung im Sommer 1945 auf dem Gelände der Kieler Howaldtswerke. Mit einer 2500-PS-Walter-Turbine erreichte dieses U-Boot im Juni 1944 unter Wasser 20,3 kn.

The Walter submarine U 793 (Type Wa 201), after being salved in the summer of 1945, on the premises of the Kieler Howaldtswerke. Equipped with a 2000 PS Walter turbine, this boat reached a submerged speed of 20.3 kn in June 1944.

konnten. Hellmuth Walter hatte im Frühjahr 1943 Dönitz eine derartige Methode vorgeschlagen, mit der sich die U-Boote der wachsenden Luftbedrohung auf der bisher über Wasser erfolgten Marschfahrt zum Operationsgebiet entziehen könnten. Heep und Gabler wurden mit der praktischen Ausführung betraut, die an eine holländische Erfindung anknüpfte, jedoch als Neuerung den gesamten Bootskörper als Luftpuffer benutzte. Erst dadurch wurde der Luftmast des holländischen Kpt. Wichers für die rauhen Einsatzbedingungen des Atlantiks brauchbar. Unter dem Suggestivnamen Schnorchel ist diese Anlage heute noch weltweit im Einsatz.

Zusammen mit Dr. Fischer kam Gabler im Frühjahr 1944 zum zentralen U-Boot-Konstruktionsbüro Glückauf (IBG) nach Blankenburg, wo nach der Fertigstellung der Typ XXI-Konstruktion jetzt die Konstruktions- und Bauunterlagen für den neuen Walter-U-Boot-Typ XXVI erstellt werden sollten. Gabler übernahm hier nunmehr als Kptl. (Ing.) und Hauptabteilungsleiter das Projektbüro. Neben den Arbeiten für den Typ XXVI erfolgte im IBG im Sommer 1944 noch die Fertigkonstruktion des Kleinst-U-Bootes vom Typ *Seehund*.

Auch mit einem anderen Kleinst-U-Boot, dem *Delphin* von Prof. Cornelius und Obering. Haug, mußte sich Gabler beschäftigen. Dieses Einmann-U-Boot konnte mit E-Maschinenantrieb eine Unterwasserhöchstgeschwindigkeit von 18 kn erreichen. Im Herbst 1944 führte Gabler die erste Erprobung mit diesem Einmann-U-Boot in der Neustädter Bucht durch.

Im Februar 1945 wurde dann wegen der katastrophalen Kriegslage das Ingenieurbüro Glückauf aufgelöst. An U-Boot-Neubauten war nicht mehr zu denken. Auf den zerbombten Werften sollte nur noch soweit möglich das vorhandene Schiffsmaterial einsatzklar gemacht werden. Eine entsprechende Aufgabe erhielt Baudirektor Dr. Fischer für den Weser-Raum. Gabler begleitete ihn zu dieser neuen Aufgabe und wurde Flottillen-Ingenieur im U-Boot-Stützpunkt Wilhelmshaven. Er bemühte sich, aus den hierhin verschlagenen Schulbooten der von russischen Truppen besetzten oder eingeschlossenen Ostseestützpunkte einsatzfähige Frontboote zu machen. Insbesondere unterstand ihm die Ausrüstung einiger Typ II D-U-Boote mit dem neuen elektropneumatischen Schnorchel.

Als die Engländer unmittelbar vor Wilhelmshaven standen, erhielt er den Befehl, die im Hafen liegenden U-Boote zu versenken. Mit Hilfe von zwei älteren U-Boot-Fahrern versenkte er in der großen Raederschleuse innerhalb von drei Stunden 22 U-Boote.

Nach der Besetzung von Wilhelmshaven blieb Gabler zunächst auf dem Wohnschiff *Weichsel*. Später war er dann bis zu seiner Entlassung im Oktober 1945 als Adjutant des noch im Dienst befindlichen deutschen Oberwerftdirektors tätig. Nach der Rückkehr zu seiner Frau erhielt er in Oldenburg die Nachricht, daß seine alte Firma, das Ingenieurkontor für Schiffbau in Lübeck, noch existierte und er dort wieder eintreten könne.

Von Kptl. (Ing.) Gabler bei Kriegsende in der Raeder-Schleuse Wilhelmshaven versenkte U-Boote. Im Vordergrund ragt ein U-Boot des Typs II D mit einem Ausfahrschnorchel, der ein elektropneumatisches Kopfventil besitzt, aus dem Wasser.

Submarines sunk by Kptl. (Ing.) Gabler in the Raeder-dock Wilhelmshaven at the end of the war. In the foreground a Type II D submarine juts out of the water with a hoistable snorkel which has an electro-pneumatic head valve.

2.2 Bewahren und überleben: Gründung und erste Tätigkeiten des INGENIEURKONTOR LÜBECK (IKL)

Im Juni 1945 waren die noch im Raum Lübeck ansässigen Mitarbeiter des IfS in einer als Ausweichbüro hergerichteten Gastwirtschaft am Brolingplatz zusammengekommen, um zu überlegen, welche Möglichkeiten für eine Weiterarbeit noch bestanden. Man entschloß sich, zusammenzubleiben und die Arbeit auf zeitgemäße Aufgaben für den Wiederaufbau umzustellen. Gute Möglichkeiten sah man in der Bau-, Land- und Forstwirtschaft. Man begann damit, Geräte für den Haushalt und die Landwirtschaft zu konstruieren, die bei befreundeten Firmen gebaut werden sollten. Hierzu gehörten Frucht- und Ölpressen, einfache Heizgeräte, ja sogar Armbrüste, mit denen die Wildschweinplage im Lübecker Raum bekämpft werden sollte. Der Besitz und die Benutzung von Jagdgewehren war ja von der Besatzungsmacht verboten worden.
Da das IfS als Unternehmen der Friedr. Krupp Germaniawerft aufgelöst werden mußte, überlegten der letzte IfS-Direktor Fritz Ebschner und Dipl.-Ing. Gabler, wie die Arbeit dieser Firma in einem neu zu gründenden Ingenieurbüro fortgesetzt werden könnte. Man beschloß, daß Gabler die neue Firma gründen und Ebschner als stiller Teilhaber einen großen Teil der materiellen Grundlage sicherstellen sollte. Am 28. Juli 1946 erfolgte die handelsgerichtliche Eintragung der Firmengründung INGENIEURKONTOR LÜBECK, Inh. Dipl.-Ing. Ulrich Gabler, beim Amtsgericht Lübeck.
Hauptaufgabenbereiche der neuen Firma wurden der Stahlrohr-Gerüstbau, der Gerätebau für die Landwirtschaft

Die IKL-Belegschaft im Jahre 1949 in der Arbeitsstätte Schwartauer Allee 109. Von links nach rechts: Herr Kuhsen, Frl. Schwartz, Herr Eichstädt, Frl. Sohnrey, Herr Holtzthüm, Frl. Behrens, Herr Stoffregen, Herr Knaack, Herr Tillmann und der Chef, Herr Gabler.

IKL staff at their place of work on Schwartauer Allee 109 in the year 1949. From left to right: Mr. Kuhsen, Mrs. Schwartz, Mr. Eichstädt, Mrs. Sohnrey, Mr. Holtzthüm, Mrs. Behrens, Mr. Stoffregen, Mr. Knaack, Mr. Tillmann and the head of the company, Mr. Gabler.

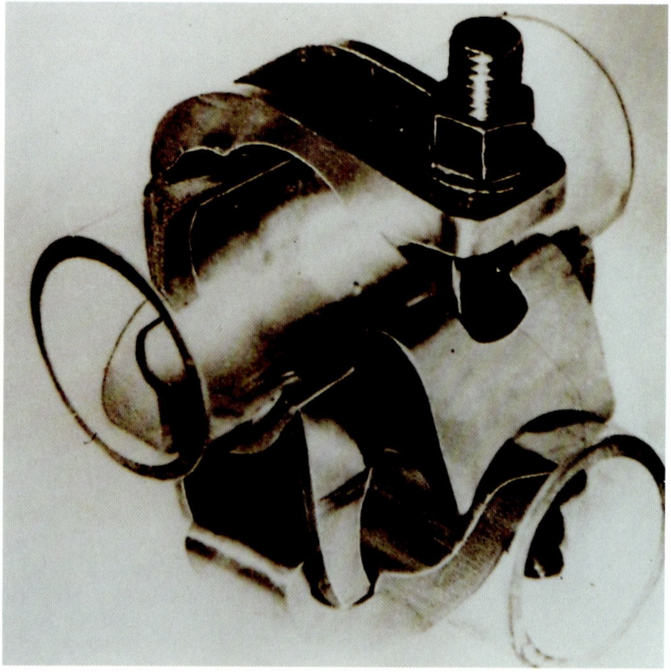

Diese Knotenverbindung für Stahlrohrgerüste wurde vom IKL kurz nach dem Zweiten Weltkrieg konstruiert und u. a. beim Wiederaufbau der Marienkirche in Lübeck benutzt.

This T-joint for steel-pipe scaffolds was designed by IKL shortly after World War II and was used, amongst others, for reconstructing the Marienkirche in Lübeck.

und der Antennenbau für das Funkwesen, wobei die Materialversorgung weitgehend aus dem Abbruch der Germaniawerft sichergestellt werden konnte. Erste Arbeitsstätte des Konstruktionsbüros war die Kantine der Firma Thiel & Söhne, die bereits das Domizil der Vorgängerfirma IfS gewesen war. Als erste IKL-Angestellte wurde am 1. Oktober 1946 Fräulein Sohnrey als technische Zeichnerin eingestellt. 1947 konnte das IKL in die alten IfS-Büroräume in der Schwartauer Allee 109 (2. Stock) einziehen, nachdem diese von der Besatzungsmacht freigegeben worden waren. Die früheren IfS-Angestellten wurden nun nach und nach vom IKL übernommen. Zu den ersten Mitarbeitern gehörten die Ingenieure Holzthüm, Kuhsen, Stoffregen, Tillmann, Eichstädt, Gäedt, die bereits genannte technische Zeichnerin Sohnrey und als Schreibkraft Frau Kuhle.

Die landwirtschaftliche Gruppe unter der Leitung des Landmaschinenkonstrukteurs Dettmann konstruierte ein Zusatzgerät zu Kartoffelrodern mit dem Suggestivnamen Krautrupfer, eine Kartoffelsortiermaschine und schließlich eine Häckselmaschine. Die Herstellung dieser Geräte wurde verschiedenen Lieferanten des ehemaligen IfS übertragen.

Mit einem Großauftrag der Firma DEBEG über 100 Funkpeiler für Fischereifahrzeuge konnte das IKL an Aufgaben der Vorgängerin IfS anknüpfen. Mit der Firma Plath GmbH in Hamburg entwickelte sich eine gute Zusammenarbeit auf dem Gebiet des Funkwesens. Die Firma Plath GmbH war eine Gründung des im Funkpeilwesens erfahrenen Dr. Wächtler.

Bei Beginn der sowjetischen Berlin-Blockade erhielt das IKL einen Auftrag der westdeutschen Postverwaltung für die Erstellung von Sende- und Empfangsmasten in Torfhaus (Oberharz) für eine Funkbrücke nach Berlin. Innerhalb kürzester Frist mußte die Anlage aus zweimal vier 45 m hohen Rohrmasten konstruiert werden. Die Masten wurden aus vorhandenen dickwandigen Stahlrohren in Zusammenarbeit mit dem Ingenieurbüro Dr.-Ing. Miesel und der Lübecker Stahlbaufirma Hannemann & Co. hergestellt und aufgerichtet.

IKL-Antennen im Winter 1948/49 für die Funkverbindung zum abgeschnittenen und blockierten Berlin auf dem Harz bei Torfhaus.

IKL aerials in the Harz region near Torfhaus in the winter of 1948/49 for the radio connection to Berlin which was separated and occupied.

Auch der erste schiffbauliche Konstruktionsauftrag für das IKL war mit Berlin verknüpft. Er bestand u. a. aus einem Kohlenprahm für den Germanischen Lloyd Berlin.
Nach der Währungsreform am 20. Juni 1948 ließ sich die Kleinserienfabrikation von landwirtschaftlichen und anderen Geräten für Handwerk und Haushalt nicht mehr kostendeckend aufrechterhalten. Das IKL wandte sich nun stärker eigentlichen Ingenieuraufgaben zu. Für den Export wurde eine Serie von Schwimmkränen konstruiert. Mit der Firma Plath GmbH und dem eigenen Herstellerring konstruierte und baute man eine Langwellen-U-Adcokanlage für die Funküberwachung. Eine weitere Aufgabe war die Konstruktion und Lieferung eines Kurzwellen-Peilnetzes mit sieben großen Landstationen für die Post. Der Norddeutsche Rundfunk bestellte einen 45 m hohen Sendemast in Teakholz-Gitterkonstruktion, der in einem Stück aufgerichtet wurde.

Das IKL konstruierte diese transportable und druckluftbetriebene Joggelmaschine für die Travewerft. Mit ihr wurden die Kanten von zu nietenden Schiffbaublechen gekröpft. Die Maschine wurde ferner an eine Reihe anderer kleinerer Werften geliefert.

IKL designed this portable joggling machine driven by compressed air for the Travewerft. It was used for fastening the edges of shipbuilding plates to be riveted. Moreover the machine was delivered to a couple of smaller yards.

Eine 1953 vom IKL hergestellte Adcok-Funkpeilantenne. Davor stehen von links nach rechts die Konstrukteure Popp, Knaack und Lehmann.

An Adcok radio direction finder made by IKL in 1953. In front of it, from left to right, the designers Popp, Knaack and Lehmann.

2.3 Die Episode Travewerft Ebschner und Gabler

Wirtschaftlich hatte sich das IKL in den ersten Nachkriegsjahren zufriedenstellend entwickelt. Als sehr günstig erwies sich, daß die Konstruktion und der Bau der großen Funkmasten im Oberharz erst nach der Währungsreform, und nun schon in der neuen harten DM-Währung bezahlt wurde.
Inzwischen war der nach dem verlorenen Krieg verbotene Schiffbau in Deutschland wieder angelaufen. Es bestand hier ein großer Nachholbedarf, und die Aussichten auf diesem Gebiet erschienen günstig. Als ein größerer Bootsbaubetrieb auf gepachtetem Gelände der Teerhofinsel zum Verkauf anstand, griffen Ebschner und Gabler zu und erwarben dieses Unternehmen für 50.000 DM.
Hiermit sollte die Fertigung enger an das Konstruktionsbüro gekoppelt und der Schiffbau wieder wichtigste Aufgabe werden. So entstand 1949 die Tavewerft Ebschner und Gabler als ein Unternehmen, das mit großen Hoffnungen und Schwung gestartet wurde, später jedoch den Gründern viel Kummer bereitete.

Das IKL-Personal wurde zum größten Teil in die neue Firma überführt. Dazu kamen noch die kleine Belegschaft der bisherigen Werft und zusätzliche Werftarbeiter. Auch das kleine Rest-IKL – außer Gabler und Ebschner nur noch zwei bis drei Mitarbeiter – zog auf das Gelände der Travewerft um und arbeitete hier an den bisherigen Aufgaben weiter.
Zunächst baute die Travewerft Fischkutter aus Eichenholz für die Ostsee. Es folgten kleinere Stahlbauten, darunter drei kleine Fährschiffe für die Stockholmer Schären, ein kleines Passagierschiff für den Niger und zwei Dampfschlepper für Indien. Als erstes größeres Schiff wurde ein Küstenmotorschiff von 499 BRT und mit 1.000 t Tragfähigkeit für eine norwegische Reederei auf der neu errichteten Querhelling in Bau genommen und erfolgreich vom Stapel gelassen, was bei der geringen Wassertiefe in Ufernähe erhebliche geistige und praktische Vorarbeiten verlangte. Das nächste Schiff war die noch größere *Gundula*, die mit Siemens-Kapital gebaut wurde.
An Aufträgen mangelte es zu dieser Zeit nicht, jedoch stand die Kalkulation auf unsicheren Füßen, teils wegen der fehlenden Erfahrung, teils wegen unvorhersehbarer äußerer

Luftbild der Travewerft Ebschner und Gabler aus dem Jahre 1953. Auf der Querhelling liegt das 1026 t große Motorschiff GUNDULA.

Aerial picture of Travewerft Ebschner und Gabler in the year 1953. On the sideslip lies the 1026 t motor vessel GUNDULA.

Einflüsse. Durch die Folgen des Korea-Krieges entstand ein Schiffbauboom. Der Stahl wurde knapp und sehr viel teurer. Die zu Festpreisen bestellten Schiffe konnten nicht mehr kostendeckend gebaut werden. Das Anfangskapital war schnell aufgezehrt, die Travewerft wurde zahlungsunfähig und mußte 1953 beim Gericht ein Vergleichsverfahren anmelden. Auch mehrere andere kleine Werften ohne große Kapitalreserven standen in dieser Zeit vor der gleichen Situation, kamen aber nicht so glimpflich über die Runden wie die Travewerft, der der Konkurs erspart blieb. Im Oktober 1953 kamen die Gläubiger der Travewerft in Lübeck zusammen. Sie erkannten, daß für sie der von der Werft vorgeschlagene Liquidationsvergleich vorteilhafter als ein Konkurs war, und sie stimmten ihm mit der Maßgabe zu, daß das durch das Verfahren nicht berührte IKL aus seinen Gewinnen die Restforderungen des Vergleiches aufzubringen hätte. Die Firma Ebschner und Gabler ging als Travewerft GmbH in den Besitz der Firma Hansen-Eisen, eine Tochter der Flickgruppe, über. Gabler blieb vorerst technischer Geschäftsführer, Ebschner schied jedoch aus.

Die Inhaber der Travewerft, Gabler (links) und Ebschner (hinten), zusammen mit dem Schiffseigner auf der Ablieferungsfahrt des auf ihrer Werft 1949/50 gebauten Fischkutters GOTHMUND 10.

The proprietors of the Travewerft, Mr. Gabler (left) and Mr. Ebschner (behind), together with the shipowner during the delivery trial trip of the fishing cutter GOTHMUND 10, which was built at their shipyard in 1949/50.

Das bei der Travewerft in Auftrag gegebene Motorschiff GUNDULA nach der Ablieferung.

Motor vessel GUNDULA, commissioned with the Travewerft, after delivery.

Querablauf bei der Travewerft Ebschner und Gabler. *Side launching on the premises of Travewerft Ebschner and Gabler.*

Die neue Travewerft GmbH baute die im Auftrag befindlichen Schiffe namens und für Rechnung der alten Firma weiter, wodurch zusätzliche Verluste entstanden, die die Vergleichsschuld noch beträchtlich erhöhten. Die Arbeitsaufträge für das IKL liefen im bisherigen Umfang weiter. Für die Travewerft wurde eine Joggelmaschine konstruiert und gebaut, die auch bei anderen Werften abgesetzt werden konnte. Dazu kamen weitere Konstruktionsaufträge für die Travewerft und Aktivitäten im Antennenbau.

Wegen der großen Vergleichsschuld war dies für die ehemaligen Inhaber der Travewerft eine schwere Zeit, die Ebschner nicht überstand. Er starb Mitte 1954 im Alter von nur 54 Jahren nach einem Herzanfall. Durch seinen Tod gingen die gesamten Schulden an Gabler über, obwohl dieser an der Travewerft nur mit 26 % beteiligt gewesen war. Erst Ende 1959 konnte das Kapitel Travewerft durch eine Abfindung der Gläubiger abgeschlossen werden.

2.4 Das IKL wird U-Boot-Konstruktionsbüro

Ein Lichtblick in dieser schwierigen Zeit war ein über die italienische Firma SICME im Frühjahr 1954 mit der italienischen Marine geschlossener Vertrag über die Konstruktion eines U-Bootes. Gabler hatte im Ausland als U-Boot-Konstrukteur, der mit der Entwicklung der modernsten deutschen U-Boote im Zweiten Weltkrieg sehr vertraut war, einen guten Ruf. Schon 1949 war er von der schwedischen Marine eingeladen worden, sie über die neuesten Entwicklungen beim Unterseebootbau zu unterrichten. Aus dieser Zeit dürften auch die beiden Entwürfe IK 1 und IK 2 stammen. Die Entwurfsarbeiten für die italienische Marine führte Gabler in Rom aus. Er hatte dafür einen Mitarbeiter mitzubringen. Als einen Konstrukteur mit großer Erfahrung auf dem U-Boot-Gebiet gewann er dazu den ehemaligen Referenten im U-Boot-Konstruktionsbüro KIU der Kriegsmarine, Oberbaurat Diestelmeier. Da Gabler weiterhin technischer Geschäftsführer der Travewerft war, mußte er in regelmäßigen Abständen seine Arbeit in Rom unterbrechen und mit dem Flugzeug für ein paar Tage nach Lübeck kommen. Im IKL vertrat ihn mit Handlungsvollmacht der Betriebstechniker Heinz Lehmann, der 1952 zur Travewerft gekommen war und sich hier als einfallsreicher Konstrukteur

Verdrängung	560 t
Länge über alles	50,00 m
Breite	5,04 m
Tiefgang, Mitte	4,70 m
Druckkörper-Durchmesser	5,00 m
Länge des Druckkörpers	35,00 m

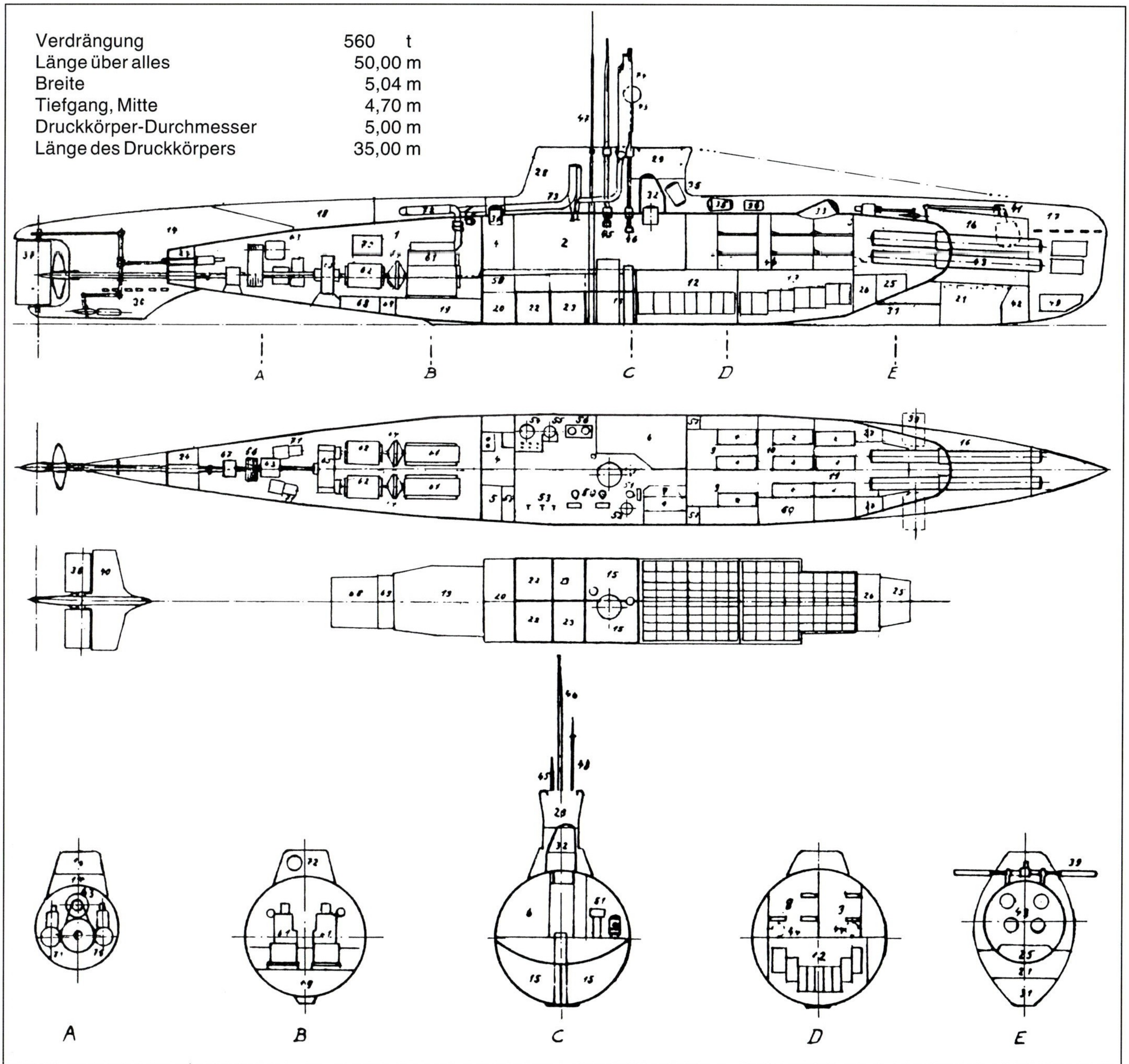

IK 1, der erste mit einer IK-Bezeichnung versehene U-Bootentwurf des IKL, stellt ein mittleres Angriffs-U-Boot dar, das an die letzten U-Bootprojekte der ehemaligen deutschen Kriegsmarine anknüpft, jedoch stärker auf einen Einsatz in Randmeeren, wie Ostsee und Mittelmeer, ausgerichtet ist. Seine Verdrängung, Antriebsanlage und Bewaffnung sind etwa doppelt so groß wie beim U-Boottyp XXIII. Die Antriebsanlage besteht aus zwei Dieselmotoren von je 580 PS mit angekuppelten 700 PS E-Maschinen, die eine Unterwasserhöchstfahrt von 15,5 kn erlauben, jedoch überwiegend als Ladegeneratoren arbeiten sollen. Für den Unterwassermarsch und eine Schleichfahrt von max. 5,5 kn ist ein 71 PS Schleich-E-Motor vorgesehen. Die Torpedoanlage mit 4 Rohren und 6 Torpedos war dem Einsatzgebiet und -zweck angemessen. Die Besatzung sollte 26 Mann betragen.

IK 1, the first IKL submarine design with the designation IK, is a medium-sized attack submarine which takes up the last submarine projects of the former German Navy, which is, however, more strongly geared to missions in marginal seas such as the Baltic and the Mediterranean. Its displacement, propulsion plant and armament are roughly twice as large as those of the submarine type XXIII. The propulsion plant consists of two diesel engines of 580 PS each with 700 PS electric motors connected allowing for a maximum submerged speed of 15.5 kn, which are, however, meant to work primarily as charging generators. For submerged transit and ultra-quiet transit of a max. 5.5 kn, a 71 PS electric silent-speed motor is provided. The torpedo system with 4 tubes and 6 torpedoes was appropriate for the operational area and the mission purpose. The complement was to amount to 26.

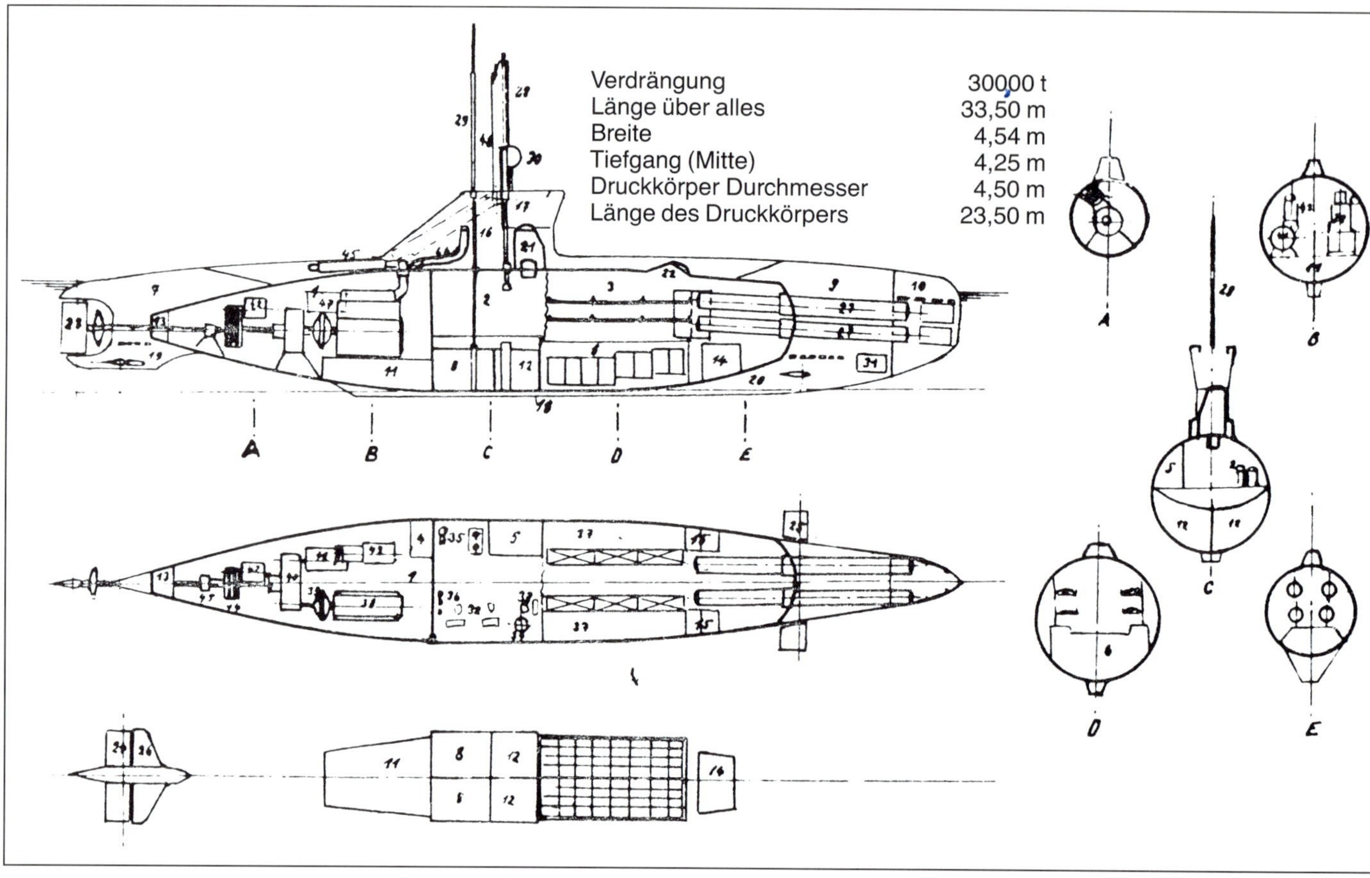

IK 2, etwa zur gleichen Zeit wie IK 1 konzipiert, besitzt eine ähnliche Aufgabenstellung wie der U-Boottyp XXIII der deutschen Kriegsmarine, hat ebenfalls vier Torpedorohre und keinen Turm. Der Schnorchelmast ist klappbar und umschließt in aufgerichteter Stellung das Sehrohr, das dadurch eine stärkere Stabilisierung erhielt. Als Antrieb dient ein Dieselmotor von ca. 600 PS und eine gleichstarke E-Maschine. Daneben sind als Reserve und für Batterieladung ein kleiner Dieselgenerator von 50 PS und für Schleichfahrt ein Schleich-E-Motor von ca. 30 PS vorhanden. Als max. Unterwassergeschwindigkeit wird 13 kn, als Einsatzdauer werden 14 Tage angegeben.

IK 2, developed and designed around the same time as IK 1, had a task similar to that of submarine type XXIII of the German Navy, it is, however, ~~without torpedo tubes and bridge fin.~~ The snorkel mast is in hinged execution and, in hoisted position, it surrounds the periscope which is thereby more stabilized. The propulsion plant is a diesel engine of some 600 PS and an electric motor having almost the same output. Moreover, a small 50 PS diesel generator is provided as a reserve and for charging the battery, as well as a 30 PS electric silent-speed motor for ultra-quiet transit. The maximum submerged speed is stated as 13 kn. the duration of the mission 14 days.
x likewise fitted with four torpedo tubes and has no pressure-tight tower.

und Entwicklungsingenieur bewährt hatte. Im Herbst 1953 war er vom IKL übernommen worden.

Im Winter 1954/55 war Gabler wieder ständig in Lübeck. Auch in der Heimat zeigten sich Hoffnungsschimmer, daß die deutschen U-Boot-Konstrukteure wieder auf ihrem eigentlichen Arbeitsgebiet tätig sein könnten. 1954 waren die sogenannten »Pariser Verträge« unterschrieben worden, die im Rahmen der NATO einen deutschen Verteidigungsbeitrag festlegten und begrenzten. Wegen der strategisch bedeutsamen Lage am Ostseeausgang schien es notwendig, der Bundesrepublik Deutschland auch kleine U-Boote für den Küsteneinsatz zu gestatten. Ihre Größe wurde in den Verträgen auf eine Standardverdrängung unter 350 ts beschränkt. Am 8. März 1955 erhielten Dipl.-Ing. Gabler und der letzte Chef von KIU, ORBR Aschmoneit, vom Amt Blank, dem Vorläufer des späteren Verteidigungsministeriums (BMVg), den Auftrag, einen Vorschlag für ein 350-ts-U-Boot auszuarbeiten, wobei eine Reihe von Richtlinien zu beachten war. Die Rahmenbedingungen waren von dem ehemaligen U-Boot-Kommandanten und Flottillenchef Kpt. zur See Rösing und dem MOBR Freiwald formuliert worden. Zu diesen Richtlinien gehörte die Forderung, daß das Gutachten so gefaßt werden müsse, »als ob die Entwurfsarbeiten sofort beginnen würden, d. h. also, es sollen nur erprobte und bekannte Elemente bei dem späteren Entwurf verwendet werden. Das bedeutet im bezug auf die Maschinenanlage: elektrischen Antrieb, wobei das Hauptelement die Batterie ist.« Ferner sollte der Antrieb diesel-elektrisch sein, wobei auf Geräuschdämpfung besonderer Wert zu legen sei. Vorgesehen war eine Einwellenanlage. Die

Operationsdauer sollte 2–3 Wochen betragen, wobei das Boot im wesentlichen Schleichfahrt laufen muß. Notwendig sei eine möglichst schnelle Batterieaufladung. Die Bewaffnung sollte aus vier innerhalb des Bootes angeordneten Torpedorohren bestehen. Zur elektronischen Ausrüstung sollten ausfahrbare Radar- und Funkbeobachtungsantennen gehören. Reichlich passive und aktive Schallortungsanlagen mit Einrichtungen für den Ortungstiefenschuß seien vorzusehen. Dazu wurde eine Beklebung des Bootes gegen S-Geräteortung gewünscht. Die Tauchtiefe, d. h. die Festigkeit des Druckkörpers, sollte im Rahmen des Möglichen »weitgehend« sein. Dabei sollte auch daran gedacht werden, daß die U-Boote möglicherweise nicht nur in flachen Ostseegewässern, sondern auch in größeren Tiefen operieren müssen. Für die Anordnung und Höhe eines Turmes bestanden keine besonderen militärischen Forderungen.

Das dazu erstellte Gutachten wurde dem Amt Blank am 10. Juni 1955 vorgelegt. Vorgeschlagen wurde ein Einhüllenboot mit einer Einwellenanlage, die aus einer E-Maschine von 1300–1350 PS, einem gesonderten Schleich-E-Motor und einem Dieselgenerator von 950 PS für die Batterieaufladung bestand. Das Boot sollte damit eine maximale Unterwassergeschwindigkeit von 16–16,5 kn erreichen können.

Doch bis zu einem Entwicklungsauftrag für ein derartiges U-Boot verstrichen noch drei Jahre. Zuerst mußten die Organisationsstruktur für die neuen Streitkräfte und ihre Behörden festgelegt und die neuzuschaffenden Einrichtungen, wie das für die Rüstung zuständige Bundesamt für Wehrtechnik und Beschaffung (BWB), personell ausgestattet werden.

Auch 1955 fuhr Gabler wieder nach Italien, wo er im Auftrag der Firma Cantieri Navali di Taranto einen U-Boot-Entwurf für ein Angebot an Brasilien ausarbeitete. Diesmal nahm er als Assistenten den ehemaligen IvS-Maschinenbauingenieur Buhr mit, der Ende 1955 fest zum IKL kam. Für diese U-Boot-Entwurfsarbeiten wurden im IKL unter der Leitung von Herrn Lehmann einige Pläne gezeichnet und auch eine komplette Schnorchelanlage entworfen.

Im Hinblick auf die neuen Aufgaben auf dem Gebiet der U-Boot-Konstruktion vergrößerte man 1956 das IKL auf 11 Mitarbeiter. Gabler gab seine Tätigkeit als technischer Geschäftsführer bei der Travewerft auf, um sich voll diesen neuen Aufgaben widmen zu können. Für das vergrößerte Büro mußte ein neues Domizil gefunden werden. Am 1. März 1956 zog das IKL in eine Etage des Handelshauses von Lüders & Stange in der Untertrave 17 um.

Mit den Nordseewerken Emden begann eine fruchtbare Zusammenarbeit. Für ihre Neubauten 297 und 298 wurden Konstruktionsunterlagen für die Maschinen- und Wellenanlage sowie verschiedene andere Einrichtungen erstellt. Herr Holzthüm, der schon 1949 beim IKL tätig gewesen war, wurde als freier Mitarbeiter dafür gewonnen.

Von Friedr. Krupp und der AG Weser erhielt das IKL den Auftrag, den Umbau des Arsenals in Talcahuano/Chile zu einer Handelsschiffswerft zu planen. Projektbearbeiter war u. a. Obering. Lammers, der von Wilhelmshaven zum IKL gekommen war. Gabler hatte ihn schon 1945 bei der Schnorchelausrüstung der Typ II D-U-Boote dort kennen und schätzen gelernt. Für die Vorbereitung der Planungsarbeiten mußte Gabler nach Chile fliegen. Das war seine erste große Überseereise. Im Reisegepäck befand sich auch ein U-Boot-Entwurf.

Die U-Boot-Entwürfe des IKL werden mit IK-Nummern bezeichnet. Die ersten beiden Entwürfe IK 1 und IK 2 von 1950 besaßen gewisse Anklänge an die letzten U-Boot-Projekte der Kriegsmarine. IK 1 sollte eine Verdrängung von ca. 560 t, IK 2 von ca. 300 t haben. Mit IK 3 wurde ein 1400-t-U-Boot-Entwurf für Brasilien und mit IK 5 ein 900-t-Entwurf für Chile bezeichnet.

1957 ging es mit IKL weiter bergauf. Von den Nordseewerken Emden konnte der erste große Schiffbauauftrag erhalten werden. Für die Neubauten 307 und 308 waren die Stahlschiffbauzeichnungen anzufertigen und die Rohrleitungen zu konstruieren. Die Leitung dieser Arbeiten übernahm der ehemalige IvS-Schiffbaudirektor Wagner. Er war vom IKL in erster Linie für die schiffbauliche Leitung der neuen U-Boot-Konstruktionen als freier Mitarbeiter angestellt worden.

U-Bootkonstrukteure des IKL 1957 bei der Arbeit. Von links nach rechts: die beiden Abteilungsleiter Lammers (Maschinenbau), R. Wagner (Schiffbau) und der spätere Gruppenführer Wallner.

Submarine designers at work in 1957. From left to right: the two heads of department Lammers (mechanical engineering), R. Wagner (shipbuilding) and Wallner, later head of group.

Den ersten großen inländischen U-Boot-Entwicklungsauftrag erhielt das IKL Anfang 1957 von den Atlas-Werken in Bremen. Dort hatten 1955/56 Dr. Maass und Dr. Grim in Zusammenarbeit mit dem Ortungsspezialisten Dr. Howey, dem Torpedofachmann Thomsen, dem Antriebsfachmann Waas und den beiden ehemaligen U-Boot-Kommandanten Manseck und R. Suhren ein Klein-U-Boot-Projekt von 58 t konzipiert. Es war für den schnellen Aufbau einer akustischen Überwachung der westlichen Ostsee dem Amt Blank vorgeschlagen worden. Hier und im späteren Verteidigungsministerium war dieser Vorschlag begrüßt und erwogen worden, neben dem 350-ts-U-Boot eine größere Zahl von diesen kleinen U-Booten bauen zu lassen.

Daneben wollte die Firma Atlas mit einem etwas größeren U-Boot von ca. 130 t und mit drei Torpedorohren für Schweden ins Geschäft kommen. Auch für dieses Projekt arbeitete das IKL die Pläne aus. Das Klein-U-Boot-Projekt für die Bundesmarine erhielt die IKL-Bezeichnung IK 6, das Schweden-Projekt die Nummer IK 11. (Die IK-Nummern wurden anfangs chronologisch vergeben, später jedoch nach einem festgelegten Länderschlüssel, s. Anhang 10.)

Es war für das IKL unerläßlich, sich personell und räumlich zu erweitern. Eine weitere Etage in der Untertrave 17 wurde übernommen. Durch den Rückfluß ehemaliger IKL-Mitarbeiter von der Travewerft und die Neueinstellung fachlich besonders qualifizierter Konstrukteure für die U-Boot-Konstruktion stieg die Belegschaft auf 32 Personen. Besonders zu erwähnen sind die Einstellungen von Herrn Hahn (Schiffbau) von der AG Weser am 1. Februar, Herrn Büttner am 1. August und Herrn Nohse (Maschinenbau) von den Flender-Werken am 1. Oktober 1957.

Arbeitsstätte des IKL vom 1. März 1956 bis 1958 im Handelshaus Lüders & Stange in Lübeck, Untertrave 17.

IKL's registered office from 1 March 1956 until 1958 in the merchant house of Lüders & Stange in Lübeck on Untertrave 17.

3 Erstes Behörden-U-Boot-Programm

3.1 Der Umbau von U 2540 zum Erprobungs-U-Boot *Wilhelm Bauer*

Der Wiederaufbau der deutschen U-Boot-Waffe nach dem Zweiten Weltkrieg begann mit der Hebung der 1945 selbstversenkten Typ XXIII-Boote U 2365 und U 2367 im Sommer 1956. Diese beiden kleinen U-Boote waren trotz der langen Rostpause auf dem Ostseegrund noch so gut erhalten, daß sie von den Kieler Howaldtswerken (KHW) wiederhergestellt und ca. ein Jahr später als U-*Hai* und U-*Hecht* wieder in Dienst gestellt werden konnten. Unter den Titeln IK 8 und IK 9 wurden beim IKL verschiedene Konstruktionen für den Einsatz dieser Boote bei der Bundesmarine ausgeführt, so u. a. für einen Torpedoübernahmeponton.
Die Bergungsfirma Beckedorf hatte im Juni 1957 beim Flensburger Feuerschiff ein großes Typ XXI-U-Boot gehoben. Dieses Boot U 2540 war dort bei Kriegsende unbeschädigt von seiner Besatzung versenkt worden und präsentierte sich nach der Hebung ebenfalls in erstaunlich gutem Zustand, der eine Wiederherstellung zu erlauben schien. Der Leiter der Reparaturabteilung von KHW, Direktor Kreuter, kaufte kurzentschlossen am 10. Juli 1957 das Boot an, da er bei verschiedenen Stellen des Bundesverteidigungsministeriums ein starkes Interesse an diesem modernsten noch fertiggestellten U-Boot-Typ der ehemaligen Kriegsmarine feststellen konnte. Zwar hatte U 2540 eine erheblich größere Verdrängung, als den neuen deutschen U-Booten von der Westeuropäischen Union (WEU) zugestanden worden war, doch hoffte man, durch eine Sondergenehmigung dieses Boot als Schul- und Erprobungs-U-Boot wiederher- und in Dienst stellen zu dürfen.
Vorerst baute die Werft nur die Flaktürme und die Batterien aus. Beim Batterieausbau bestand die Schwierigkeit, daß das Boot ohne die schweren Akkuzellen instabil war. Nach einer beim IKL erstellten Gewichtsrechnung mußten deshalb Zug um Zug für die ausgebauten Batterien etwa 120 t Ballast in den unteren Druckkörperteil eingebaut werden.
Nach der Zustimmung des BWB für den Ankauf und die Wiederherstellung von U 2540 erhielt KHW im Juni 1958 die ersten Werkaufträge für die Reinigung und Konservierung des Schiffskörpers sowie den Einbau der Einrichtungen.

Am 24. Juni 1958 wandte sich der Direktor von AEG-Schiffbau und letzte K II U-Chef im OKM, Dipl.-Ing. Oelfken, an das BMVg mit dem Vorschlag, U 2540 nicht in seiner ursprünglichen Ausführung wiederherzustellen, sondern wesentliche Änderungen bei den Maschinen und Einrichtungen vorzunehmen. Als wichtigen Grund dafür führte er an, daß nach dem einjährigen Verbleiben der nicht konservierten Antriebsanlagen an der Luft ihre Herrichtung in den alten Zustand wohl inzwischen teurer als der Einbau neuer Hauptmaschinen geworden sein dürfte und sicher schneller zu realisieren sei. Dabei könnte man die Anlage den neuen Bedürfnissen des U-Bootes als Schul- und Erprobungsboot für die neuen U-Boote der Bundesmarine besser anpassen und darüber hinaus auch einige Schwächen des Typs XXI beseitigen. Als wichtigste Änderung schlug Oelfken die Ersetzung der MAN-Motoren durch zwei für die neuen 350-ts-U-Boote vorgesehene MB 820-Schnelläufer von Daimler Benz mit angehängten Generatoren und den Wegfall des Dieselgetriebes und der Kupplungen vor. Den zusätzlichen Raum für Ausbildung und Erprobung wollte er durch die Halbierung der großen Batterie gewinnen. Dazu kamen andere Verbesserungsvorschläge, die sich auf die Propellerform, die Schleichfahrtanlage und den Schnorchel bezogen.
Diese Oelfken-Initiative hat den Umbau von U 2540 wesentlich beeinflußt. Am 3. Juli 1958 wurden seine Vorschläge bei KHW mit Vertretern des BWB und des IKL besprochen. Man beschloß, daß das Boot zwei Dieselgeneratoren des neuen 350-ts-Typs erhalten, die E-Antriebsanlage jedoch bestehen bleiben sollte. Die Batterie sollte nicht verkleinert werden. Der Raumbedarf für die zusätzlichen Erprobungsräume konnte durch Reduzierung der Torpedoanlage auf vier Rohre und Wegfall des aufwendigen Torpedomagazins mit Schnelladeeinrichtung gewonnen werden. Zwar war jetzt die Dieselleistung für die Aufladung der großen Batterie recht gering, doch konnte der dadurch erforderliche Dauerbetrieb der neuen Dieselgeneratoren als eine Art Langzeitborderprobung genutzt werden.

Nachdem entschieden worden war, U 2540 als Versuchsplattform für die Erprobungsstelle der Bundeswehr in Ekkernförde zu nutzen, wurde im August und September 1958 in einer Reihe von Besprechungen geklärt, welche weiteren Änderungen dafür erforderlich wären. Dazu gehörten:
- die räumliche Umgestaltung des Vorschiffes durch Verlegung der Mannschaftsunterkunft in den Bugtorpedoraum und die Einrichtung zweier großer Erprobungsräume für die Aufnahme diverser Ortungsgeräte im bisherigen Wohnraumtrakt,
- die Änderung der Schleichmaschinenschaltung in An-

Das Erprobungs-U-Boot WILHELM BAUER (ex. U 2540) nach mehreren Umbauten im Jahre 1976. Auf dem Vorschiff ist der Hüllkörper für das Panoramasonar KUBA zu erkennen. Vor der Brücke waren hinter schalldurchlässigem Verkleidungsblechen das Weitwinkelsonar WSU und das Angriffssonar M1H untergebracht. Aus dem Zentralaufbau sind der Radarmast und die Stabantenne ausgefahren. Seit 1970 wurde dieses U-Boot mit einer zivilen Besatzung gefahren.

The trial submarine WILHELM BAUER (former U 2450) after several conversions in 1976. On the foreship the body for the panoramic sonar KUBA can be seen. In front of the bridge fin, behind sound-proof sheet panelling, the wide-angle sonar WSU and the attack sonar M1H were accommodated. The radar mast and the rod antenna are hoisted from the sail. Since 1970 this boat has been operated by a civilian crew.

lehnung an die für die neuen U-Boote vorgesehene Fernbedienung,
- der Einbau von Sonargeräten, die ebenfalls für die neuen U-Boote vorgesehen waren,
- die Einrichtung einer Kampfschwimmerschleuse im Heckraum.

Am 10. Oktober 1958 erhielt KHW den Auftrag, U 2540 entsprechend diesen Vorgaben umzubauen. KHW wiederum erteilte dem IKL für diese Aufgabe am 3. November 1958 den Konstruktionsauftrag, der hier unter der Nummer IK 12 geführt wurde.

Die Umbau-Konstruktionsarbeiten für IK 12 waren äußerst schwierig, da die Grundlagen in Form der alten Werkstattzeichnungen des Typs XXI zum größten Teil fehlten. Die Rekonstruktion derartiger Zeichnungen an Bord von U 2540 konnte nur begrenzt erfolgen, da das Boot zu dieser Zeit im Zuge der Säuberungsarbeiten schon größtenteils zerlegt war. Trotzdem gelang es in den Jahren 1959 und 1960, den sehr weitgehenden Umbau durchzuführen. Über ihn ist vom Autor Eberhard Rössler bereits an anderer Stelle ausführlich berichtet worden.

Am 1. September 1960 wurde das U-Boot unter dem neuen Namen *Wilhelm Bauer* der Bundesmarine übergeben. Es hat als Erprobungsboot bis 1968 unter militärischer Führung und ab 1970 nochmals zehn Jahre mit ziviler Besatzung wichtige und wertvolle Erprobungen für die neuen deutschen U-Boote und Torpedos durchgeführt. Nach der endgültigen Außerdienststellung ist *Wilhelm Bauer* seit 1984 der Öffentlichkeit als Technikmuseum in Bremerhaven zugänglich.

3.2 Entwicklung und Konstruktion der U-Boot-Klassen 201 und 202

Für den Aufbau eigener Verteidigungsstreitkräfte im Rahmen der NATO war in der Bundesrepublik Deutschland auf die Einrichtung militärischer Entwicklungs- und Fertigungsstätten verzichtet worden. Somit besitzt die Bundesmarine auch kein Konstruktionsamt. Lediglich die beiden Marine-Arsenale in Wilhelmshaven und Kiel unterstützen für spezielle Zwecke die Werften bei der Ausrüstung und Unterhaltung von Kriegsschiffen. Bei Neuaufträgen werden, angefangen von der ersten Studie bis zum eigentlichen Bau, sämtliche Aufträge an die Privatindustrie vergeben. Dabei stellt das Verteidigungsministerium in Bonn auf Grund eigener oder hier eingereichter fremder Vorschläge in Zusammenarbeit mit dem Bundesamt für Wehrtechnik und Beschaffung in Koblenz die Entwicklungsaufgaben. Für die darauf basierenden Entwürfe, Konstruktionen und den Bau ist dann nur noch das BWB zuständig. Studien und Entwurfsarbeiten für den U-Boot-Bereich werden von den genannten Behörden im allgemeinen an das IKL vergeben.
Wie in 2.4 ausgeführt, erhielt das IKL den ersten U-Boot-Entwicklungsauftrag für die Bundesrepublik Deutschland über die Atlas-Werke in Bremen. In einer Besprechung am 20. November 1956 bei den Atlas-Werken teilten Dr. Maass und Dr. Kunze dem IKL mit, daß ihr Klein-U-Boot, das auf Vorschlag von Dipl.-Ing. Thomsen den Suggestivnamen »Jäger-U-Boot« erhalten hatte, in Bonn Anklang gefunden habe und ein Auftrag für eine erste Serie vorgesehen sei. Man habe es begrüßt, daß die Atlas-Werke das IKL für den Gesamtentwurf und die Detailkonstruktion vorgesehen hätte.
Am 22. Januar 1957 stimmte das BWB dem Vorschlag der Atlas-Werke zu, dem IKL den Entwicklungsauftrag für das Jäger-U-Boot zu erteilen. Dieser Auftrag erhielt beim IKL die Bezeichnung IK 6.
Bereits am 11. Februar 1957 konnte das IKL vier Vorschläge (B1, B2, C und A) dazu unterbreiten. Die ersten drei Entwürfe hielten sich stärker an das Atlas-Konzept und sahen ein Boot von nur ca. 55 t mit zwei außen angeordneten Torpedorohren vor. Sie unterschieden sich jedoch in Form und Abmessungen. Der Vorschlag A war größer (80 t Deplacement und 21,25 m Länge), besaß Innentorpedorohre, stärkere Antriebsmaschinen und eine höhere Geschwindigkeit. Die Antriebsanlage bestand aus einem schnellaufenden Dieselmotor und einer E-Maschine von je 350 PS, die nebeneinander aufgestellt und über ein Getriebe mit der Wellenleitung verbunden waren. Diese Anordnung verlangte nur einen relativ geringen Gewichts- und Raumaufwand und sparte vor allem Länge. Zur Geräuschminderung sollten Dieselmotor, E-Maschine und Getriebe elastisch gelagert werden. Diese Vorschläge wurden am 12. Februar im BMVg diskutiert. Anwesend waren u. a. die Herren Dr. Fischer, Fuhrmann, Thomsen, Mohr, Dr. Maass und Gabler.

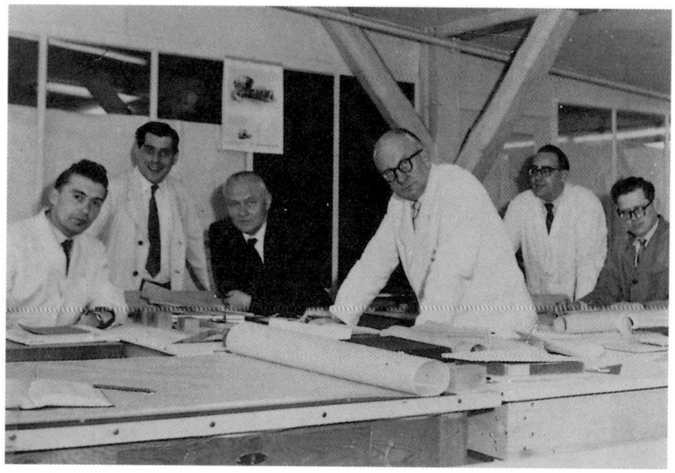

Diese Männer arbeiteten Ende der 50er Jahre zusammen mit einigen wenigen anderen an den Entwürfen für Kl 201 und 202. Von links nach rechts:
Büttner (W+F), Popp (Ausfahrgeräte, Maschinenbau), Buhr (Zentrale), Scheller (Torpedo-Rohre), Wallner (Gewichts- und Volumen-Rechnung, Linienrisse), Heckel (Maschinenraum). Rechts der Arbeitsplatz von L. Nohse.

By the end of the 50ies these men worked on the design of Classes 201 and 202 together with some others:
Büttner (command and weapon control), Popp (hoistable masts, mechanical engineering), Buhr (CIC), Scheller (torpedo tubes), Wallner (weight and volume calculations, lines drawings), Heckel (engine room). On the right L. Nohse's place of work.

Es wurde entschieden, daß aus schiffbaulichen Gründen nur die Vorschläge C und A weiterverfolgt werden. Wegen der inneren Torpedoaufbewahrung wurde A bevorzugt. Jedoch sollten statt der Ausstoßrohre freiflutende Abgangsrohre verwendet werden, die für den Tiefenschuß geeignet sind.
Am 25. Februar wurden diese beiden Vorschläge auch mit dem letzten K I U-Chef, ORBR Aschmoneit, besprochen. In der Folge entstanden mehrere Varianten, bei denen für A1 und A3 ein zusätzlicher Schleichmotor vorgesehen war, da man befürchtete, daß das Getriebe nicht geräuscharm genug ausgeführt werden könnte. Schließlich entschied man sich am 11. April 1957 für den Vorschlag A3 mit 86 t Deplacement als günstigste Lösung für die weitere Entwurfsarbeit. Gabler schlug eine neuartige Ausführung der vorderen Tiefenruder vor. Sie bestand aus ausschwenkbaren, geneigten Flächen, wobei die eine Fläche durch ihre Form einen Auftrieb, die andere einen Abtrieb bewirkt, deren Stärke durch die Größe der ausgeschwenkten Fläche bestimmt wird.
Die Heckform von IK 6 sollte erst nach HSVA-Schleppversuchen festgelegt werden. Drei Vorschläge lagen dazu vor: normales Heck, Heck mit oberer Flosse und Heck mit tiefgesetzter Flosse, die an den Enden außerhalb des Propellerstrahls zwei Seitenruder trug.

Am 7. Mai 1957 fand im IKL eine Besprechung über die vorgesehenen akustischen Ortungsgeräte des Jäger-U-Bootes statt. Vorgesehen war ein kleines Angriffs-Sonar, die Periphon-Anlage M 1 von Atlas, das auch *U-Hai* und *U-Hecht* erhalten sollten. Für die Überwachungsaufgabe dieser kleinen U-Boote war ein von Dr. Maass konzipiertes neuartiges Panorama-Sonargerät bestimmt, das durch 2–3 Ortungsimpulse sämtliche reflektierenden Ziele des gesamten Horizontes feststellen konnte. Die Vertreter des BMVg stellten in Aussicht, daß 6 Boote dieses Entwurfes für den Etat 1958 und weitere 6 für den Etat 1959 vorgesehen würden. Drei Jäger-U-Boote, davon eines mit einer sonarabsorbierenden Gummibeklebung, sollten möglichst sofort in Bau gegeben werden. Die damals immer wieder geforderte Beklebung mit einer sonarabsorbierenden Gummihaut führte man jedoch nicht aus.

Die im Sommer 1957 durchgeführten Schleppversuche mit einem Modell im Maßstab 1:6 ergaben noch keine Klarheit über die günstigste Heckform. Für die weitere Bearbeitung wählte man die Ausführung mit der tiefgesetzten Flosse und den an den Enden angeordneten Seitenrudern, da sie im Hinblick auf eine möglichst große Geräuscharmut im Bereich des Schraubenstrahls als beste Lösung erschien.
Für die Batterie waren anfangs die bewährten Bleizellen MAL 740 der AFA vorgesehen. Eine Anfrage bei VARTA, ob die modernen Röhrchenzellen dafür geeigneter wären, war negativ beantwortet worden.
Am 6. Dezember 1957 legte das IKL den Generalplan für IK 6 vor.

Etwa zur gleichen Zeit stellte man im IKL auf Grund der bei den IK 6-Entwurfsarbeiten gewonnenen Erkenntnisse auch

Das Versuchs-U-Boot HANS TECHEL (Klasse 202; IK 6) nach der Außerdienststellung am 15. Dezember 1966 auf dem Gelände des Marinearsenals Kiel.

The trial submarine HANS TECHEL (Class 202; IK 6) after decommissioning on the premises of the naval store depot in Kiel on 15 December 1966.

Überlegungen darüber an, wie ein größeres U-Boot mit der maximal zulässigen Standardverdrängung von 350 ts aussehen könnte; denn es war damit zu rechnen, daß das IKL auch einen Entwicklungsauftrag für diesen Typ erhalten würde. Dazu kam es dann am 15. Januar 1958 durch das BMVg. Die Rahmenbedingungen dafür knüpften an die Vorschläge von 1955 an und verlangten ein »reines Unterseeboot«, das nur in Häfen und deren Zufahrtswegen über Wasser fahren sollte. Eine möglichst hohe geräuscharme Geschwindigkeit und der Torpedotiefenschuß von üblichen 7-m-Torpedos wurden verlangt. Besonderen Wert legte man auf die Ausgestaltung der Sonareinrichtung, die zur Gewinnung von Schußunterlagen geeignet sein sollte. Der Sehrohrschuß sollte die Ausnahme bilden. Nur ein Sehrohr wurde verlangt. Funk-, Radar- und Funkbeobachtungsantennen sollten ausfahrbar sein. Das Boot sollte Vorrichtungen für den Ausstoß von Täuschungskörpern erhalten. Die Besatzungsstärke wurde mit 16 bis 18 Mann festgelegt. Als Tauchtiefe waren 120 m mit 2,5 facher Sicherheit vorgesehen.
Die Entwurfsarbeiten für diesen Typ führte das IKL unter der Bezeichnung IK 10 durch. Bereits am 29. und 30. Januar 1958 unterbreitete es dem BMVg dazu zwei Vorschläge. Der erste Vorschlag war die Bearbeitung der gestellten Aufgabe mit 4 Torpedorohren, Nachlademöglichkeit durch ein besonderes Torpedoluk, einer starken dreiteiligen Batterie mit der Gitterplattentype MAL 740 von VARTA, zwei schnelllaufenden Dieselmotoren mit Getriebeuntersetzung, einer kräftigen Haupt-E-Maschine und einem 80 PS Schleich-E-Motor. Die Bootsform war für den dominierenden Unterwassereinsatz stromlinienförmig gestaltet mit möglichst wenig Aufbauten. Heckform, Seiten- und Tiefenruderausführung entsprachen dem Entwurf von IK 6. Die Sonaranlagen waren im Bug unter den Torpedorohren angeordnet.

Der Alternativvorschlag des IKL sah eine maximale Torpedorohrzahl vor. Im oberen Bugteil befanden sich 8 Torpedorohre. Eine hohe Zahl von schußklaren Rohren war eine wichtige Forderung für die U-Boot-Entwürfe des letzten Kriegsjahres. Damit sollte beim immer schwieriger gewordenen Erreichen einer geeigneten Schußposition die volle Feuerkraft des Bootes gewährleistet sein. Neben diesen taktischen Gesichtspunkten spielte 1958 auch die Beschränkung der Standardverdrängung bei der Frage Reservetorpedos oder größere Rohrzahl eine Rolle. Das Mehrgewicht der erhöhten Rohrzahl glich man durch Einsparungen bei der Maschinenanlage und der Batterie aus. Dazu kam ein etwas größerer Widerstand durch die geänderte Bugform, der insgesamt eine Geschwindigkeitsminderung von weniger als 1 kn bewirkte.
Zu beiden Entwürfen wurden für die Maschinenanlage auch noch Varianten mit einem großen Dieselmotor und einem zusätzlichen Hilfsaggregat von 120 PS ausgearbeitet. Diese Varianten wurden nicht weiter verfolgt, als sich herausstellte, daß kein entsprechend großer Dieselmotor auf dem Markt verfügbar war.
Im März 1958 bezeichnete das BMVg die Ausführung mit der stärkeren Bewaffnung als wünschenswert. Es verlangte aber, daß die Realisierung einer derartig großen Torpedorohrmassierung an einem 1:1-Modell nachzuweisen sei. Für den Tiefenschuß waren Ablaufrohre mit einem etwas größeren Innendurchmesser vorgesehen. Diese Ausführung ist vor der weiteren konstruktiven Behandlung bei der Firma Mak in Kiel-Friedrichsort erprobt worden. Die Zeichnungen lieferte das IKL.
Für den Fall, daß diese Erprobungen nicht das gewünschte Ergebnis bringen würden, bereitete man noch folgende Ausweichmöglichkeiten vor:
1. 6 kolbenlose Preßluft-Ausstoßrohre (wie beim Typ XXI),
2. 4 Ausstoß- und zwei Ablaufrohre,
3. 5 kolbenlose Ausstoßrohre.

Mitte 1958 legte der Führungsstab der Marine zusätzliche militärische Forderungen für den neuen 350-ts-Typ vor. Dazu gehörten:
- uneingeschränkte Einsatzfähigkeit in Ost- und Nordsee mit einer Tauchtiefe von 150 m bei 2,5facher Sicherheit,
- Torpedoangriff auf Kriegs-, Handels- und Landungsschiffe,
- U-Boot-Abwehr mit U-Jagdtorpedos,
- Legen von Minensperren.

Da kolbenlose Ausstoßrohre für Torpedominen nicht geeignet waren, entfielen dadurch alle Versionen, die nur derartige Ausstoßrohre vorsahen.

Die gewünschte Tauchtiefe war mit dem für die Bootskonstruktion vorgesehenen St 52-Stahl bei der vorgesehenen Größe nicht möglich. Selbst 120 m Tauchtiefe der BMVg-Forderung war nicht zu erreichen. Am 4. Juli 1958 schlug deshalb das IKL vor, sie auf 100 m zu verringern, was ja für den Einsatzraum dieser Boote ausreichend wäre. Dafür sollte der Schwerpunkt auf eine hohe Ansprengsicherheit gelegt werden. Das BMVg stimmte dieser Ansicht zu.
Am 5. September 1958 wurde das Modell mit der Anordnung von 8 Ablaufrohren im oberen Bugteil besichtigt und vom Ministerium für gut befunden. Dieses Modell war schon in den späteren Büros im Glashüttenweg 29 aufgebaut worden.
Inzwischen war durch intensive Kontakte mit der Firma Siemens eine neue und bessere Lösung für den Antrieb gefunden worden: die Ausbildung der MB 820 Schnelläuferdiesel zu Ladeaggregaten mit angehängten BBC-Generatoren und dazu die Verwendung eines direkt wirkenden, langsam laufenden Propellermotors (25–270 U/min) mit halbautomatischem Betrieb. Erste Ideen dazu hatten Aschmoneit, Gabler und Nohse geliefert. Der damals bei Siemens zuständige Dipl.-Ing. Karl-Heinz Otte brachte aber die entscheidenden Beiträge zur Lösung dieses Problems. Unter seiner Leitung verwirklichte Siemens diesen Antrieb. Die

technische Realisierung ist inzwischen in mehreren Veröffentlichungen beschrieben worden und war über Jahrzehnte Vorbild für alle deutschen U-Boot-Antriebe. Otte wurde später Referatsleiter TV 4 bzw. RÜ V4 im BMVg, war also für die U-Boote zuständig, und schließlich bis zu seiner Pensionierung als Ministerialdirigent Unterabteilungsleiter Rü V, d. h. der oberste Marinetechniker im BMVg.
Anfangs glaubte man, daß eine derartige Anlage trotz der Einsparung des Schleichmotors Gewichtsprobleme schaffen würde. Jedoch gelang es, einen entsprechenden 1500-PS-Propellermotor zu schaffen, dessen Raum- und Gewichtsbedarf den Einbau gestattete.
Weitere Verbesserungen gegenüber den bisherigen deutschen U-Boot-Konstruktionen betrafen die weitgehende Anwendung der Automatik bei der Antriebsanlage und eine umfassende Hydraulik bei der Steueranlage und allen Ausfahrgeräten sowie den Torpedoklappen. Die Schnorchelanlage sah nur einen ausfahrbaren Zuluftmast mit elektropneumatischem Kopfventil vor. Die Abgase sollten von der Oberkante des Zentralaufbaus unmittelbar fein verteilt in das Wasser gelangen. Das 350-ts-Boot sollte drei Teilbatterien mit 3x92 Akkuzellen in 138 GFK-Kästen erhalten. Im Mai 1958 bot die Firma Hagen AG dafür Röhrchenzellenbatterien von TUDOR an, die den Gitterplattenzellen durch eine größere spezifische Kapazität und eine drei- bis fünfmal größere Zyklenzahl überlegen waren.

Am 10. Oktober 1958 legte das IKL den fertigen Entwurf IK 10, der nun die Amtsbezeichnung Klasse 201 erhielt, dem BMVg vor. Am 14. November kam es dann zu einer Ämterbesprechung darüber. Dabei verzichtete man auf das ursprünglich vorgesehene Panoramasonar und sah statt dessen eine Weitsonaranlage mit Suchstrahlbetrieb und Teilpanoramaanzeige vor. Folgende Maßnahmen sollten kurzfristig geprüft werden:

- Anbringen eines Schutzes gegen Sonarortung
- Amagnetische Bauweise des Bootskörpers und der Einrichtungen.

Den magnetischen Eigenschutz der U-Boote sah man als sehr dringlich an, da er für den Einsatzzweck der Klasse 201 von lebenswichtiger Bedeutung sei. Die neuen U-Boote sollten in den relativ flachen Ostseegewässern operieren. Hier war aber stark mit magnetisch ansprechenden Grundminen und magnetisch wirkenden Ortungsgeräten zu rechnen.
Anschließend wurden der IKL-Entwurf vom BMVg genehmigt und die Vorbereitungen für einen Serienbau bei KHW getroffen.
Bei einer Besprechung am 5. Dezember 1958 in den Atlas-Werken wurde die Sonar-Ausrüstung der Klasse 201 endgültig festgelegt. Da wegen der Einhüllenform des Bootes GHG-Seitenbasen ungünstig gewesen wären, wurde ihre Einbeziehung in die Bugbasis, die dadurch Hufeisenform erhielt, beschlossen. Dr. Maass hielt es für erforderlich, neben der Weitsonaranlage (WSU) auch noch ein Angriffssonar für Nahziele (M1H) einzubauen. Das IKL schlug vor, die Schwingerbasis des WSU vor dem Einstiegluk und die kleinere Basis des Angriffssonar vor dem Sehrohr an der Vorderkante des Zentralaufbaus anzuordnen.
VARTA konnte noch kein Angebot für die jetzt vorgesehenen Röhrchenzellenbatterien vorlegen, und so entschied sich das BMVg Ende 1958 für die TUDOR-Ausführung.
In den folgenden Monaten war in erster Linie die Materialfrage für die amagnetische Bauweise und die konstruktiven Änderungen für eine streufeldarme Ausführung und Anordnung der E-Verbraucher und Kabel zu klären.

Am 16. März 1959 hatte KHW den Bauauftrag für 12 U-Boote der Klasse 201 erhalten. Die endgültige Entscheidung für die Verwendung amagnetischer Stähle und eine streufeldarme Bauweise fiel jedoch erst am 13. April 1959 durch den Abteilungsleiter T des BMVg. Am 25. Juni erteilte KHW den Konstruktionsauftrag für die Klasse 201 an das IKL. Es war vorgesehen, die neuen U-Boote in Sektionsbauweise aus vier Sektionen herzustellen, die dann auf zwei überdachten Pontons zusammengebaut werden sollten.

Im Verlauf des Jahres 1958 hatte die Bedeutung der Klasse 201 gegenüber dem kleinen Jäger-U-Boot immer mehr zugenommen. An dem Entwurf von IK 6 wurde zwar weitergearbeitet, jedoch nicht mit der gleichen Dringlichkeit wie für die 350-ts-U-Boote. Mitte 1958 lag die für ein Jagd-U-Boot erforderliche Sonarausstattung fest: die aktive Panoramaanlage KUBA, die Periphon-Anlage M1 für den Nahbereich, eine GHG-Bugbasis mit 144 Empfängern, zwei in einem schmalen Wulst eingebaute Seitenbasen mit je 24 Empfängern und eine GHG-Heckbasis mit 12 Empfängern, wahrlich eine beachtliche Massierung von Schallortungsgeräten auf einem derart kleinen Boot. Dazu kamen noch eine UT-Anlage mit je 4 Sendern und Empfängern und eine Echolotanlage mit 4 Schwingern. Um diese Geräte alle unterbringen zu können, war eine Verlängerung des Bootes um einen Spantabstand und somit eine weitere Vergrößerung der Verdrängung erforderlich.
Im Herbst 1958 war der Entwurf von IK 6 fertiggestellt und wurde über die Atlas-Werke dem BMVg vorgelegt. Er erhielt dort die Bezeichnung Klasse 202. Von der Bezeichnung Jäger-U-Boot war man inzwischen abgegangen. Für die U-Jagd im freien Seeraum war das Boot zu klein. Die offizielle Beschreibung lautete jetzt richtiger Küsten-U-Boot (KU). Am 10. Februar 1959 teilte das BMVg den Atlas-Werken mit, daß einer Auftragsvergabe von vorerst drei Booten der Klasse 202 nichts mehr im Wege stand. Da die Marine jedoch keinen Bedarf für derart kleine Boote sah, kam es dann am 13. April 1959 zu dem Beschluß, nur zwei Boote der Klasse 202 als Versuchsboote (VU) insbesondere für die nicht bei den 350-ts-Booten berücksichtigte Panorama-

Aufschwimmen und Taufe des ersten neuen U-Bootes der Bundesmarine U 1 (IK 10 – Klasse 201) am 21. Oktober 1961 nach dem Zusammenbau im überdachten Bauponton.

Surface and launching of the first submarine U 1 of the Bundesmarine (IK 10 – Class 201) on 21st October, 1961 after assembling at the covered construction pontoon.

Sonaranlage bauen zu lassen. Von diesen sollte das zweite Boot ein Düsenruder (drehbare Kortdüse) erhalten. Den Konstruktionsauftrag für diese beiden Versuchsboote bekam das IKL am 6. August 1959.
Das dritte Küsten-U-Boot VU 3 sollte als Erprobungsträger für eine neuartige Walter-Turbinenanlage von 3000 PS umkonstruiert werden. Bereits bei den ersten Diskussionen über das Jäger-U-Boot war von Prof. Walter vorgeschlagen worden, für den Antrieb sein neues Walter-Austauschverfahren zu benutzen. Die IKL-Bezeichnung für den Entwurf dieses Walter-Versuchs-U-Bootes VU 3 lautete IK 13, die Amtsbezeichnung Klasse 204. Klasse 203 war das Projekt eines Küsten-U-Bootes, das auf Grund eines Vorschlages von FüM vom IKL unter der Nummer IK 19 ausgearbeitet worden ist. Dieser Entwurf besaß ähnliche Abmessungen wie IK 6, hatte jedoch einen rein elektrischen Antrieb. Ursprünglich war ein direkt wirkender 50 PS E-Motor mit 120 U/min vorgesehen, der jedoch zu schwer war. Dafür wählte man dann einen Schnelläufer mit 600 U/min und Keilriemenuntersetzung im Verhältnis 5:1. Da die Unterwasserleistungen dieses Projektes nicht befriedigten, gab man die weitere Entwicklung auf. (Vgl. hierzu auch die Ausführungen in Kapitel 10.1)

Wegen der vielseitigen Entwurfs- und Konstruktionsarbeiten im IKL, insbesondere für die neuen U-Boote der Bundesmarine und den Umbau von U 2540, waren Ende 1958 die gemieteten Räume in dem Gebäude an der Untertrave zu klein geworden. Das IKL pachtete darauf zunächst eine Etage in dem bombengeschädigten Hauptverwaltungsgebäude der Berlin-Lübecker Maschinenbaugesellschaft (BLM) des Handwaffenfabrikanten Berghaus am Glashüttenweg. Diese Etage wurde ausgebaut und gab Platz für etwa 110 Konstrukteure und andere Mitarbeiter des IKL. Die Geschäftsführung wurde an die Herren Lehmann und Nohse übertragen. Neue Mitarbeiter konnten gewonnen werden. Hier ist besonders Dr. Abels zu nennen, der in Zusammenhang mit der 1958 beginnenden Lehrtätigkeit von Dipl.-Ing. Gabler über die Konstruktion von Unterseebooten an der Universität Hamburg nach Lübeck kam.

Die Ablieferung der zwölf U-Boote der Klasse 201 sollte im Zeitraum vom 1. November 1960 bis zum 2. Januar 1962 erfolgen. Diese äußerst knappen Termine ließen sich aber nicht einhalten, da der ausgewählte amagnetische Stahl der österreichischen Firma Schoeller-Bleckmann erst Ende 1959 in kleineren Mengen zur Verfügung stand. Nach etwa eineinhalbjähriger Bauzeit konnte am 21. Oktober 1961 das erste neue deutsche U-Boot, das traditionsgemäß den Namen U1 erhielt, von seinem Bauponton aufschwimmen. Die Fachleute und die Presse sahen in diesem Neubau eine technische Sensation und sprachen von »dem modernsten, in seiner Größe mit bei weitem höchster Unterwassergeschwindigkeit und stärkster Feuerkraft ausgerüsteten U-Boot der westlichen Welt«.

Als bereits der Zusammenbau des ersten U-Bootes der Klasse 201 im Gange war, befanden sich die zwei Boote der Klasse 202 immer noch auf dem Reißbrett. Der Entwurf dafür sah nur kurze Torpedorohre für MK 37 U-Jagd-Torpedos

Das Versuchs-U-Boot FRIEDRICH SCHÜRER (IK 6 – Klasse 202) bei der Erprobung im Sommer 1966 in der Ostsee. Mit dem Megaphon der Erprobungsleiter Korv. Kpt. (Ing.) Striezel.

The trial submarine FRIEDRICH SCHÜRER (IK 6 – Class 202) during tests in the Baltic in the summer of 1966. Holding the megaphone is the head of the trial series, Korv. Kpt. (Ing.) Striezel.

vor. Die Marine verlangte nun aber Mitte 1960, daß für möglichst allseitige Versuche auch lange Rohre für 7-m-Torpedos und für Minenausstoß vorhanden sein müßten. Eine Klärung dieser Frage sollte ein 1961 hergestelltes Modell bringen. Es blieb dann aber doch bei den kurzen Rohren.
Am 10. Oktober 1961 begann der Bau der beiden kleinen Versuchs-U-Boote der Klasse 202 bei den Atlas-Werken. Die ab 1963 festgestellten Korrosionsprobleme beim amagnetischen Stahl für den Schiffskörper führten zu weiteren Verzögerungen. Erst 1965/66 wurden VU 1 und VU 2 an die Bundesmarine abgeliefert. Sie erhielten die Namen *Hans Techel* und *Friedrich Schürer,* womit die beiden bedeutendsten deutschen U-Boot-Konstrukteure aus der Zeit der Kaiserlichen und der Reichsmarine geehrt wurden.

3.3 Weiterführung des U-Boot-Programms mit der Klasse 205

Anfang 1960 führte das IKL die konstruktiven Maßnahmen für den Einbau der Weitsonaranlage (WSU) bei der Klasse 201 durch. Sowohl die große Wandlerbasis als auch die vorgesehenen Bedienungsgeräte konnten in dem IK 10-Entwurf untergebracht werden. Doch der erhöhte Strombedarf für die WSU-Anlage bereitete Schwierigkeiten. Die Versorgung mit Wechselstrom für dieses Gerät war mit den rotierenden Umformern des Bootes nicht möglich. Auf Vorschlag von Dr. Maass sollten die Boote statische Umformer erhalten, die den erhöhten Strombedarf fast völlig geräuschlos liefern konnten. Die Entwicklung dieser neuartigen Umformer führten die Atlas-Werke und die US-amerikanische Firma VARO gemeinsam durch. Zur damaligen Zeit hatten diese Thyristor-Wechselrichter die größten auf Kriegsschiffen verwendeten Leistungen. Im Hinblick auf die Maschinenraumtemperatur waren sie aber nicht wie die rotierenden Umformer im Maschinenraum unterzubringen. Das schuf neue Probleme für die Konstruktion.
Am 23. März 1960 wurde bekannt, daß die VARO-Umformer erst für die Boote ab U 4 zur Verfügung stehen könnten. Darauf beschloß man, die ersten drei U-Boote der Klasse 201 ohne WSU und statische Umformer nach dem ursprünglichen Plan zu bauen, ab U 4 jedoch eine um drei Spantent-

fernungen (1,8 m) verlängerte Ausführung mit dem WSU-Gerät, den VARO-Umformern und einem vergrößerten Zentralaufbau in Bau zu geben. Durch die Verlängerung des Bootes war es möglich, die neuen statischen Umformer in der schiffstechnischen Zentrale unterzubringen. Der Zentralaufbau erhielt vorn einen voluminösen Anbau für die WSU-Basis. Der Fahrstand wurde auf den Vorderteil des Zentralaufbaus verlegt, wo er besser gegen Seegang geschützt war. Der offene, nur mit einer Persenning-Reling verkleidete Überwasserfahrstand der Klasse 201 war von Anfang an von der Marine kritisiert worden, entsprach jedoch der ursprünglichen Zweckbestimmung dieser U-Boote. Nun verlangte aber die Marine auch die Fähigkeit für kriegsmäßige Überwasserfahrt (z. B. in Minengebieten), so daß diese Änderung zwingend wurde.

Im November 1960 war der erste Entwurf für die verlängerte Ausführung IK 10W (W für WSU) fertig. Hieraus entstand dann die Klasse 205, die für die Boote U 4 bis U 12 vorgesehen war.

Es war klar, daß diese vergrößerten Boote die zugelassene Höchsttonnage von 350 ts Standard-Deplacement überschreiten würden. Jedoch war auch die Klasse 201 nach der am 10. Juni 1962 in Anlehnung an den Washingtoner Flottenbegrenzungsvertrag von 1921/22 und das deutsch-britische Flottenabkommen von 1935 getroffenen Entscheidung, keinen Abzug des festen Ballasts bei der Standard-Verdrängung vorzusehen, nicht mehr in diesem Limit. Es war also notwendig, bei der WEU um eine Anhebung der Tonnagebegrenzung für U-Boote nachzusuchen, die daraufhin am 19. Oktober 1962 auf 450 ts vergrößert wurde. Die Standard-Verdrängung der neuen Klasse 205 lag nach dieser Berechnungsgrundlage bei 420 ts.

Im Laufe der unter großem Zeitdruck ausgeführten Konstruktionsarbeiten für die Klasse 205 wurden weitere Änderungen erforderlich, so daß diese Arbeiten vielfach einer Neukonstruktion entsprachen.

Da die vorgesehenen Druck- und Ansprengversuche mit Probesektionen wegen der verspäteten Anlieferung des

Tauchmanöver von U 4 (IK 10W – Klasse 205). Bei dem steilen Eintauchen des U-Bootes schlägt der Propeller aus der Oberfläche, und das zum Propeller glatt zulaufende Achterschiff ist gut zu erkennen.

Diving manoeuvre of U 4 (IK 10W – Class 205). With the submarine submerging steeply, the propeller moves above the surface and the aftship tapering towards the propeller can be clearly seen.

amagnetischen Stahls erst ab August 1960 durchgeführt wurden, ließen sich die dabei festgestellten Schwächen erst bei den Booten der Klasse 205 durch strukturelle Verbesserungen beheben. Bei den drei Booten der Klasse 201 behalf man sich mit einer Verringerung der Tauchtiefe auf 80 m.

Alle diese Änderungen bei der Klasse 205 gegenüber der Klasse 201 brachten natürlich einen Terminverzug mit sich, so daß U 4 erst am 19. November 1962 in Dienst gestellt wurde. Das typbestimmende WSU-Gerät war allerdings auch zu diesem Zeitpunkt noch nicht einbaureif, so daß dieses Boot und alle folgenden der Klasse 205 ohne dieses Sonargerät in Dienst gestellt wurden. Nur U 8 erhielt 1968 zu Erprobungszwecken die WSU-Anlage an Bord, bei allen anderen Booten fuhr man den großen Anbau vor der Brücke stets leer.

Mitte 1962 hatte sich herausgestellt, daß der benutzte amagnetische Stahl der Firma Schoeller-Bleckmann zu interkristalliner Spannungsrißkorrosion neigte. Dies war bei den vorangegangenen Untersuchungen in Materialprüfungslabors nicht festgestellt worden, so daß das BWB keine Bedenken in dieser Hinsicht hatte. Obwohl die festgestellten Rißbildungen geringfügig waren, ordnete man aus Sicherheitsgründen rigorose Maßnahmen an. Der weitere U-Boot-Bau ab U 9 wurde vorerst gestoppt. In mehreren Veröffentlichungen ist hierauf ausführlich eingegangen worden. Für den Aufbau der neuen deutschen U-Boot-Waffe bedeutete dieses Ereignis einen starken Rückschlag. Die anfallenden Kosten für die Schadensuntersuchung, vorsorgliche Maßnahmen und die Ersatzbauten standen nun für die vorgesehenen Neu- und Weiterentwicklungen nicht mehr zur Verfügung, und die Fertigstellung der ersten 12 U-Boote des Bauprogramms sowie der Beginn des Anschlußprogramms verzögerten sich erheblich.

Folgende Maßnahmen wurden beschlossen:

- Tauchtiefenbeschränkung für die Klasse 201 und baldige Außerdienststellung von U 1 und U 2. Für beide Boote sollten Ersatzbauten aus normalem ferritischen Stahl ST 52 nach einer verbesserten Ausführung Klasse 205 mod (IK 10 Wm) gebaut werden.
- Regelmäßige Druckprüfungen der fünf in Dienst gestellten U-Boote der Klasse 205 durch Absenken vor der norwegischen Küste, ab 1967 in einem speziellen Druckdock, das 1966/67 die Lübecker Flenderwerke mit konstruktiver Hilfe des IKL gebaut hat (IK 44).
- Bau der restlichen Boote U 9 bis U 12 aus neuen korrosionsbeständigen Stahlsorten nach dem verbesserten Entwurf IK 10 Wa.

Die Bundesmarine beschaffte ein ähnliches Druckdock, wie es schon für die Kaiserliche Marine und in den 30er Jahren für die Kriegsmarine gebaut wurde. Die Lübecker Flender Werke (LFW) bauten dieses Dock nach Zeichnungen und Berechnungen des IKL (IK 44) und der eigenen Büros. Das Foto zeigt, wie Marine-Schlepper 1967 das Dock von Lübeck-Siems nach Kiel-Gaarden zum Marinearsenal holten.

The Federal German Navy procured a pressure dock similar to that built for the Imperial German Navy and in the 30ies for the German Navy. The pressure dock was built by the Lübecker Flender Werke (LFW) according to drawings and calculations by IKL (IK 44) and their own offices. The picture shows how naval tugs bring the dock from Lübeck-Siems to the Naval Arsenal in Kiel-Gaarden in the year 1967.

Besondere Ideen entwickelte die Konstruktions-Gruppe unter Leitung von Heinrich Plennis für den Druckdock-Verschluß, der 2 eigene Propeller-Antriebe hat. Hier wird dieser Verschluß im September 1967 bei Flender erprobt.

The design group headed by Heinrich Plennis developed special ideas for the pressure dock closure which was equipped with 2 propeller drives. The picture shows tests and trials of this closure onFlender's premises in September 1967.

Der Bau der 6 U-Boote der verbesserten Klasse 205 mod wurde 1965 bei KHW mit dem Neubau von U 2 aufgenommen. Äußerlich waren diese Boote an dem neugestalteten Zentralaufbau erkennbar, bei dem auf einem breiteren Unterbau ein schmaler Aufsatz für Brücke und Ausfahrgeräte angeordnet war. Diese Ausführung besaß einen geringeren Widerstand als der voluminösere Zentralaufbau der Klasse 205. Auch U 7 erhielt bei einer größeren Reparatur diese neue Form des Zentralaufbaus. Bei der Inneneinrichtung nahm man ebenfalls einige Verbesserungen vor, besonders bei der elektronischen Ausstattung und der elastischen Lagerung. Bei U 11 und U 12 wurde das Seitenruder als Balanceruder hinter der Schraube ausgeführt. Bei der Abwägung der Vorteile eines ungestörten Propellerstroms mit den Nachteilen der zu geringen Steuerwirkung der bei den bisherigen Booten der Klassen 201 und 205 außen auf den Flossen sitzenden Seitenruder entschied sich die Marine für die verbesserte Steuerfähigkeit besonders beim langsamen Manövrieren.

Die erforderlichen Entwurfsarbeiten wurden in Zusammenarbeit mit KHW wieder vom IKL ausgeführt, und zwar bereits im neuen IKL-Domizil Niels-Bohr-Ring 5. Im September 1966 konnte das IKL erstmals in ein eigenes Haus umziehen, das hier auf ca. 2000 m^2 genügend Platz für die erforderlichen Arbeits- und Konstruktionsräume bot.

Für die Stb-Seite der Zentrale der verbesserten Klasse 205 mod führte man hier erstmalig die Rohrleitungskonstruktion mit Hilfe eines 1:5-Modells durch. Der Bootskörper bestand dabei aus Plexiglas, die Einbauten aus Schaumstoff und die Rohrleitungen anfangs aus Messing, später aus Plastikmaterial. Hierbei kam es zur Zusammenarbeit mit der Firma Plastische Planung von Dr. Derichsweiler.
Am 14. Januar 1969 wurde mit U 12 schließlich das letzte Boot dieser ersten Serie des Bauprogramms in Dienst gestellt und der U-Boot-Flottille zugeführt.

3.4 Höhepunkt und Abschluß der ersten Phase des Wiederaufbaus der deutschen U-Boot-Waffe: Klasse 206

Für den zweiten Teil der vorgesehenen Anschaffung von insgesamt 24 U-Booten für die Bundesrepublik Deutschland erteilte das BWB am 22. Mai 1962 dem IKL einen Studienauftrag mit dem schiffbaulichen Ziel, den bei den vorangegangenen Konstruktionen der Klassen 201 und 205 sehr hoch angesetzten Stabilitätsballast für eine Verbesserung der Einsatzwerte zu nutzen. Man hatte bei den Klassen 201 und 205 einen großen Ballast vorgesehen, da dieser nach der damaligen Auffassung bei der Tonnageberechnung als abzugsfähig angenommen wurde. Nachdem sich dann herausstellte, daß Festballast nicht abzugsfähig war, sollten die neuen Boote möglichst ballastfrei konstruiert sein und die erforderliche Stabilität im wesentlichen durch die schwere Batterie erreicht werden. Ferner sollte die bei der

U 10 (Klasse 205v) mit der neuen Form des Zentralaufbaus, wie er für die letzten vier U-Boote der Klasse 205 vorgesehen war. Da das große WSU-Gerät für die ganze erste Serie nicht mehr in Frage kam, konnte bei diesen Booten auf den voluminösen Vorbau für dieses Sonargerät verzichtet werden. Einen gleichen Zentralaufbau erhielten auch die beiden Ersatzbauten für U 1 und U 2 sowie das Reparaturboot U 7.

U 10 (Class 205v) with the newly formed bridge fin as it was planned for the last 4 Class 205 submarines. Due to the fact that the large WSU device was no longer taken into consideration for the whole first series, these boats could do without the voluminous fore-part for this sonar device. Also the two substitute buildings for U 1 and U 2 as well as the repair boat U 7 received the same bridge fin.

U 1 mit dem großen Anbau auf dem Achterschiff für die Erprobung von Drahtlenktorpedos aus Heckrohren. Das Bild zeigt das umgebaute Boot Anfang 1965 im Trockendock 6 der Kieler Howaldtswerke.

U 1 with the large extension on the aftship for testing wire-guided torpedoes launched from aft tubes. The picture shows the converted boat in drydock 6 of Howaldtswerke in Kiel in early 1965.

WEU beantragte Höchsttonnage von 450 ts Standardverdrängung voll ausgeschöpft werden. Dieser neue U-Boot-Entwurf erhielt beim IKL die Bezeichnung IK 34, die Amtsbezeichnung wurde Klasse 206.

Das neue U-Boot war also so ausgelegt, daß alle freiwerdenden Gewichte der Batterie zugute kamen. Mit ihr sollte den steigenden Anforderungen der immer umfangreicheren Elektronik bei den Ortungs-, Feuerleit- und Kommunikationsanlagen ohne Einbußen bei den Unterwasserfahrleistungen begegnet werden.

Da die neuen U-Boote imstande sein sollten, drahtgelenkte Torpedos zu verschießen, stellte sich die Frage, ob dafür Heckrohre geeigneter wären. Im Laufe des Jahres 1963 arbeitete hierzu das IKL verschiedene Projekte unter der Bezeichnung 206H aus. Dabei ergaben sich verschiedene Probleme, die einen Großversuch wünschenswert machten. Am 5. Dezember 1963 erhielt das IKL einen Entwicklungsauftrag für den Umbau des außer Dienst gestellten Bootes U 1 für das Verschießen drahtgelenkter Torpedos aus Heckrohren (Auftrag IK 10H).

Der entsprechende Umbau von U1 erfolgte 1964 bei KHW. Die Versuche wurden 1965/66 durchgeführt. Danach gab man die Heckrohrplanung endgültig auf und entschied sich für die Beibehaltung der bisherigen Bugrohranordnung.

Am 8. Juli 1964 erhielt das IKL vom BWB einen Vertrag zur Anfertigung von Bauanweisungen für die Klasse 206 (IK 34B). Sie sollten als Grundlage für die Ausschreibung dieses U-Boot-Typs bei den Werften dienen und waren bereits am 24. Dezember 1964 dem BWB übergeben worden. Ab Frühjahr 1965 wurden nun im IKL die Bauvorschriftenänderungen für die verschiedenen Ausführungen der Klasse 206 erarbeitet. Die wichtigsten Zeichnungen für die Version 206B mußten bis zum 1. Juni 1966, die gesamten Bauvorschriften dann bis zum 1. September 1966 fertiggestellt sein.

Wegen der noch ausstehenden Klärung der Torpedorohranordnung kam es erst am 18. August 1966 zur Vergabe eines Vorkonstruktionsauftrages für die Klasse 206 (IK 34K). Ein umfassender Hauptkonstruktionsvertrag war zugesagt. Doch dazu kam es vorerst nicht, und auch ein Anschlußkonstruktionsauftrag blieb aus, so daß dies Anfang 1967 beim IKL zu einer Unterbrechung der Arbeiten führte. 26 Mitarbeitern mußte gekündigt werden. Erst am 31. Mai 1967 ging es mit einem Ergänzungsauftrag für die Klasse 206 weiter. Zusätzliche Konstruktionsergänzungsaufträge folgten am 2. Januar und am 30. Dezember 1968, wodurch die Kostenbegrenzung nach und nach auf 3 Mio DM erhöht wurde.
Im Gegensatz zu den Gepflogenheiten beim Bau der Klassen 201 und 205 wurde also mit den Konstruktionsarbeiten noch vor der Bestellung der Boote bei den Bauwerften begonnen. Ein wesentlicher Grund dafür waren die langwierigen Erprobungen der neuen korrosionsfesten, amagnetischen Stähle in den Labors, an Probesektionen und mit den U-Booten U 9 bis U 12, die zu diesem Zeitpunkt ja gerade erst abgeliefert wurden.
Neben der bereits genannten verstärkten Batteriekapazität und der Abschußmöglichkeit für Drahtlenktorpedos gehörten zu den Neuerungen der Klasse 206:

- eine große Kreisbasis auf dem Vorschiff statt der Hufeisenbasis für das GHG
- der erst jetzt mögliche serienmäßige Einbau des WSU in einem Anbau vor dem Überwasserfahrstand (auf das M1H-Sonar der Klassen 201/205 wurde verzichtet, da das WSU auch als Angriffssonar eingesetzt werden konnte. Die Hoffnung besonders großer Reichweiten hatte sich bei den Erprobungen allerdings nicht erfüllt, so daß man jetzt offiziell die Abkürzung WSU als »Weitwinkelsonar« interpretierte.)
- eine DUUX-Anlage der französischen Firma Thomson für passive Entfernungsbestimmung durch Schallortung
- einen im IKL entwickelten Sehrohrschnorchel, wodurch das Boot jetzt zwei Sehrohre besaß
- eine zweistufig ausfahrbare Stabantenne, ebenfalls eine IKL-Entwicklung
- die neue platzsparende Schlitzantenne für die Radaranlage
- die neue Feuerleitanlage M8/8 der niederländischen Firma Hollandse Signaalapparaten, die es ermöglichte, mehrere Zielberechnungen gleichzeitig durchzuführen
- Verbesserungen bei den Rettungseinrichtungen durch eine Notatemluftanlage mit einer Ringleitung für ein O_2-He-Gemisch
- eine klare Trennung der Operationszentrale von der schiffstechnischen Zentrale und Anordnung eines Schutzkäfigs um die Ausfahrgeräte in der Zentrale.

Äußerlich unterschieden sich die neuen Boote von der Klasse 205 durch eine andere Form des Zentralaufbaus, die große Haube über der Kreisbasis auf dem Vorschiff und das wie bei U 11/12 mittschiffs angeordnete Seitenruder.
Gleichzeitig mit dem ersten Konstruktionsergänzungsvertrag waren auch Bauvorbereitungsverträge mit HDW und RNSW abgeschlossen worden, mit denen diese Werften in den Prüfungsprozeß für die vom IKL vorgelegten Konstruktionsunterlagen einbezogen wurden. Doch erst am 3. Juli 1968 kam es zu einer ersten Ausschreibung für den Bau von 12 U-Booten der Klasse 206 bei den Werften HDW, B&V, RNSW und Flenderwerke Lübeck mit dem Abgabetermin 1. Oktober 1968. Nach dieser Ausschreibung sollte das erste Boot der Klasse 206 am 1. Dezember 1970 und das 12. Boot am 1. November 1972 abgeliefert werden. Diese Termine waren jedoch von keiner Werft zu realisieren. An der Ausschreibung beteiligten sich schließlich nur noch HDW und RNSW. Am 1. Januar 1969 erfolgte der erste Vertragsabschluß mit HDW und RNSW, die die günstigsten Angebote eingereicht hatten. Beide Werften sollten danach je 6 U-Boote bauen, wobei man HDW als Vorbauwerft vorsah.

Als Konsequenz aus den Schwierigkeiten nach der Ablieferung der ersten neuen U-Boote an die Bundesmarine entwickelte das BMVg ab 1967 eine neue Konzeption für die Abnahme und Wartung der U-Boote. Einzelne Funktionsprüfungen bei der Übergabe der Boote waren darüber hinaus dem komplizierten Waffensystem U-Boot nicht mehr gerecht. Auch fehlte der Marine das geeignete Personal für die Erprobungs- und Einfahrphase der neuen U-Boote. Dieser gesamte Komplex sollte in Zukunft einer geeigneten Werft, Generalunternehmer (GU) genannt, übertragen werden, die die Verantwortung für alle Unterlieferanten zu tragen, den Funktionsnachweis des gesamten U-Bootes mit eigenem Personal zu erbringen und die Versorgungskette für die Ersatzteile herzustellen hatte. Die U-Boote sollten nach diesem GU-Konzept sofort nach der Übergabe einsatzbereit sein.

Für dieses Generalunternehmerverfahren wurde am 28. März 1969 eine neue Ausschreibung für die Klasse 206 mit den Zulaufterminen 1. September 1971 bis 1. Juni 1973 vorgelegt, an der sich wieder HDW und RNSW beteiligten.
Inzwischen hatte am 18. April 1969 das IKL den vierten Konstruktionsergänzungsvertrag vom BWB erhalten. Am 24. Juni 1969 kam es dann zum endgültigen Bauvertrag über die Klasse 206, in dem festgelegt war, daß HDW als Generalunternehmer und RNSW als Unterlieferant mit angemessener Vertretung im GU-Management je 6 U-Boote im Zeitraum vom April 1972 bis zum August 1973 abliefern sollten. 6 weitere U-Boote (Ersatz für U 3 bis U 8) waren bereits im Vertrag enthalten. Davon sollten RNSW vier und HDW, das zwei Boote des Typs IK 14 im Rahmen eines Militärhilfeabkommens für die Türkei liefern sollte, die restlichen beiden bauen. Diese Option wurde im März 1979 ausgelöst. Noch im gleichen Monat kam es zum Konstruktions(haupt)ver-

Stapelzug von U 23 (Klasse 206) am 25. Mai 1974 in ein Schwimmdock der Nordseewerke in Emden.

Pull launching of U 23 (Class 206) into a floating dock of Nordseewerke in Emden on 25 May 1974.

trag für die Klasse 206 zwischen HDW und IKL. Die weiteren Konstruktionsarbeiten liefen unter der Bezeichnung IK 34W. 1970 waren diese Arbeiten im IKL dann zu 98 % abgeschlossen.

Während der gesamten Bauphase tagte monatlich in Kiel ein für diesen Auftrag speziell eingesetztes Management. Den Vorsitz führte der damalige HDW-Vorstandsvorsitzende Dr. Henke. Vertreten waren neben den leitenden Herren beider Werften je ein Sprecher der wichtigsten Zulieferanten. Lutz Nohse hatte bei jeder Sitzung in den ersten beiden Jahren die undankbare Aufgabe, über eventuelle Probleme bzw. Terminverzüge in der Konstruktion zu berichten.

Dementsprechend hatten es dann die anderen Berichterstatter leichter. Trotz großer Anstrengungen ließen sich die vertraglich festgelegten Zulauftermine nicht einhalten. Durch verspätete Zulieferungen und unvorhersehbare Schwierigkeiten in der Erprobungsphase ergab sich schließlich eine Verzögerung von etwa einem Jahr. Der zeitliche Bedarf für das neue GU-Konzept mit der Gesamtverantwortung für das einwandfreie Funktionieren des Waffensystems U-Boot durch die Industrie war unterschätzt worden. Erst Mitte April 1973 wurden die ersten beiden Boote der Klasse 206, U 13 und U 14, der Bundesmarine übergeben.
Die 18 U-Boote der Klasse 206 haben sich inzwischen bei ihren Einsätzen von der Ostsee bis zum Mittelmeer hervorragend bewährt und weltweit große Anerkennung gefunden. Sie waren im Flachwassereinsatz bis zum Ende der achtziger Jahre allen anderen U-Boot-Typen überlegen.

Heinz-G. Bachmann

3.4.1 Landerprobung der Hauptantriebs- und Hilfsmaschinenanlage der U-Boote Klasse 206, sogenannte »13. Anlage«

Für die U-Boote der Klasse 201 hatte man die Propulsions-Anlage vorab in Kiel an Land erprobt, vor allem, weil hier eine vollständig neue Technologie für die Drehzahlregelung gewählt wurde. Während der Vorphasenarbeiten für die Klasse 206 gab es umfangreiche Diskussionen zur Frage, ob solche oder ähnliche Erprobungen auch hier durchgeführt werden sollten, obwohl die Änderungen gegenüber Klasse 201/205/207 eigentlich geringer waren als bei der Klasse 201 gegenüber den letzten Kriegsanlagen. Schließlich entschied man für Klasse 206, nicht nur die Antriebsanlage, sondern auch im Zusammenhang hiermit die Hilfsmaschinenanlage bei der Erprobungsstelle 73 aufzubauen und umfangreiche Landerprobungen vorzunehmen. Hierfür erhielt das IKL vom BWB einen bedeutenden Auftrag, der im wesentlichen folgende Schritte enthielt:

1. Vollständige Vorplanungen einschl. Konstruktionsarbeiten für den Aufbau der Anlage. Zu dieser Konstruktion gehörten auch die Fertigungsunterlagen für besondere Fundamentierungen, Verrohrungen und Verkabelungen.
2. Durchführung der Erprobungen in enger Zusammenarbeit mit dem Personal der Erprobungsstelle 73 der Bundeswehr.
3. Auswertung.

Aus dem Lageplan ist der Aufbau der Anlage zu ersehen, insbesondere, wie weit auch die Hilfsmaschinenanlagen erfaßt wurden. Diese Skizze zeigt, daß auch die vollständige Fahrbatterie, die Ausfahrgeräte, die Simulation der Rudermaschinen und die statischen Umformer zusammen mit dem wesentlichen Verbraucher, und zwar der WSU-Anlage, aufgebaut wurden.

Dipl.-Ing.
Heinz-Günther Bachmann

H.-G. Bachmann wurde am 23.10.1922 in Neuhof bei Bromberg geboren. Zusammen mit der Familie in den 20er Jahren ausgewiesen, wuchs er in Danzig auf und legte hier 1939 das Notabitur ab. Ende des Krieges war H.-G. Bachmann Leitender Ingenieur auf einem in Kiel im Bau befindlichen U-Boot. Er studierte von 1947–1953 an der Technischen Hochschule Hannover Schiffsmaschinenbau und war anschließend bis 1958 Assistent am Lehrstuhl für Schiffsmaschinenbau bei Prof. Illies. Aus dieser Zeit kennen ihn eine ganze Reihe von späteren IKL-Mitarbeitern. U. a. begleitete er damals deren Entwurfs- und Diplomarbeiten. Von Hannover ging H.-G. Bachmann 1958–1960 als Gruppenleiter zur Kernenergie-Gesellschaft in Geesthacht. Hier war er u. a. am Entwurf für das reaktorgetriebene Schiff *Otto Hahn* beteiligt. Er ging dann zu den Atlas-Werken nach Bremen. Hier war er Leiter des Versuchswesens. Dadurch entstand beim Bau der Klasse 202 (IK 6) eine enge Zusammenarbeit mit dem IKL, insbesondere mit dem IKL-Verbindungsingenieur Blöcker.
Die Atlas-Werke mußten ihre Tätigkeit mehr und mehr einschränken, deshalb wurde H.-G. Bachmann 1969 im IKL Abteilungsleiter für das Versuchswesen und außerdem als Nachfolger von Herrn Kayser ab 1.4.1972 Leiter der Abteilung Maschinenbau einschl. Konstruktionsmodellbau.
Diese ganz wichtige Position konnte H.-G. Bachmann nur noch kurze Zeit ausfüllen, denn er verstarb schon am 28.12.1972 an Krebs.

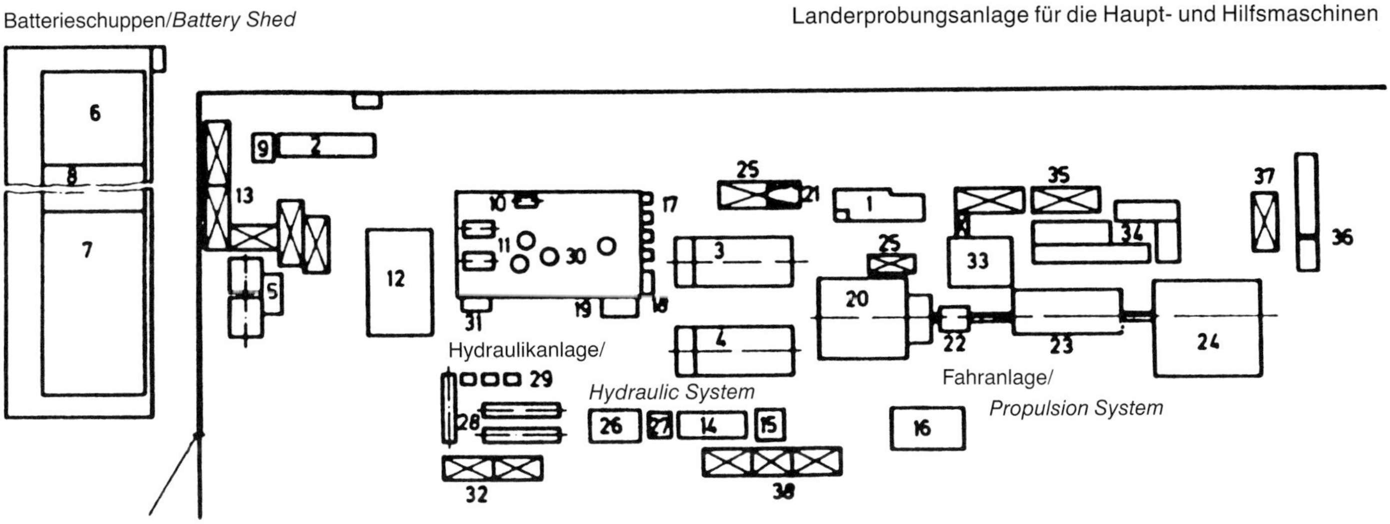

Kapitel 3.4.1 Lageplan U-Boot-Prüfstandsanlage/Layout of submarine test plant

1	Stb-Schalttafel	*Starboard Switchboard*
2	Bb-Schalttafel	*Port Switchboard*
3	Ladedieselgenerator I	*Charging Diesel Generator I*
4	Ladedieselgenerator II	*Charging Diesel Generator II*
5	Ladeumformer	*Charging Converter*
6	Batterieraum I (Batterie 1)	*Battery Room I (Battery 1)*
7	Batterieraum II (Batterie 2 + 3)	*Battery Room II (Battery 2 & 3)*
8	H_2-Meßraum	*H_2-test Chamber*
9	Säureumwälzpumpe	*Acid Circulating Pump*
10	Batteriekühlpumpe	*Battery Cooling Pump*
11	Batteriekühler	*Battery Cooler*
12	Widerstandswagen	*Load Bank*
13	Meßtische für Batterie	*Test Tables for Battery*
14	Kompressor	*Compressor*
15	Hauptseekühlwasserpumpe	*Main Seawater Cooling Pump*
16	Seekühlwassertank	*Seawater Cooling Tank*
17	Selbstanlasser	*Automatic Starter*
18	Dieselüberwachungstafel	*Diesel Monitoring Panel*
19	Abgasklappen	*Exhaust Flaps*
20	Fahrmotor	*Propulsion Motor*
21	Doppelfeldsteller	*Double Field Regulator*
22	Drucklager	*Thrust Bearing*
23	Reibungsbremse	*Friction Brake*
24	Wasserwirbelbremse	*Hydraulic Brake*
25	Meßtische für Fahranlage	*Test Tables for Propulsion System*
26	Druckölstation	*Hydraulic Station*
27	Simulationspumpe	*Simulation Pump*
28	Rudermaschinen	*Steering Gear*
29	Ruderstände	*Steering Stands*
30	Ausfahrgeräte	*Hoistable Masts*
31	Ausfahrgerätetafel	*Hoistable Mast Panel*
32	Meßtisch für Hydraulikanlage	*Test Table for Hydraulic System*
33	Statische Umformereinheit	*Static Converter Unit*
34	Belastungseinrichtung für stat. Umformer	*Loading Device for Static Converter*
35	Meßtische für stat. Umformer	*Test Tables for Static Converter*
36	WSU-Anlage	*Long-range Sonar System*
37	Meßtisch für WSU-Anlage	*Test Table for Long-range Sonar*
38	Meßtisch für Fahranlage, Abgasanlage und statische Umformer	*Test Table for Propulsion System, Exhaust System and Static Converter*

Diese Anlage wurde als »13. Anlage« bezeichnet, da ursprünglich – wie beschrieben – nur 12 Boote der Klasse 206 bestellt waren. Diese »13. Anlage« ist dann später zu einem Großteil bei der U-Boot-Lehrgruppe Neustadt zu Ausbildungszwecken aufgebaut worden. Die Erprobungen zeigten, daß die Entscheidung richtig war, und zwar wurde eine gewisse Anfangslabilität in bezug auf die Kapazität eines Batterietyps festgestellt. Das hätte eine umfangreiche und umständliche Nachbehandlung dieser Batterie erfordert. Eine solche Behandlung wäre an Bord ohne Ausbau der Batterie nicht möglich gewesen. Außerdem traten bei den statischen Umformern große Probleme auf. Hierbei handelte es sich um Umformer, die in Deutschland gebaut wurden, während Klasse 201 noch rotierende und Klasse 205 statische Umformer aus den USA besaßen. Das neue Klasse-206-Umformersystem mußte dreimal erprobt werden. Der Einbau dieses unerprobten Systems an Bord hätte mutmaßlich zu häufigen Ausfällen geführt. Die klare Ermittlung der Ausfallursachen und damit entscheidende Abhilfen wären so wohl kaum möglich gewesen. Es wurden außerdem schon auf der Prüfstandanlage Kompatibilitätsschwächen zwischen dem Umformersystem, der Batterie und der Fahranlage festgestellt, gegen die man nun ebenfalls rechtzeitig Gegenmaßnahmen ergreifen konnte.

Die beiden ersten IKL-und MG-Geschäftsführer Heinz Lehmann (oben) und Lutz Nohse. Beide Aufnahmen entstanden im Sommer 1962 im BLM-Gebäude, ca. ein halbes Jahr vor dem Tod von Heinz Lehmann.

The first two managing directors of IKL and MG, Heinz Lehmann (top) and Lutz Nohse. Both pictures were taken in the summer of 1962 in the BLM building, about half a year prior to the death of Heinz Lehmann.

3.5 Der erste große U-Boot-Exporterfolg: Klasse 207

Für die Verteidigung der wichtigen Nordflanke der NATO muß Norwegen eine kleine, aber kampfkräftige U-Boot-Streitmacht unterhalten. Ende der fünfziger Jahre waren die vorhandenen U-Boote, ehemals englische und deutsche U-Boote aus dem Zweiten Weltkrieg, veraltet und sollten durch Neubauten ersetzt werden. In einem Vertrag von 1959 erklärten sich die USA bereit, die Hälfte der erforderlichen Anschaffungskosten zu übernehmen. Bei der Auswahl in Frage kommender U-Boot-Typen zog man die beim IKL in der Entwicklung befindlichen 350-ts-U-Boote wegen der im Verhältnis zur Größe besonders starken Kampfkraft und Leistungsfähigkeit den Neubauten anderer Länder vor. Das Vertrauen in die damals nur auf dem Papier vorliegende Konstruktion des IKL war so groß, daß in einem Regierungsabkommen zwischen Norwegen und der Bundesrepublik Deutschland beschlossen wurde, die neuen norwegischen U-Boote in Anlehnung an die Klasse 201 im IKL konstruieren und dann auf deutschen Werften bauen zu lassen.

Am 16. Februar 1961 erhielt das IKL dafür den Entwicklungsauftrag von der norwegischen Marine. Der vorgesehene Neuentwurf IK 29 bzw. Klasse 207 sollte auf der gerade im Entwurf fertiggestellten verlängerten Ausführung Klasse 205 basieren, jedoch die speziellen Einsatzbedingungen vor der norwegischen Küste berücksichtigen. Für den Bootskörper wurde deshalb kein amagnetischer Stahl, sondern der für größere Tauchtiefen geeignete hochfeste Sonderstahl HY 80 vorgesehen. Das durch die größere Druckfestigkeit bedingte größere Gewicht wurde durch einen etwas größeren Durchmesser (4,65 m statt 4,55 m) und eine größere Druckkörperlänge ausgeglichen. Darüber hinaus enthielt der Auftrag noch eine Reihe weiterer Forderungen, so daß sämtliche Zeichnungen neu angefertigt werden mußten. Zu den Änderungen gegenüber der Klasse 205 gehörten die Anordnung des Seitenruders hinter der Schraube und eine andere Form des Zentralaufbaus ohne den WSU-Vorbau. Ferner sollten die Boote über den Dieselmotoren eine Montageluke französischer Bauart erhalten. Frühere deutsche U-Boote besaßen z. T. vernietete oder verschraubte Montageluken. Bei der französischen Konstruktion wird der Lukendeckel mit allseitig konischer Lage eingepreßt und mit Bolzen gegen ein Herausspringen bei Schockwirkungen gesichert. (siehe auch Kapitel 10.4)

Die norwegischen Interessen, insbesondere die Bauaufsicht, wurden auf Grund des Regierungsabkommens von der Außenstelle des BWB in Kiel (MS I 4) wahrgenommen, der ein mit großen Vollmachten ausgestatteter norwegischer Verbindungsoffizier zugeordnet war. Dieser Stelle wurde Mitte Mai 1961 der IKL-Entwurf vorgelegt und von ihr nach einer vierwöchigen Prüfung genehmigt.
Nach der endgültigen Entscheidung in Norwegen erfolgten ab Mitte 1961 mit IKL-Unterstützung die ersten Vorabbestellungen für terminbestimmende Maschinen und Ausrüstungsteile. Diese Vorabbestellungen hatten zur Folge, daß bereits Mitte 1962 der Bau dieser Boote begann.
Nach der Genehmigung des IKL-Entwurfes IK 29 erhielten sofort drei deutsche Werften die Ausschreibung für den Bau. Die Angebote lagen im Herbst 1961 vor, und schon nach kurzer Prüfungszeit fiel die Wahl auf die Firma Rheinstahl Nordseewerke GmbH (RNSW) in Emden. Auch die Vertragsverhandlungen erforderten nur wenige Wochen, so daß der Vorvertrag am 21. Dezember 1961 und der formgerechte Bauvertrag für die Herstellung von 15 U-Booten der Klasse 207 am 29. Januar 1962 abgeschlossen wurde.

Schon vor dem Bauvertrag hatte das IKL von der norwegischen Marine einen Auftrag zur Anfertigung von Bauanweisungen und ersten Konstruktionszeichnungen erhalten. Nach der vertraglichen Einbeziehung der Bauwerft wurde diese jetzt Auftraggeber für die Detailkonstruktion beim IKL. Der Abschluß des Konstruktionsvertrages zwischen RNSW und IKL erfolgte im Frühjahr 1962.
Durch die konstruktiven Vorarbeiten beim IKL und die rechtzeitigen Bestellungen war es möglich, mit dem U-Boot-Bau der 15 Boote der Klasse 207 in Emden zügig anzufangen. Wie im modernen U-Boot-Bau üblich, baute man die Boote sektionsweise. Der Zusammenbau erfolgte bei RNSW in einer auf der Helling 1 errichteten Halle. Als erstes Boot lief daraus am 30. November 1963 *Kinn* vom Stapel. Die übrigen 14 Boote folgten im Zwei- bzw. Dreimonatstakt. Das letzte Boot der Serie, *Svenner,* erhielt für Ausbildungszwecke ein längeres Mittelschiff mit einer vergrößerten Zentrale und zwei Sehrohren. Es wurde in einer Schiffbauhalle zusammengebaut.

Um noch vor der Indienststellung des ersten Bootes im April 1964 die norwegischen Besatzungen mit dem neuen U-Boot-Typ vertraut machen zu können, war das dritte Boot der Klasse 201 als Leihgabe für die norwegische Marine bestimmt worden. Es wurde am 10. Juli 1962 in Anwesenheit des Befehlshabers der norwegischen Marine, Vizeadmiral Hostvedts, nach dem Aufschwimmen auf den Namen *Kobben* getauft. Es diente bis zur Indienststellung von *Kinn* zu Ausbildungszwecken. Dabei konnten wertvolle Erfahrungen für den Einsatz dieser U-Boote gesammelt werden. Trotz der inzwischen festgestellten Korrosionserscheinungen bei dem amagnetischen Stahl wurde dieses U-Boot nach der Rückgabe an die Bundesmarine nun wieder als U 3 noch bis zum 15. September 1967 als Schulboot weiter genutzt. Damit erwies sich, daß die überstürzte Außerdienststellung von U 1 und U 2 im Juni bzw. August 1963 nicht unbedingt erforderlich war.

Stapellauf von STADT (Klasse 207) bei den RNSW am 10. Juni 1966. Diese für Norwegen gebauten kleinen U-Boote wurden in auf der Helling errichteten Schuppen gebaut und liefen aus diesen in das Werftbecken.

The launch of STADT (Class 207) on the premises of RNSW on 10 June 1966. These small submarines destined for Norway were built in sheds on the building berth, and from these they were launched into the shipyard basin.

Die 15 Boote der Klasse 207 – später *Kobben*-Klasse genannt – haben sich im Dienste der norwegischen Marine gut bewährt und mit ihren Besatzungen auch unter den schwierigen See- und Wetterbedingungen des Nordatlantik beachtliche Leistungen erzielt.

Nach der Ablieferung und erfolgreichen Erprobung des ersten U-Bootes der Klasse 207 beschloß Dänemark, zwei U-Boote nach dem IKL-Konzept anzuschaffen, die jedoch im eigenen Land gebaut werden sollten. Die Staatswerft Kopenhagen, die schon früher U-Boote gebaut hatte, erwarb dafür vom BMVg die Lizenz, zwei Boote nach den IKL-Plänen der verbesserten Klasse 205, jedoch in magnetischer Ausführung, zu bauen. Weitere Änderungen ergaben sich durch die Verwendung dänischer Ausrüstungsgegenstände.
Der Bau dieser beiden U-Boote, die die Namen *Narhvalen* und *Nordkaperen* erhielten, begann bereits 1965, zog sich jedoch trotz der Unterstützung durch HDW bis 1970 hin.

4 Schiffbauerfolge in schwieriger Zeit: U-Boot-Klasse 209

4.1 Die Entstehung der *Glafkos*-Klasse (IK 36/1–4)

Als mit dem Auslaufen des großen Norwegen-Auftrages gleichzeitig die Arbeiten für die Bundesmarine ins Stocken kamen und sich die Anschlußprogramme 206 und 208 stark verzögerten, unternahm das IKL große Anstrengungen, für die aufgebauten Entwurfskapazitäten neue Aufträge aus dem Ausland zu erhalten. (vgl. die Ausführungen in Kapitel 5)
1965 hatten sich Pakistan und Südafrika für U-Boote nach deutschen Plänen interessiert gezeigt. Beide Staaten wollten aber keine Küsten-U-Boote, sondern ozeanisch zu verwendende Boote haben. Dementsprechend fertigte das IKL einen Entwurf für ein U-Boot mit nicht ganz 1000 ts Standardverdrängung an. Dieser Entwurf war durch die gleichen Merkmale, die sich bei den ersten Nachkriegs-Küsten-U-Booten bewährt hatten, und durch die Verwendung möglichst gleicher Bauelemente gekennzeichnet. Dabei wurden diese Bauelemente zum Teil in doppelter Stückzahl, z. B. bei den Dieselmotoren und Hilfsmaschinen, vorgesehen. Wie bei den U-Booten für Norwegen kam nur eine magnetische Bauweise sowohl für den Schiffskörper als auch für die Bauelemente in Frage.
Die Bemühungen führten aber zu keinem Erfolg. Pakistan und Südafrika entschieden sich aus politischen Gründen für die *Daphne*-Klasse aus Frankreich.

Bei einer nun mit KHW durchgeführten Analyse der Möglichkeiten für einen deutschen U-Boot-Export ergaben sich die günstigsten Absatzchancen in Südamerika, deren Staaten am Ende des Zweiten Weltkrieges von den USA U-Boote des recht umfangreichen *Fleet*-Typs erhalten hatten. Diese großen Tauchboote waren inzwischen veraltet und mußten durch neue ersetzt werden. Die USA, die sich inzwischen ganz auf Atom-U-Boote umgestellt hatten, kamen als Lieferant nicht mehr in Frage. Jedoch stand man hier in starker Konkurrenz zu Angeboten mit der französischen *Daphne*- (870 t) und der britischen *Oberon*- (2000 t) Klasse. Die französischen und britischen Anbieter hatten mit ihren weltweiten Verbindungen und den schon fertig vorliegenden größeren Booten zweifellos einen erheblichen Vorsprung vor den deutschen Firmen. Es war deshalb wichtig, für die Atlantik- und Pazifikanrainer auch größere Entwürfe mit den günstigen Eigenschaften der bisherigen IKL-Entwürfe anbieten zu können. Mit Rücksicht auf bestehende internationale Verträge durfte jedoch die Standard-Verdrängung vorerst 1000 ts nicht überschreiten.

Den Anstoß für die Entwicklung eines entsprechenden Export-U-Bootes gab 1966 eine Anfrage der peruanischen Marine nach U-Booten von mindestens 800 ts. In Anlehnung an den Entwurf für Pakistan gelang es dem IKL in Zusammenarbeit mit KHW, einen U-Boot-Entwurf im Bereich von 900–1000 ts auszuarbeiten, der das Äußerste an Kampfkraft und Unterwasserausdauer bot, was in der damaligen Zeit bei dieser Größe und konventionellem Antrieb möglich war. Ein Viertel des Bootsgewichtes sollte für Hochleistungsbatterien zur Verfügung stehen, die in Verbindung mit einem neuen großen Siemens-Propellermotor eine maximale Unterwassergeschwindigkeit von 22 kn über einen längeren Zeitraum hinweg ermöglichen würden. Dies war ein sensationelles Ergebnis, das bisher nur mit Atom- und Versuchs-U-Booten erreicht worden war. Dazu kam die schon bei den bisherigen U-Boot-Klassen 201 bis 207 erzielte Geräuscharmut von Antrieb und Propeller, die den Entwurf gegenüber der angebotenen ausländischen Konkurrenz überlegen machte.
Um ein Marketing für diesen Entwurf im Ausland zu bekommen, schlossen sich zu Beginn des Jahres 1967 die Firmen IKL (Entwicklung und Konstruktion) und KHW (Generalunternehmer und Herstellung) mit der erfahrenen Exportfirma für Industrieerzeugnisse Ferrostaal in Essen zu einer Kooperationsgemeinschaft für den U-Boot-Export zusammen. Im März/April 1967 wurde dann der neue U-Boot-Entwurf von Gabler und Ude (KHW) bei einer großen Rundreise durch Südamerika in Venezuela, Peru, Chile, Argentinien und Brasilien vorgestellt.
U. Ude ging nach seinem Studium an der Technischen Universität Berlin zu den Kieler Howaldtswerken und hat fast sein ganzes Berufsleben im Marineschiffbau, und hier insbesondere im Unterseebootbau, verbracht. Er wirkte schon bei den ersten U-Booten für die Bundesmarine, also bei der Klasse 201, mit. Er wurde schließlich als Direktor und Hauptabteilungsleiter bei HDW der entscheidende Mann für den technischen Verkauf und die Projektierung von Mari-

nefahrzeugen. Dieses gilt vorrangig für den Export bei den Unterseebooten, aber auch für das 2. Bauprogramm (Klasse 206 A, 211 und 212).
Die enge und fruchtbare Zusammenarbeit zwischen Ude und IKL währt inzwischen fast 34 Jahre und wurde von keinem anderen leitenden Angestellten von KHW bzw. HDW annähernd erreicht!

Obwohl dieser neue U-Boot-Typ für den südamerikanischen Markt geplant war, wurde der NATO-Partner Griechenland, der ebenfalls seine veralteten *Fleet*-Typ-U-Boote ersetzen mußte, der erste Kunde. Am 22. Oktober 1967 konnte KHW (ab Dezember 1967 HDW) einen Vertrag mit der griechischen Regierung über den Bau von vier 990-ts-U-Booten des Typs IK 36/1–4 abschließen. Ursprünglich hatte sich Griechenland an einem Typ ähnlich Klasse 205/207 interessiert gezeigt, sich dann aber nach Vorlage der Pläne für das neue große Boot für dieses entschieden.

Die rechtlichen Grundlagen für den Bau von Export-U-Booten werden in der Bundesrepublik Deutschland durch das Kriegswaffenkontrollgesetz von 1961 und das Außenwirtschaftsgesetz bestimmt. Eine wesentliche zusätzliche Einschränkung war damals die Tonnagebegrenzung der WEU für den U-Boot-Bau in Deutschland. Für die geplante, von einer Realisierung jedoch noch weit entfernte Klasse 208 bestand aber eine Sondergenehmigung für den Bau von sechs 1000-ts-U-Booten. Sie konnte auf den Bau der U-Boote für das NATO-Mitglied Griechenland übertragen werden.
Am 1. November 1967 begann das IKL mit den Konstruktionsarbeiten für die vier Griechenland-U-Boote, die später nach dem Namen des ersten Bootes *Glafkos*-Klasse genannt wurden. Sie erstreckten sich für den Schiffbau bis Anfang 1969, für den Maschinenbau bis zum Sommer 1969. Dabei wurden etwa 350 000 Konstruktionsstunden geleistet.
Der Baubeginn des ersten Bootes erfolgte am 1. September 1968 in einer großen Maschinenbauhalle auf dem HDW-Gelände in Kiel-Süd. Die fertigen Sektionen schweißte man in einem Dock zusammen und brachte das Boot am 15. September 1970 durch Ausdocken zu Wasser. Die übrigen 3 Boote folgten in vierteljährigem Abstand. Bis zum 23. November 1972 waren alle vier Boote der *Glafkos*-Klasse an den Auftraggeber abgeliefert.

Am 3. Mai 1989 erhielt HDW einen Auftrag zur Modernisierung der inzwischen fast 20 Jahre alten U-Boote der *Glafkos*-Klasse, mit einer ähnlichen Aufgabenstellung wie beim Umbau Klasse 206 A, jedoch mit einer anderen Feuerleitanlage. Ein Teil dieses Auftrages wird mit Hilfe der laufenden deutschen Militärhilfe finanziert. Ein Teil der Konstruktionsarbeiten für diesen Umbau führt wieder das IKL aus. (nähere Angaben dazu in 4.6)

Ein für Griechenland bei HDW gebautes U-Boot der Klasse 209 nach der Fertigstellung in einem Schwimmdock.

A Class 209 submarine built for Greece at HDW after finalization in a floating dock.

Angebotsdaten für ein U-Boot von etwa 1000 ts

Abmessungen und Verdrängungen

Länge über alles	54,10 m	Standard-Verdrängung	990 ts
Länge z. d. L	53,00 m	↑ -Verdrängung	ca. 1100 m^3
Länge Druckk.	39,03 m	↓ -Verdrängung	1207 m^3
∅ Druckk. (Innenmaß)	6,20 m	Form-Verdrängung	ca. 1400 m^3
		Reserveauftrieb	ca. 9,7 %

Inhalte und Vorräte

Tauchzellen	107 m^3	Kraftstoffvorrat	49 t
Regelzellen	33,4 m^3	(+ Regelbunker	13 t)
Motorölreserve	13,5 m^3	Trimmzellen	4 t
Druckluftkapazität bei		Waschwasser (einschließlich	
250 atü	5,4 m^3	Torpedo- und Trimmzellen	31 t
		Trinkwasser	19 t
Lebensmittelvorrat für 50 Tage Einsatzdauer			4,65 t

Antriebsanlage

4 Dieselgeneratoren MB 820 von MTU mit AEG-Generatoren von je 405 kW/1500 U/min
1 Propeller-E-Motor der Siemens AG mit 5000 PS/200 U/min
4 Teilbatterien mit je 120 Röhrchenzellen der Firmen VARTA oder Hagen mit 5200 Ah/1 Std. Entladung oder 11500 Ah/10 Std. Entladung (Batteriegewicht: 248 t)

Fahrleistungen

max. ↓ -Geschw.	22,5 kn	↓ -Fahrbereiche:	28 sm/20 kn
max. Schnorchel	11,5 kn		175 sm/10 kn
max. ↑ -Geschw.	11,5 kn		460 sm/4 kn
max. Fahrbereich mit Batterieladung bei 6 kn und 4 kn Schleich-E-Fahrt			8600 sm

Bewaffnung

8 Ablaufrohre für 7-m-Torpedos und Reservelagerungen für 6 lange Torpedos oder 12 kurze U-Jagdtorpedos
Feuerleitanlage M 8 von N. V. Hollandse Signaalapparaten.

Ortungseinrichtungen:
2 Zeiss-Sehrohre
Radar- und Radarwarnanlage (Thomson-CSF)
GHG-Hufeisenbasis KAE 526 A6
Aktivsonar mit drehbarer Basis KAE AN 407 A9
Passives Entfernungsmeßsonar DUUX 2CN von CIT Alcatel
Echolot KAE 681 A13
UT-Anlage ELAC 1 TB

Besatzung: 31 Personen
Max. Operationstauchtiefe 250 m

Die vom IKL entwickelte Torpedorohranordnung, die bis 1990 bei allen von HDW gebauten Bundesmarine- und Export-U-Booten eingebaut war. Das Bild zeigt die Anlage auf einem Boot der Klasse 209.

The torpedo arrangement developed by IKL which was installed on all FGN and export submarines built by HDW until 1990. The picture shows the system on a Class 209 submarine.

4.2 Klasse 209/1200

Noch ehe der Zusammenbau des ersten Export-U-Bootes der *Glafkos*-Klasse begann, zeigten die Bemühungen in Südamerika einen Anfangserfolg. Am 30. April 1969 wurde mit Argentinien ein Bauvertrag für zwei U-Boote eines etwas größeren Typs abgeschlossen. Die argentinische Marine kam mit der Kojenzahl des *Glafkos*-Entwurfes nicht aus und verlangte die Einrichtung einer Offiziersmesse. Den zugehörigen Konstruktionsvertrag IK 68 erhielt das IKL von HDW im Juni 1969.
Durch die Verlängerung des *Glafkos*-Entwurfes um eine Kojenlänge (1,75 m) konnte gleichzeitig der Kraftstoffvorrat fast verdoppelt und damit der maximale Fahrbereich bei 6 kn Schnorchelfahrt und 4 kn Schleichfahrt auf ca. 12 000 sm vergrößert werden. Da Kraftstoff bei der Berechnung der Standard-Verdrängung nicht berücksichtigt wird, vergrößerte sie sich dadurch nur um 10 ts. Somit war es möglich, ein 1000-ts-U-Boot anzubieten, das auch hinsichtlich des Fahrbereiches als optimal anzusehen war.

Mittelsektion des U-Bootes SALTA der Klasse 209/1200 nach der Verladung vor dem Schiffstransport nach Argentinien.

The middle section of the Class 209/1200 submarine SALTA after loading for shipment to Argentina.

Weitere Änderungen gegenüber der *Glafkos*-Klasse waren

- ein geänderter Einsteigeschacht mit Taucherausstiegsmöglichkeit,
- eine vergrößerte Kühl- und Tiefkühlkapazität,
- die Unterbringung aller Sauerstofflaschen im Zwischendeck,
- Ausrüstung mit zusätzlichen OPZ-Anlagen (Sonarwarnanlage, Omega-Funknavigation und Plottisch).

Da Argentinien nicht zur NATO gehörte, konnte diese Bestellung nicht im Rahmen der WEU-Sonderregelung ausgeführt werden. Man half sich damit, nur U-Boot-Sektionen mit weniger als 450 ts Deplacement in Kiel zu fertigen und diese dann nach Argentinien zu verschiffen. Dort wurden sie durch HDW-Personal auf dem Gelände der Staatswerft Tandanor zusammengebaut. Auch die Erprobungen führte ausschließlich HDW-Personal unter voller Verantwortung von HDW durch.
Gleichzeitig bemühte sich HDW über die Bundesregierung bei der WEU um eine Heraufsetzung der Tonnagebegrenzung, um in Zukunft diesen Export-U-Boot-Typ vollständig in der Bundesrepublik bauen zu dürfen. Diese Bemühung hatte Erfolg, und am 27. September 1973 wurde die Obergrenze für den U-Boot-Bau in der Bundesrepublik auf 1800 ts Standard-Verdrängung angehoben.

Die Verhandlungen mit Peru und Kolumbien führten 1970 zu Verträgen über den Bau von je zwei Booten dieser 1000-t-Klasse, und zwar am 25. Juni 1970 mit Peru (IK 62/1-2) und am 28. Oktober 1970 mit Kolumbien (IK 78). Diese Verträge enthielten noch vorsorglich die Klausel, daß möglicherweise auch bei diesen Booten der Zusammenbau im Ausland erfolgen müßte. Dies war dann nicht erforderlich, da mit der Erhöhung der Tonnagebegrenzung fest gerechnet werden konnte.
Die Ausführungen dieser U-Boote für Peru und Kolumbien unterschieden sich nur geringfügig von IK 68. Die Kraftstoffkapazität war mit ca. 84 t etwas geringer, der Frischwasservorrat mit ca. 30 t größer als bei den Argentinien-Booten. Für die Waffenleitanlage wurde ein anderer Typ, beim Plottisch ein anderer Hersteller gewählt. Als zusätzliche OPZ-Anlagen wurden ein IFF-Gerät (Freund-Feind-Kennung für die Funkanlagen) sowie ein passives Entfernungsmeßsonar eingebaut. IK 78 erhielt zwei Wohnraumklimageräte, ein Umluftkühlgerät für den Maschinenraum und einen Frischwassererzeuger. Der Einsteigeschacht hatte bei diesem Entwurf keine Taucherschleuse.

1972 bestellte auch die Türkei zwei Boote dieses Typs bei HDW. Die Türkei sollte im Rahmen des mit der Bundesregierung geschlossenen Militärhilfeabkommens erhebliche Zuschüsse für den Bau von zwei U-Booten erhalten, die für einen Einsatz im Schwarzen Meer vorgesehen waren. Dabei war ursprünglich an eine Warmwasserversion der Klasse 207, also an ein 450-ts-Boot gedacht. Die Entwurfsarbeit für einen entsprechenden Auftrag des BWB begann beim IKL im Frühjahr 1970 unter der Bezeichnung IK 14. Die amtliche Bezeichnung dafür war Klasse 209. Die Verhandlungen mit der Türkei zogen sich aber in die Länge. Zeitweise waren auch größere U-Boote von etwa 500 ts (sogenannter Mittelmeertyp IK 73) für ein ausgedehnteres Einsatzgebiet im Gespräch. Auch für die Türkei ergab sich ja das Problem, ihre alten *Fleet*-Typ-U-Boote durch modernere ersetzen zu müssen, ohne eigentlich finanziell dazu in der Lage zu sein. Nachdem 1971/72 Griechenland die größeren und stärkeren U-Boote der *Glafkos*-Klasse erhalten hatte, war die Türkei mehr an diesen Booten interessiert. Darauf wurde die Unterstützung für den Bau von zwei U-Booten der Klasse 209 im Rahmen des Militärhilfeabkommens auf den 1000-ts-Typ in der Ausführung für Kolumbien mit geringfügigen Änderungen übertragen. Für diesen Entwurf IK 14/1-2 erhielt HDW am 19. Mai 1972 den Bauauftrag. Damit wurde eine bis heute andauernde fruchtbare Zusammenarbeit eingeleitet.
Um die finanziellen Schwierigkeiten bei weiteren U-Boot-Bestellungen durch die Türkei zu mindern, vereinbarte man, die Marinewerft Gölcük mit erheblicher HDW-Unterstützung in die Lage zu versetzen, weitere U-Boote dieses Typs, für den die Klassenbezeichnung 209 übernommen worden war, mit den erforderlichen deutschen Zulieferungen selbst zu bauen.
Nach der Fertigstellung der ersten beiden Boote wurde deshalb am 22. Januar 1975 für die nächsten beiden (IK 14/3-4) vertraglich vereinbart, daß eines bei HDW in Kiel-Süd und das zweite in Gölcük gebaut werden sollte. Das bei HDW gebaute Boot diente dabei zur Ausbildung des türkischen Werftpersonals.
Wesentliche Änderungen bei diesen Booten gegenüber IK 14/1-2 waren die Kreisbasis der passiven Sonaranlage auf dem Vorschiff mit einer Verkleidung ähnlich wie bei Klasse 206, eine Sonarwarnbasis auf dem Oberdeck vorn und eine Boldschleuse im Bereich der Torpedorohre.

Für die Akquisition erwies es sich als vorteilhaft, daß der 1000-ts-Export-U-Boot-Typ jetzt eine amtliche Klassenbezeichnung besaß. Die Bezeichnung Klasse 209 wurde deshalb für alle Abkömmlinge der *Glafkos*-Klasse eingeführt. Die unterschiedlichen Tonnageausführungen wurden durch Zusatzangaben unterschieden. Die *Glafkos*-Ausführung erhielt nun die Bezeichnung 209/1100 und die verlängerte 1000-ts-Version 209/1200. Die Zusatzangaben beziehen sich dabei auf die Überwasserverdrängung.

Obwohl in den nächsten Jahren bei den Kundenwünschen der Trend zu größeren U-Booten ging, wurden die kostengünstigen 1000-ts-Boote immer wieder verlangt. Die späteren Ablieferungen der bereits seit 1969 gebauten Klasse 209/1200 rüstete man bei der nachrichten- und ortungs-

Das für Peru gebaute U-Boot *ISLAY* der vergrößerten Klasse 209/1200 1974 in einem Schwimmdock von HDW.

The submarine ISLAY built for Peru, a boat of the enlarged Class 209/1200 boats, in a HDW floating dock in 1974.

Das für Griechenland gebaute U-Boot POSEIDON (Klasse 209/1200) bei einer Probefahrt im Jahre 1978. Gut zu erkennen ist der am Bug verbreiterte Aufbau mit der neuen passiven Kreisbasis und den drei Intercept-Schwingern.

The submarine POSEIDON (Class 209/1200) built for Greece during a trial run in 1978. What is clearly visible is the sail widened at the bow with the new cylindrical hydrophone array and the three intercept oscillators.

technischen Ausstattung mit moderneren Geräten aus, wobei auf besondere Kundenwünsche weitgehend eingegangen wurde. Alle Boote dieser Klasse erhielten ein Sonarwarngerät (Interface) von Sarfare, anfangs DUUG/AUUD, ab IK 14 dann VELOX M2. Ab 1975 wurde die kombinierte Sonaranlage CSU 3-2 von KAE eingebaut. Bei der Echolot- und UT-Ausrüstung wurden ab IK 14 die moderneren ELAC-Ausführungen VE 59 und UT 12 verwandt.

Am 30. Oktober 1975 folgte der nächste größere Abschluß für diesen U-Boot-Typ. Griechenland, das mit den vier Booten der *Glafkos*-Klasse sehr zufrieden war, bestellte weitere vier Boote (IK 36/5-8), die ebenfalls vollständig in Kiel-Süd gebaut wurden. Bei diesen Booten wurden wieder eine Reihe von Neuerungen eingeführt:

- Schnorchelmast als Brückengerät,
- kombinierte, zweistufige Kommunikationsantenne,
- Hydraulikstation mit integrierten Pumpen,
- Abgasventile statt Klappen,
- SAT-NAV-Gerät statt Omega-Funknavigation,
- ab IK 36/8 siebenflügeliger Sichelpropeller.

Am 25. März 1977 schloß HDW auch mit Peru einen Anschlußvertrag über vier weitere Boote der Klasse 209/1200 ab. Ihr Entwurf IK 62/3-6 entsprach weitgehend der Ausführung IK 36/5-7 mit geringen Änderungen, z. B. separate Antriebe für die vorderen Tiefenruder. Der Bau wurde von Juli 1977 bis September 1981 wieder in Kiel-Süd ausgeführt. Nachdem das erste »Package«-Boot in Gölcük gut zu Wasser gebracht worden war, schloß am 5. Dezember 1980

HDW mit der Türkei einen Vertrag über den Bau eines weiteren U-Bootes der Klasse 209/1200 (IK 14/5) in Gölcük ab. Am 19. Dezember 1984 folgte dann der Vertrag über das 6. Boot (IK 14/6) dieser Klasse, das ebenfalls in Gölcük gebaut wurde. Dieses Boot besaß mehrere Neuerungen der zweiten Griechenland-Serie (IK 36/5-8), insbesondere den siebenflügeligen Sichelpropeller.

In neuester Zeit wurde für die Klasse 209/1200 auch ein ostasiatischer Kunde gewonnen. Nach langwierigen Verhandlungen und der Überwindung erheblicher Widerstände wurde am 30. Oktober 1987 mit Süd-Korea ein Vertrag über den Bau von drei U-Booten (IK 76) abgeschlossen. Nach diesem Auftrag wurde ein Boot in der neuen U-Boot-Bauhalle von HDW in Kiel-Gaarden gebaut, wobei diesmal auch die Torpedorohre von HDW gefertigt wurden. Bisher erhielten alle in der Bundesrepublik gebauten U-Boote MaK-Rohre. Die anderen beiden Boote werden als »Package« bei der Werft Daewoo-Shipbuilding in Süd-Korea gebaut. Dafür hat sich HDW verpflichtet, 160 einheimische Schiffbauspezialisten auf die neue Aufgabe vorzubereiten.
Auch bei diesen neuesten U-Booten der Klasse 209/1200 gab es wieder viele Änderungen gegenüber den bisherigen Ausführungen:

- ein aufgeweitetes Achterschiff mit einem verlängerten Maschinenraum,
- neue 8-Zylinder Dieselmotoren des Typs 396 von MTU mit Abgasturboladern und elektronischer Drehzahlregelung auf gemeinsamer Plattform,
- größerer Kielballast,
- hohes durchgehendes Oberdeck mit großen Wandlerbasen für passives Entfernungsmessen und GfK-Rettungsgerätebehälter in Kugelform,

In der neuen HDW-U-Boot-Fertigungshalle in Gaarden entstand als erstes Boot eine Typ 1200-Einheit für Südkorea. Hier handelte es sich um eine fast vollständige Neukonstruktion, die das IKL 1988/89 stark beschäftigte.

The first boat to be built in the new HDW submarine assembly hall in Gaarden was a Type 1200 unit for South Korea. This design was almost completely new, running to a high degree of IKL's capacity in 1988/89.

- Montageluk mit integriertem Maschinenraumluk,
- Batterieluk mit druckfestem Schacht und DSRV-Anschlußmöglichkeit,
- breiterer Turm mit größerem Schnorchel, der jetzt hinter allen Ausfahrgeräten steht,
- Batterieraum I nach hinten verschoben, Anordnung des Hilfsmaschinenraums I unter der STZ,
- Hydrazin-Gasgeneratoren zum Notausblasen der Tauchzellen,
- spiegelbildliche Ausführung der vorderen Tiefenruder,
- Zweimann-Steuerstand,
- Torpedorohre mit Luftausstoßsystem für gekapselte Flugkörper,
- ISUS (Integrierte Sensoren Unterwasser System) von KAE für Sonar- und Waffenleitanlage.

Inzwischen waren die ersten U-Boote der Klasse 209/1200 für eine Grundüberholung reif. Nach längeren Verhandlungen wurde im Februar 1989 mit Kolumbien ein Vertrag für die vollständige Überholung der beiden Boote abgeschlossen. (nähere Angaben in 4.6)

4.3 Klasse 209/1300

Auch in Venezuela bestand der Wunsch, seine *Fleet*-Typ-U-Boote durch modernere Ausführungen zu ersetzen. 1971 hatte die venezolanische Marine in Italien für den Bau eines U-Bootes der *Sauro*-Klasse einen »letter of intent« gegeben. Um dann hier doch noch mit der Klasse 209 zum Zuge zu kommen, mußten erhebliche Zugeständnisse in der Unterbringung der Besatzung gemacht werden. Dies führte zu einem größeren Boot.
Nachdem es nur noch eine Frage der Zeit war, daß auch größere U-Boote in der Bundesrepublik gebaut werden durften, bestanden keine rechtlichen Schwierigkeiten mehr bei einem derartigen Angebot. Um möglichst wenig an der bewährten Konstruktion ändern zu müssen, verlängerte man den Druckkörper durch Einsetzen eines Zwischenschusses um vier Spantabstände (3,45 m). Den hierdurch gewonnenen Raum nutzte man für eine großzügige Neugestaltung der Aufenthaltsräume und der Operationszentrale (Doppel-WC vor der OPZ, eine ungestörte Küche, um 1 m verlängerte Mannschaftsmesse, separat abgeschottete Schlafräume, Kartentisch und Navigationsgeräte an Stb-Seite der OPZ) und vergrößerte Kühlräume im Tankbereich.
In dieser Verlängerung war auch eine druckfeste Tauchzelle enthalten, um den Anteil des Tauchzellenvolumens bei dem vergrößerten Typ bei 10 % zu halten. Da der Kraftstoffvorrat etwa so groß wie bei Klasse 209/1200 – IK 62/1-2 war, änderte sich der Fahrbereich kaum.
Dieser neue IKL-Entwurf mit einer Standardverdrängung von 1100 ts erhielt die Bezeichnung IK 81 bzw. Klasse 209/1300, da die Überwasserverdrängung bei 1300 m^3 lag. Er wurde von HDW Venezuela in Konkurrenz mit einem Angebot von Kockums/TNSW unterbreitet. Auch Vickers bemühte sich mit seiner *Oberon*-Klasse um diesen Auftrag. Venezuela entschied sich für das HDW-Angebot. Am 22. Juni 1972 kam es dann zum Bauvertrag mit HDW über zwei Boote der Ausführung IK 81, die zwischen Mai 1973 und März 1977 in Kiel-Süd gebaut wurden. Äußerlich unterschieden sich diese U-Boote von ihren Vorgängern durch ein kleines Oberdeck vor dem Zentralaufbau, das vorn die passive Kreisbasis des CSU 3-2 Sonars von KAE enthielt. Auch das aktive Sonargerät dieser kombinierten Anlage war jetzt als kleine Kreisbasis mit elektronisch schwenkbarem Suchstrahl und Panoramabetriebsmöglichkeit ausgeführt. Als passives Entfernungsmeßsonar war die DUUX 2C1-Anlage und als Sonarbeobachtungs- und Warnlage VELOX M2 vorgesehen. Der Einsteigeschacht war hier wieder als Taucherschleuse ausgeführt.

Knapp zwei Jahre später gelang es HDW am 18. März 1974, auch mit Ecuador (IK 79) einen Bauvertrag über zwei U-Boote dieses Typs 209/1300 abzuschließen. Hier war wieder Vickers mit der *Oberon*-Klasse, aber auch mit den IKL-Projekten 70 t, 540 t und 1000 t als Konkurrent aufgetreten. Auch die Verbindung ICT Monfalcone/TNSW hatte sich mit Entwürfen der *Toti-*, *Sauro-* und *COGS* 500-Typen an der Ausschreibung beteiligt. Ecuador entschied sich aber für die Venezuela-Ausführung der Klasse 209 (IK 81). Einziger Unterschied war der Verzicht auf einen besonderen ESM-Ausfahrmast. Seine Antenne wurde auf dem Schnorchelkopf montiert.
Am 2. Oktober 1987 schlossen Ecuador und HDW einen Vertrag über die Grundüberholung dieser beiden U-Boote.

Damit schienen die Möglichkeiten auf dem südamerikanischen Markt vorerst erschöpft. Chile und Brasilien hatten sich für die Anschaffung von U-Booten der *Oberon*-Klasse entschieden, und auch mit Argentinien gelang es nicht, zu einem weiteren Abschluß zu kommen. Man hatte der argentinischen Marine als Ergänzung zu den beiden U-Booten der Klasse 209/1200 eine modifizierte 209/1300-Ausführung mit zwei stärkeren Dieselgeneratoren (statt der bisherigen vier) und nochmals vergrößertem Kraftstoff-Vorrat angeboten, doch entschied sich Argentinien nach längeren Verhandlungen 1978 für einen größeren und völlig neuen Entwurf von TNSW (TR 1700).

Der nächste Auftrag für die Klasse 209/1300 kam von Indonesien (IK 86). Am 2. April 1977 schloß HDW mit diesem asiatischen Staat einen Bauvertrag über zwei U-Boote dieses Typs ab, die ebenfalls in Kiel-Süd gebaut wurden. Die Bauzeit erstreckte sich von Dezember 1977 bis Juli 1981.
Diese beiden Boote bekamen das neue Feuerleitgerät SINDBADS von Signaal sowie die integrierte Sonaranlage

Das Bild zeigt ein U-Boot der erneut verlängerten Klasse 209/1300 mit dem etwas erhöhten Aufbau auf dem Vorschiff. Es handelt sich um die CARIBE für Venezuela während einer Probefahrt im Frühjahr 1977 noch unter deutscher Flagge.

The picture shows a submarine of the newly prolonged Class 209/1300 with the slightly higher superstructure on the foreship. It is CARIBE for Venezuela during a trial run still under the German flag in the spring of 1977.

CSU 3-2 mit dem passiven Entfernungsmeßsystem PRS 3 von KAE. Weitere Änderungen gegenüber der ursprünglichen Ausführung der Klasse 209/1300 waren u. a. der 2-Mann-Steuerstand, eine Hydraulikstation mit integrierten Pumpen, Abgasventile statt Klappen, die Ausführung des Schnorchels als Brückengerät, eine kombinierte, zweistufige Kommunikationsantenne, ein zusätzlicher Schlafraum für zwei Offiziere.

4.4 Klasse 209/1400

Der Bedarfsfall Iran führte zu einer weiteren Vergrößerung der Klasse 209-Ausführungen.
Bereits 1972 hatte der Iran sein Interesse an einer U-Boot-Streitmacht bekundet. Die Bundesregierung unterstützte die Bemühungen deutscher Werften, mit diesem befreundeten und zahlungsfähigen Land ein größeres U-Boot-Geschäft zu tätigen. Anfangs wurde in gegenseitiger Abstimmung von HDW mit Vickers gemeinsam aquiriert. Angeboten wurden die IKL-Projekte 70 t, 540 t und 1000 t. Als Konkurrent trat wieder RNSW mit ihrem *COGS* 500-Entwurf auf.
Im Verlauf der Verhandlungen setzte sich HDW mit einem abgeänderten 209/1300-Entwurf durch. Dieser Entwurf erhielt die Bezeichnung Klasse 209/1300 L, da er länger als die 209/1300-Ausführung war. Von der 2,28-m-Verlängerung entfielen 1,70 m (2 Spantenabstände) auf den Druckkörper. Von einer neuen Bezeichnung war abgesehen worden, da der Kunde, der auf dem Nachbau eines bewährten Bootes bestand, nicht durch eine Änderung der Bezeichnung verunsichert werden sollte.
Die bisherigen Verlängerungen für den Typ 1300 hatten sich nur im Vorschiff abgespielt, nun wurde auch der Maschinenraum verlängert. Als Besonderheit enthielt der Bootstyp ein Montageluk, das mit einer von Maschinenbau Gabler entwickelten Fräsmaschine hergestellt werden sollte.

Am 11. März 1978 wurde der Bauvertrag über sechs Boote dieses Typs (IK 71) unterschrieben. Nach dem Abschluß des Vertrages reiste eine Delegation der iranischen Marine in die USA, um an den von der US-Regierung zur Verfügung gestellten konventionellen U-Booten des Typs *Darter* ausgebildet zu werden.
Dabei fiel dem Kunden auf, daß im IKL/HDW-Entwurf kein druckfestes Schott vorhanden war, und er forderte die Modifikation des Entwurfs. Gegen Ende 1978 wurde somit eine Vertragsänderung verabredet, die den Einbau eines druckfesten Schottes vorsah, verbunden mit einer entsprechenden Verlängerung des Druckkörpers und als Besonderheit einer vom IKL entwickelten Rettungskugel. (vgl. Kapitel 4.5)
Nach der Absetzung des Schahs annullierte die neue iranische Regierung den Vertrag im Frühjahr 1979.

1979/80 gab es erneut Verhandlungen mit der chilenischen Marine, die nach den Erfahrungen mit den beiden *Oberon*-Booten, ebenso wie ihre Nachbarn, Boote der Klasse 209 erwerben wollte. Zwar bestand zu diesem Zeitpunkt hier eine Militärherrschaft, die jedoch westlich orientiert war. Es gab zwar Bedenken hinsichtlich einer Lieferung von U-Booten an Chile; da sie jedoch innenpolitisch ohne Bedeutung und außenpolitisch Chile kein Spannungsland war, wurde die Genehmigung von der Regierung Schmidt erteilt.

Es wurde mit Chile (IK 65) ein Bootstyp kontrahiert, der – in seinen Abmessungen ähnlich dem ursprünglich kontrahierten Iran-Typ IK 71 – nunmehr die Bezeichnung Klasse 209/1400 trug und als Besonderheit einen um 90 cm erhöhten Turm aufwies, um bei dem schweren Seegang im Süden Chiles sicher schnorcheln zu können.
Außerdem wurde der hintere Druckkörperkonus aufgeweitet, so daß einerseits mehr Platz für den Maschinenraum geschaffen wurde, und andererseits die hinteren Tauchzellen vergrößert werden konnten. Dadurch konnte die mitt-

Das für Brasilien gebaute U-Boot TUPI der vergrößerten Klasse 209/1400 vor der Ablieferung in einem HDW-Schwimmdock. Auffallend sind das durchlaufende erhöhte Oberdeck und das aufgeweitete Achterschiff.

The submarine TUPI of the enlarged Class 209/1400 built for Brazil before delivery in a HDW floating dock. What is striking is the continuously higher upper deck and the flared aftship.

schiffs angeordnete druckfeste Tauchzelle des Typs 1300 entfallen. Das Standard-Deplacement dieses neuen Entwurfes betrug 1210 ts.
Äußerlich unterscheidet sich die neue Klasse 209/1400 vom Typ 1300 außer an dem höheren Zentralaufbau durch ein hohes, durchgehendes Oberdeck, in dem große PRS-Basen des integrierten KAE-Sonarsystems, Druckluftflaschen, eine Torpedoübernahmebühne und ein Batterieluk mit druckfestem Schacht für DSRV-(Deep-Submergence-Rescue-Vehicle)Anschlußmöglichkeit untergebracht sind, und dem geräuschärmeren siebenflügeligen Sichel-Propeller.
Am 18. August 1980 kam es zum Bauvertrag über zwei U-Boote dieses Typs zwischen HDW und Chile. Der Bau erfolgte wieder in Kiel-Süd in der Zeit vom November 1980 bis August 1984. In einer Zeit, in der der deutsche Schiffbau stagnierte und die Arbeitslosigkeit erheblich anwuchs, konnten dadurch im Kieler Raum Arbeitsplätze erhalten werden.

Der nächste Auftraggeber für diesen großen Typ war Brasilien (IK 67). Doch war es hier nur möglich, durch ein »Pakkage«-Geschäft zum Abschluß zu kommen. Am 17. Dezember 1982 schloß HDW einen Vertrag über den Bau von zwei Booten des Typs 209/1400 ab, von denen eins in Kiel-Süd, das andere beim Arsenal de Marinha in Rio gebaut werden sollten. Nach Absicherung der Finanzierung wurde dieser Vertrag am 15. Mai 1985 durch zwei weitere »Package«-Bauten in Rio ergänzt.
Am 1. August 1984 begannen für diesen Brasilien-Auftrag beim IKL die Konstruktionsarbeiten. Gegenüber IK 65 gab es einige Änderungen, so einen höheren Ballastkiel und bei den OPZ-Geräten andere Hersteller (z. B. Sehrohre von Kollmorgen) oder Typen (CSU 83-Sonaranlage ISUS von KAE).
Der Bau des ersten Bootes erfolgte von Oktober 1984 bis Dezember 1988 in Kiel-Süd. Es war das letzte U-Boot, das in diesem Werk gegenüber dem Kieler Hauptbahnhof fertiggestellt worden ist.

Nachdem die Türkei sechs U-Boote der Klasse 209/1200 erhalten hatte, wollte man ein zweites halbes Dutzend beginnen und dabei einen leistungsfähigeren Typ einführen. Aus langwierigen Verhandlungen zwischen HDW und der türkischen Marine ergab sich hieraus der Typ 209/1400 mod.
Die Modifizierungen zum Typ 1400, die wiederum mit einer Verlängerung um ca. 1 m auf 60,73 m verbunden waren, betrafen im wesentlichen eine neue, integrierte Feuerleitanlage von KAE und abgasturbinenaufgeladene 8-Zylinder-Dieselmotoren des Typs 396 von MTU, wodurch sich die Dieselleistung um etwa 50 % erhöhte. Diese und andere Neuerungen entsprechen der modernen Ausstattung, wie sie auch für die Süd-Korea-U-Boote der Klasse 209/1200 vorgesehen sind. Der Kraftstoffvorrat ist mit ca. 102 t geringer als bei IK 65 und entspricht dem anderen Einsatzraum dieser Boote.
Der Vertrag über einen »Package«-Bau von zwei Booten dieses Typs in Gölcük erfolgte am 17. November 1987 zwischen HDW und der Türkei.

4.5 Bedarfsfall Indien (IK 70)-Typ 1500

In den Jahren 1968 bis 1970 erhielt die indische Marine ältere Unterseeboote der F-Klasse aus der UdSSR. Parallel dazu bemühte sich Indien um Fertigungsunterlagen zum Bau von modernen Unterseebooten in Indien selbst. Man war seinerzeit gegebenenfalls dazu bereit, einen Prototyp beim Lizenzgeber bauen zu lassen. 1968 besuchten Prof. Gabler und U. Ude auf Einladung der indischen Marine Indien. Eine Exportgenehmigung für ein oder mehrere militärische Unterseeboote aus der Bundesrepublik Deutschland nach Indien wäre damals aber nicht gegeben worden. Auch bei Fertigungsunterlagen, also für den Bau in Indien, waren politische Schwierigkeiten zu befürchten. Dementsprechend nahm das IKL mit dem holländischen Ingenieurbüro Nevesbu Verbindung auf, das an einer Kooperation interessiert war. Die Inder zögerten jedoch. Daraufhin wandte sich das IKL 1970 an die italienische Werft ICT in Monfalcone bzw. Triest. Als Folge davon kam es zu einer Reihe von Verhandlungen zwischen der indischen Marine, ICT und IKL. Gedacht waren kleine Boote mit ca. 380 ts Standard-Verdrängung. Es war vorgesehen, daß HDW dem IKL für Teilbereiche, z. B. Logistik und Dokumentation, zuarbeiten sollte. Die Verhandlungen scheiterten schließlich im November 1970, und zwar im wesentlichen, weil die Inder bestenfalls ein Boot hätten in Monfalcone bauen lassen und ICT an solch einem Gechäft nicht interessiert war.

→

Die Mittelsektion mit dem Zentralaufbau von SHANKUSH beim Transport aus der Bauhalle von HDW in Kiel-Süd zum Montagedock am 15. November 1984. Diese Sektion gehört zu dem vom IKL für Indien entwickelten Typ 1500, der einen größeren Durchmesser als die U-Boote der Klasse 209, sonst aber ähnliche Entwurfsmerkmale wie diese so erfolgreichen Exporttypen besitzt.

The middle section with the sail of SHANKUSH when being transported out of the building hall of HDW in Kiel-Süd to the assembly dock on 15 November 1984. The section pertains to the Type 1500 developed for India by IKL, which has a larger diameter than Class 209 submarines, but which has beyond this a design similar to that of the highly successful export types.

Daraufhin machte das IKL einen dritten Versuch im Dezember 1970 und sprach Vickers Shipbuilding Group an (also ca. 3 Monate vor Abschluß des IK 80-Bauvertrages!). Zwischen VSG und der Mazagon Werft in Bombay gab es schon seit längerer Zeit Geschäftsbeziehungen. Seit 1966 wurden auf dieser Werft Fregatten des *Leander*-Typs gebaut. Offensichtlich war das Ergebnis dieser Kooperation für die Engländer nicht befriedigend, denn man zeigte in Barrow kein ernsthaftes Interesse an diesem U-Boot-Geschäft, wie die zahlreichen Gespräche im Jahre 1971 ergaben.
Zu dieser Zeit bemühte sich auch RNSW mit einem Entwurf für ein 450-ts-Boot, also offensichtlich von der Klasse 207 abgeleitet, in Indien.

Nach diesen erfolglosen drei bis vier Jahren ruhte der Vorgang für einige Zeit, bis schließlich im Sommer 1977 die indische Marine an sämtliche hierfür in Frage kommende Werften in Westeuropa herantrat, unter anderem auch an HDW/Ferrostaal/IKL. Die Inder sammelten kaufmännische und technische Angebote, besuchten und besichtigten die Werften und stellten entsprechende Vergleiche an, die von ihnen in dem sogenannten DATTA-Bericht zusammengefaßt wurden.

Sie verlangten größere Tauchtiefen. IKL/HDW änderten den 209-Entwurf entsprechend. Um das Batteriegewicht beibehalten zu können, war eine Volumenvergrößerung erforderlich. Dafür wählte man einen um 30 cm größeren Druckkörper-Durchmesser. Durch eine Verstärkung der Batterie und die Erhöhung der Leistung des elektrischen Fahrmotors um mehr als 20 % wurden die Fahrleistungen des Typs 209 auch bei diesem vergrößerten Boot erreicht.
Außerdem war ein druckfestes Schott verlangt.

Das für Indien bestimmte U-Boot SHANKUSH Mitte 1985 nach dem Zusammenbau in dem z.T. überdachten Montagedock. Auffallend ist der neue, besonders leise arbeitende siebenflügelige Sichelpropeller des Bootes, das mit seinem Schwesterschiff zum Typ 1500, dem größten bei HDW gebauten U-Boot-Typ gehört.

The submarine SHANKUSH destined for India in mid-1985 after being assembled in the partly roofed-over assembly dock. The boat stands out due to its new, extremely silent, seven-blade skew-back propeller, and it belongs, together with its sister ship, to the Type 1500 which are the largest submarines ever built at HDW.

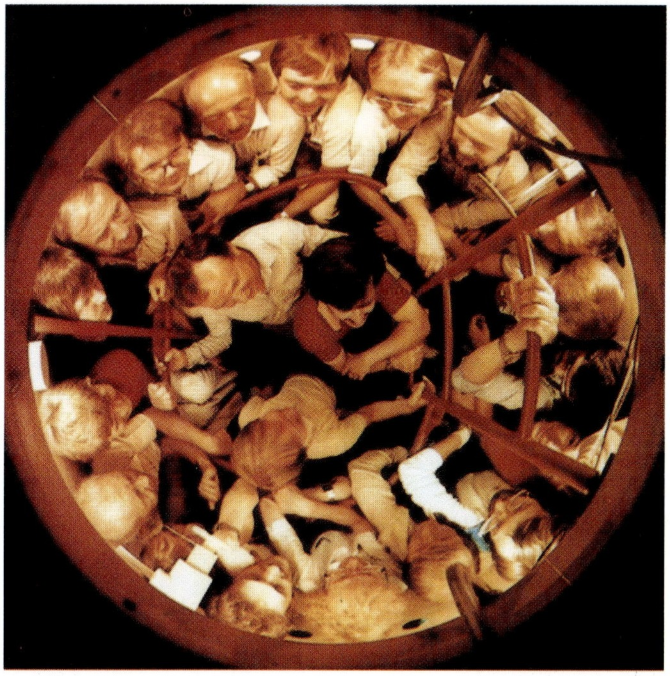

Im Rahmen der Entwicklung der Rettungskugel wurde bei Maschinenbau Gabler ein Holzmodell im Maßstab 1 : 1 aufgebaut. Für eine Sitz- bzw. Stehprobe wurden für den ersten Bedarfsfall IK 70 aus einem internationalen Handbuch der Ergonomie »die mittleren Abmessungen eines Inders« ermittelt. Hiernach wurden 40 IKL-Mitarbeiter ausgewählt und die Probe durchgeführt.

Within the scope of development of the rescue sphere MG erected a wooden full-scale model. An international human engineering manual gave evidence of "the average dimensions of an Idian" for trials regarding sitting, resp. standing in the sphere, used for the IK 70 project, which was the first time the rescue sphere was needed. The findings from the manual served to select 40 IKL staff members to perform the trials.

Da sich das Operationsgebiet des Kunden über dem kontinentalen Schelf befindet, so daß die Wassertiefe nicht größer als die Zerstörungstiefe des Druckkörpers ist, schlug HDW/IKL die Verwendung einer Rettungskugel vor. Damit wird es der Besatzung ermöglicht, bei Vollaufen einer druckfesten Abteilung und Aufgrundliegen des Bootes dieses mit ihren Mitteln zu verlassen und an die Meeresoberfläche zu gelangen.
Diese Kugel – als Ergänzung eines druckfesten Schottes – hatte das IKL bereits für die neuen norwegisch/deutschen Boote des Typs 210 vorgeschlagen. Ihre erste Realisierung wäre durch den Bauvertrag vom 11.3.1978 von HDW mit der kaiserlich-iranischen Marine erfolgt (IK 71), wenn der Sturz des Schahs – ein knappes Jahr später – diesen Vertrag nicht annulliert hätte.
Die Rettungskugel mit einem Durchmesser von 2,6 m ist in einer Einbettung des Druckkörpers untergebracht. Zwei Zugangsluken von beiden Abteilungen aus erlauben den Zugang der gesamten Besatzung von 40 Mann zur Rettungskugel, die diese große Zahl in zwei Ebenen aufnehmen kann. Ein Schwimmfloß aus Schaumstoff bewirkt ein stabiles Schwimmen auf der Wasseroberfläche. Die Kugel enthält Sauerstoff für acht Stunden und besitzt einen kleinen Luftmast für eine sichere Luftzufuhr an der Oberfläche, dazu außerdem Wasser und Lebensmittel für die Besatzung.
Bei dem ersten bemannten Aufstiegsversuch im Oktober 1985 wurden 58 Sekunden für ein Aufschwimmen aus 80 m Tiefe benötigt. Nach einer eingehenden Wertanalyse gaben die Inder diesem Rettungssystem gegenüber dem DSRV-System den Vorzug. Das ausschlaggebende Entscheidungskriterium war die garantierte und sofortige Verfügbarkeit.
Ein weiteres wesentliches Merkmal dieses Entwurfes T 1500 war der von der indischen Marine geforderte und bei den Ship Acceptance Tests (SAT) durch umfangreiche Messungen auch nachgewiesene extrem niedrige Geräuschpegel.
Als Sonaranlage kam die KAE-Ausführung CSU 3-4 und das passive Entfernungsmeßsonar DUUX 5 von CIT-Alcatel zur Anwendung.
Für die Feuerleitanlage war zunächst eine Anlage von HSA vorgesehen. Auf Wunsch des Kunden wählte man dann eine Anlage der US-Firma Singer Librascope, die in ähnlicher Form bei der Umrüstung der *Oberon*-Boote für die australische Marine verwendet worden war.
Nach einem Besuch des indischen Marineoberbefehlshabers in Australien wurde daher der Einbau einer ähnlichen Anlage verlangt. Mit diesen Änderungen entstand der Typ 1500 – wie er dann auch in der Bauanweisung festgehalten und schließlich geliefert wurde.

Schließlich wurde am 11. Dezember 1981 der Bauvertrag für diesen Typ 1500 geschlossen, und zwar mit dem Inhalt, zwei Boote in Kiel und zwei Boote mit HDW-Unterstützung und HDW-Zulieferungen auf der Mazagon Dockyard in Bombay zu bauen. Für diesen Typ 1500 war ein voller Satz von Fertigungsunterlagen zu liefern. Dadurch war das IKL in den Jahren 1982/1983 gut ausgelastet. Hinzu kam noch die Lieferung eines Belehrungsmodells an die indische Marine. Dieses Modell wurde in ähnlicher, jedoch etwas vereinfachter Ausführung wie das eigentliche Konstruktionsmodell in Lübeck gebaut.
Das erste indische Boot wurde am 22.9.1986 und das zweite am 20.11.1986 in Kiel in Dienst gestellt. In Bombay gab es beim Bau jedoch Verzögerungen. Schließlich wurde das Boot Nr. 3 am 30.9.1989 zu Wasser gelassen.

Zur Vorbereitung des Baues in Bombay wurden in Kiel beim Bau der ersten Boote indische Techniker und Facharbeiter trainiert. Darüber hinaus hat das IKL auftragsgemäß 1982/1983 bis zu 30 indische Offiziere und Ingenieure einem »Design-Training« unterzogen.

In den Jahren 1982/83 entstand unter der Arbeits-Nr. IK 70 die Neukonstruktion Typ 1500. Erster Kunde hierfür war Indien. Das Bild zeigt den ersten Neubau SS SHISHUMAR bei seinen Erprobungen unter deutscher Flagge; Indienststellung: 22.9.1986.

In the years 1982/83 the Type 1500 submarine was newly designed under the working number IK 70. The picture shows the first new construction SS SHISHUMAR during trials under the German flag; commissioning took place on 22.9.1986.

Neben dem geschilderten Bauprogramm für die sogenannte Westflotte hat Indien parallel dazu für die Ostflotte aus der UdSSR sechs moderne konventionelle Boote der Kilo-Klasse beschafft, die vom April 1986 bis Januar 1989 in Dienst gestellt wurden.

4.6 Modernisierungsprogramme

Die rasche Entwicklung der Mikroelektronik in den letzten zwanzig Jahren blieb nicht ohne Einfluß auf die Ausführung und Leistungen von Sonar- und Feuerleitanlagen für U-Boote.
Die elektronische Ausrüstung der in den 70er Jahren in Dienst gestellten U-Boote der Klasse 206 und 209 entsprach weitgehend dem Entwicklungsstand der 60er Jahre. Analog-Technik und Transistorschaltkreise kennzeichneten damals die Technologie. Qualität und Quantität der zu verarbeitenden Daten waren dadurch begrenzt, und es war fast unmöglich, die vorhandene Software an neue operationelle Forderungen anzupassen.
Dem Technologiestand entsprechend erfüllten die Anlagen ihre Forderungen. Ein wesentlicher Nachteil stellte sich jedoch im Betrieb heraus. Anlagen für Aktiv-, Passiv-, Entfernungsmeß- und Sonarwarnbetrieb wurden von verschiedenen Herstellern in technologisch unterschiedlicher Ausführung geliefert, die alle mit dem Feuerleitrechner, ebenfalls von einem anderen Hersteller, durch Punkt-zu-Punktverbindungen verknüpft werden mußten. Informationen mußten auf unterschiedlichen Konsolen mit individueller Bedienungstechnik vom Personal koordiniert werden. Das bedeutete einen hohen Ausbildungsaufwand und führte zu erheblichen Verzögerungen bei der Lagebild-Erarbeitung.
Während die Lebensdauer eines modernen U-Bootes ca. 30 Jahre beträgt, geht man bei Elektronikgeräten von einer Ersatzteilversorgung von ca. 10 Jahren aus. Eine Erhöhung der Kosten bei der Wartung und Überholung sowie höhere Ausfallzeiten der Anlagen waren die Folge, so daß die operationelle Verfügbarkeit der Boote stark abnahm.
So stellte sich zeitabhängig die Frage, ob und wie eine Anpassung der elektronischen Ausrüstung der U-Boote Klasse 209 an den modernen Technologiestand zu realisieren war.
Nachdem der Befund von Bootskörper und schiffstechnischen Einrichtungen sich als sehr positiv herausgestellt hatte, wurden bei IKL und HDW Konzepte unter Systemaspekten erarbeitet, bei denen die Verlängerung der Indiensthaltung und Anpassung an neue Bedrohungssituationen im Vordergrund standen. Dabei wurde zwischen kampfwerterhaltenden und kampfwertsteigernden Maßnahmen

unterschieden, wobei die Manövriereigenschaften und Leistungsdaten des Bootes nicht eingeschränkt werden sollten.
Die entsprechenden Konzepte erhielten die Bezeichnung Refit- oder Retrofit-Programme. Sie reichten von der einfachen Generalüberholung des Bootes mit der Verbesserung der Sonareinrichtungen bis zu einer Modernisierung des gesamten Ortungs- und Waffenbereiches.
Bei den neuen Systemen handelte es sich um hochintegrierte und modular aufgebaute Komponenten unter Verwendung einheitlicher Technologie. Soweit möglich, wurden Mehrzweckkonsolen für verschiedene Aufgaben eingesetzt, wodurch eine einheitliche Schnittstelle Mensch-Maschine geschaffen wurde, die die Ausbildungskosten reduzierte. Dadurch konnte nicht nur das Multi-Sensor-Konzept mit Zieldatenverarbeitung und Optimierung in verschiedenen Unterbereichen verwirklicht, sondern auch die Reaktionszeit und Sicherheit des Bootes durch schnelle und breitbandige Verarbeitung von Sensorinformationen erheblich gesteigert werden.
Integrierte Schaltkreise und Mikroprozessoren unter Anwendung der Digitaltechnik waren wesentliche Bausteine dieser neuen Systeme. Analyseverfahren zur Klassifizierung und Identifizierung konnten realisiert werden, und die Nutzung des tieffrequenten Sonarbereiches führte zur Erhöhung der passiven Ortungsreichweite. Hierzu gehört auch das Flank Array für die weitreichende Zieldatengewinnung im niederfrequenten Bereich unterhalb 100 Hz.

Das erste Modernisierungsprogramm, das diesen Grundsätzen folgte, wurde für die Bundesmarine bei den U-Booten der Klasse 206 konzipiert, die nach 15jähriger Indiensthaltung einer Kampfwertsteigerung bedurften, bei der das integrierte Sonar- und Waffeneinsatzsystem der Firma KAE im Mittelpunkt stand. Hierüber wird in Kapitel 9.1 ausführlich berichtet.

Zwei südamerikanische 209er-Boote während des Umbaus und der Generalüberholung in der neuen U-Boot-Halle des HDW-Werks Kiel-Gaarden. IKL lieferte 1990/91 die Umkonstruktions-Unterlagen.

Two Class 209 submarines, delivered to South America, during their refits and main overhauls in the new submarine hall on the HDW premises in Kiel-Gaarden. In 1990/91 IKL supplied the design documents.

Mitte der 80er Jahre begannen Gespräche mit der griechischen Marine über eine Modernisierung ihrer vier U-Boote der *Glafkos*-Klasse (209/1100). Dieses waren die ersten Boote der erfolgreichen 209er-Serie vom Anfang der 70er Jahre. IKL/HDW erarbeiteten unter der Bezeichnung NEPTUN ein Modernisierungsprogramm, dessen Kernstück die neue Feuerleitanlage KANARIS der Firma UNISYS darstellt. Diese Anlage, deren Entwicklung in Griechenland begann, arbeitet mit zwei Konsolen. Um die Möglichkeiten dieser Anlage voll ausnutzen zu können, wählte man neue Sonar- und ESM-Sensoren einschließlich einer neuen Plattform für die genaue Zielerfassung. Diese Boote sind noch mit einer passiven Hufeisenbasis und einer mechanisch drehbaren Aktivbasis ausgerüstet. Die Hufeisenbasis bleibt, die Aktivbasis wird durch eine Zylinderbasis mit elektronisch schwenkbarer Ortungskeule ersetzt. Diese Sonaranlage PSU 83-90 mit zwei Konsolen liefert KAE. Erstmals wird hier ein Flank Array zur Erhöhung der Ortungsreichweite eingebaut, wodurch zusätzliche geräuschmindernde Maßnahmen im Boot notwendig werden. Zum Teil werden neue Ausfahrgeräte eingebaut, die den Druckkörper nicht mehr durchbrechen. Hierdurch verbessern sich die räumlichen Verhältnisse in der OPZ. Vier von insgesamt acht Torpedorohren werden für den Druckluftausstoß von Flugkörpern umgebaut. Am 4. September 1989 wurde darüber ein Vertrag zwischen der griechischen Marine und HDW abgeschlossen. Konzept, Definition und Bauunterlagen für den Umbau werden vom IKL im Unterauftrag von HDW erstellt. Die Finanzierung erfolgt zum Teil aus Quellen deutscher und amerikanischer Militärhilfe. Das bedeutet, daß ein Teil der Anlagen von der griechischen Marine beschafft und für den Einbau bereitgestellt werden und die Werft nur den Einbau und die Integration dieser Geräte übernimmt. Die Funktionsgarantie liegt somit in einigen Bereichen bei der griechischen Marine.
Von den vier Booten wird *Triton* komplett in Kiel umgebaut, während die Modernisierung der restlichen drei Boote auf der Marinewerft in Salamis erfolgen wird. Die *Triton* traf im September 1991 in Kiel ein.

Den Anfang der Refit-Maßnahmen bei der Klasse 209 machte allerdings Kolumbien. Im Rahmen einer großen Instandsetzung wurden 1990/1991 die U-Boote *Pijao* und *Tayrona* in der neuen U-Boot-Halle von HDW in Kiel-Gaarden mit der KAE-Sonaranlage PSU 83-55 ohne Aktivteil als kampfwerterhaltende Maßnahme ausgerüstet. Nach Abschluß der Überholungs- und Umbaumaßnahmen konnte *Pijao* Kiel im April 1991 mit Kurs Südamerika verlassen.

Auch die venezolanische Marine beschloß, ihre beiden Boote *Sabalo* und *Caribe* der Klasse 209/1300 im Rahmen einer großen Instandsetzung zu modernisieren. Beide Boote waren bereits zwischen Mai 1981 und April 1982 nach fünfjährigem Einsatz zur Überholung bei HDW in Kiel gewesen und erhielten ab März 1990 ein integriertes Sonar- und Feuerleitsystem (ISUS 83-23 von KAE). Die Gerätekonfiguration mit drei Konsolen führte zu einer kompletten Neueinrichtung der OPZ. Diese Modernisierung war im Oktober 1988 mit HDW vereinbart worden.
Modernisierungsprogramme haben heute einen erheblichen Anteil an der Auslastung der Konstruktionskapazität im IKL.

5 Die privatwirtschaftlichen Kooperationen des IKL für den U-Boot-Export

Ende der 50er/Anfang der 60er Jahre hatte das IKL bewiesen, daß es in der Lage war, modernste Unterseeboote zu entwerfen und für diese Boote innerhalb von 18 bis 24 Monaten einen vollständigen Satz von Fertigungsunterlagen an die Bauwerft zu liefern. Im wesentlichen waren daraus die Klassen 201, 205 und 207 entstanden. Bei den 205er Booten gab es, wie in Kapitel 3.3 geschildert, Schwierigkeiten mit dem amagnetischen Stahl, und dieses führte zu erheblichen Verzögerungen beim Bau der letzten Boote. Als Folge davon wurde später auch das Programm der Klasse 206 – mehrere Jahre später als ursprünglich geplant – in Angriff genommen. Zu den Schwierigkeiten mit dem amagnetischen Stahl kam aber auch noch die Unsicherheit für das Verschießen bzw. Ablaufen der drahtgelenkten neuen Torpedos. (s. Kapitel 3.4)

Während der ersten Nachkriegsjahre war in U-Boot-Entwurf und U-Boot-Konstruktion beim IKL nicht nur ein erhebliches Know-how entstanden, sondern es war inzwischen eine ca. 200köpfige Mannschaft zu beschäftigen. Dieses führte zwangsläufig zu der Frage eines U-Boot-Exports aus Deutschland, zumal das erste norwegische Bauprogramm, wie in Kapitel 3.5 geschildert, zügig angelaufen war und mit dem magnetischen HY 80-Boot der Klasse 207 eine gute Grundlage für einen Exportentwurf vorhanden war. Dementsprechend führten Rheinstahl Nordseewerke GmbH und IKL erste Gespräche für ein Zusammengehen. Kunden waren erkennbar, und vereinbarungsgemäß fertigte das IKL einen ersten Entwurf für solche Zwecke an. Aus diesen Aktivitäten entstand von seiten der Geschäftsleitung der RNSW der Wunsch für eine Exklusivvereinbarung mit dem IKL. Dieses lehnte das IKL ab und sagte nur einen Kundenschutz zu. Im übrigen sollten nach Meinung des IKL aber erst einmal Erfahrungen gesammelt werden.

Zu dieser Zeit gab es noch keinerlei Exportideen bei KHW. U. a. war man sehr stark mit der Bewältigung der Probleme am 205er-Programm beschäftigt.

Aus der Zusammenarbeit RNSW/IKL waren dann aber in absehbarer Zeit keine Erfolge zu erkennen. Darüber hinaus war die Zusammenarbeit zwischen beiden Firmen, was die Erschließung neuer Märkte anbelangt, nicht »konstruktiv genug«.

Zu dieser Zeit hatte die Firma Stülcken Sohn enge Geschäftsbeziehungen zu Pakistan und Südafrika. Da beide Länder für ihre Marinestreitkräfte moderne U-Boote beschaffen wollten, kam es zu einer Zusammenarbeit der Stülcken-Werft mit IKL, das geeignete Entwürfe ausarbeitete. (vgl. dazu auch 4.1)

Im Oktober 1965 reiste Lutz Nohse nach Karachi, um die deutsche U-Boot-Entwicklung vorzustellen. In Pakistan gab es zu dieser Zeit sogar Überlegungen, mit Hilfe von Stülcken U-Boote nach IKL-Plänen in Karachi selbst zu bauen.

Leider führten die Aktivitäten von Stülcken/IKL zu keinem Auftrag, und erst die Zusammenarbeit von HDW, Ferrostaal und IKL brachte – wie in Kapitel 4.1 ausführlich dargestellt – den Durchbruch. Als Folge davon begann das IKL am 1. November 1967 mit den Konstruktionsarbeiten für IK 36, d. h. für die griechischen Neubauten, die später als *Glafkos*-Klasse bezeichnet wurden. Der erste Türkei-Auftrag für Boote dieser Art führte zur Bezeichnung Kl. 209. Den Konstruktionsvertrag zwischen HDW und IKL für die IK 36-Boote hatte Herr Aschmoneit ausgearbeitet, jetzt allerdings als pensionierter Beamter in den Diensten von HDW. Hierin hatte Aschmoneit auch festgelegt, daß die Rechte an diesem Entwurf zu 75 % bei HDW und zu 25 % beim IKL verbleiben sollten. Er hatte auch Lizenzbeträge für weitere Boote und die Frage für Änderungskonstruktionen fixiert. Ob dieses nur die bekannte Gründlichkeit von Aschmoneit war, oder ob er damals schon erkannt hatte, wie erfolgreich dieser Entwurf einmal sein würde, läßt sich heute nicht mehr feststellen! Tatsächlich haben dann die zahlreichen 209er-Boote bei HDW, beim IKL und bei den Zulieferanten mehrere Millionen Arbeitsstunden gebracht!

Konkurrenten waren damals die Franzosen mit ihren Staatsentwürfen der *Daphne*- und später der *Agosta*-Klasse und die Engländer mit dem Royal-Navy-Entwurf der *Oberon*-Klasse. Im Juni 1969 hatte das IKL mit den Konstruktionsarbeiten für den Argentinien-Auftrag (IK 68) begonnen. Ferrostaal, HDW und IKL akquirierten in weiteren südamerikanischen Ländern. IKL arbeitete im Frühjahr 1970 an dem ersten Türkei-Entwurf, in diesem Falle aber noch für das BWB. Später haben dann allerdings die Türken sich für das größere Export-Boot entschieden, welches HDW parallel neben dem kleineren BWB/IKL-Entwurf angeboten hatte. Zwischen August und Oktober 1970 legte das IKL die ersten IK 80-Entwürfe vor (erstes Israel-Bauprogramm s. Kapitel 12). Die Israel-Boote sollten nach den IKL-Plänen aber bei Vickers, dem HDW-Konkurrenten auf dem Weltmarkt, gebaut werden. Dieses mußte zu Komplikationen führen, zumal die Engländer seit langer Zeit keine konventionellen Boote mehr gebaut hatten. Auf dem Weg über den IK 80-Konstruktionsvertrag mußte also gemeinsames Know-how von HDW und IKL nach England fließen! Da nicht zu erkennen war, daß das erste israelische Bauprogramm bei HDW zu bauen war, und der internationale Wettbewerb für die Lieferung von konventionellen Booten äußerst hart war (es war schon damals vorauszusehen, daß neben den Franzosen sich auch die Holländer, die Italiener und schließlich auch die Schweden bemühen würden), sorgte das IKL für Gespräche zwischen Vickers Shipbuilding und HDW. Dieses führte schließlich zum Abschluß des sogenannten Dreiervertrages (VSG/HDW/IKL) im Juli 1971. Ferrostaal war kein Vertragspartner, aber durch besondere Vereinbarung mit HDW verbunden. Dieser Dreiervertrag sollte den sogenannten »privat-wirtschaftlichen Export« von konventionellen Unterseebooten regeln. Unterseeboote mit außenluftunabhängigem Antrieb, insbesondere aber Reaktor-Boote, und Vorhaben der englischen und der deutschen Regierung waren nicht Gegenstand dieses Vertrages. Die umfangreichen Royal-Navy-Vorhaben blieben also in zweifacher Hinsicht außerhalb dieses Vertrages, und das IKL konnte in gewohnter Weise seine Arbeiten für das Bundesministerium der Verteidigung wahrnehmen. IKL verpflichtete sich, für diesen privat-wirtschaftlichen Export nur für Vickers und HDW zu arbeiten. Auf der anderen Seite verpflichteten sich aber die beiden Werften, für solch einen Export alle Konstruktionsarbeiten durch das IKL ausführen zu lassen.

Die beiden deutschen Firmen legten diesen Vertrag im Auswärtigen Amt und beim Bundesministerium der Verteidigung vor. Beide Ministerien begrüßten diese Form der internationalen Kooperation. Als Ergebnis dieses Vertrages hat dann das IKL eine Reihe von bezahlten oder unbezahlten Projekten für beide Werften ausgearbeitet. Zahlreiche Routinebesprechungen der drei Firmen fanden in London, Hamburg, Kiel oder Lübeck statt. Bauverträge für Vickers sind nicht zustande gekommen. Ein zweiter Vertrag zwischen den drei Firmen wurde in modifizierter Form im Oktober 1976 unterschrieben und wurde von den Engländern zum 28.2.1986 gekündigt. Komplikationen waren auf englischer Seite vor allen Dingen dadurch entstanden, daß die Royal Navy nach langer Pause bei Vickers bzw. der Nachfolgerfirma British Shipbuilders konventionelle Boote, und zwar die Boote der *Upholder*-Klasse, entwickeln und bauen ließ. Dabei war von vornherein vorgesehen, daß diese Boote auch auf dem internationalen Markt, insbesondere in Australien und in Kanada, angeboten werden sollten. Trotz des Dreiervertrages waren also die englische und die deutsche Werft wieder Konkurrenten geworden. Die beiden Dreierverträge haben aber lange Zeit dafür gesorgt, daß für die deutsche Gruppe auf dem Weltmarkt ein Konkurrent weniger auftrat, und es war außerdem für die umfangreichen Geschäfte die Kooperation zwischen HDW und IKL vertraglich fixiert worden.

Mit dem Auslaufen des Vertrages zwischen British Shipbuilders, HDW und IKL gab es nun keine grundsätzliche Vereinbarung mehr für den Export von U-Booten, was die Zusammenarbeit von HDW und IKL anbelangt. In einigen Punkten konnte lediglich auf den erwähnten Konstruktionsvertrag für die ersten Griechen-Boote zurückgegriffen werden. Dieses war aber aufgrund der inzwischen engen Zusammenarbeit zwischen HDW und IKL auf keinen Fall ausreichend. Kritiker hatten mehrfach darauf hingewiesen, daß das IKL durch den Dreiervertrag einen Großteil seiner Unabhängigkeit verloren hätte. An dieser Stelle muß aber daran erinnert werden, daß das IKL zu diesem umfangreichen Export gezwungen wurde, weil es von der deutschen Behördenseite nach dem Auslaufen des ersten Bauprogrammes nur zu ca. einem Drittel, dieses mittelfristig gesehen, ausgelastet werden konnte. Hier lagen also gänzlich andere Verhältnisse vor als bei der Parallelfirma Marinetechnische Planungsgesellschaft in Hamburg, die zu fast 100 % vom Bundesministerium der Verteidigung bzw. dem BWB beschäftigt wurde.

Da HDW und IKL schon bei der Akquisition im Export eng zusammenarbeiteten, mußte HDW vom IKL einen Kundenschutz verlangen, d. h., IKL mußte der HDW zusagen, in den bestimmten Ländern nicht mit einer anderen Werft zusammenzuarbeiten. Da andererseits HDW, Ferrostaal und IKL nahezu in allen Bedarfsfällen akquirierten, waren die Bauwerft und das IKL stark aufeinander angewiesen. Dementsprechend schlossen HDW und IKL im November 1986 eine neue Vereinbarung, die regelte, wie zusammenzuarbeiten war bei den Ländern, die in einer Anlage zu dieser Vereinbarung aufgezählt waren. Diese Vereinbarung berücksichtigte natürlich die Erfahrung aus den beiden Dreierverträgen und regelte jetzt konkreter Pflichten und Rechte der beiden Partner in den verschiedenen Phasen.
Auch jetzt war es zu keiner Vereinbarung zwischen Ferrostaal, HDW und IKL gekommen. HDW traf lediglich mit den beiden anderen Unternehmen separate Vereinbarungen. Die Praxis zeigte, daß dieses ausreichend war, und es blieb bei der bewährten Arbeitsteilung:

- Ferrostaal:
  kaufmännische Unterstützung bei der Akquisition, insbesondere mit seiner weltweiten Vertriebsorganisation, sowie Unterstützung bei der Finanzierung
- HDW:
  Generalunternehmer und Bauwerft
- IKL:
  Entwerfer und Konstrukteur

1100-ton Class

Principal Characteristics	
Length overall	59.5 metres
Diameter of pressure hull	6.2 metres
Standard displacement	1100 tonnes
Submerged displacement	1390 tonnes
Maximum submerged speed	21.5 knots
Complement	32

Weapons

8 swim-out torpedo tubes with reload torpedoes
TIOS fire-control system
SLAM missile system

Sensors

Search and attack periscopes
Radar and ESM
Passive long-range sonar
Active/passive trainable sonar
Passive ranging sonar
Echo sounder

Typical Mission Duration
The 1100-ton class submarine is able to carry more fuel, a larger battery and a more powerful propulsion motor than the 500-ton class. These enable underwater speed and submerged endurance to be raised, whilst increasing a typical mission profile to 16 days on patrol at a radius of over 2000 miles from the base of operations.

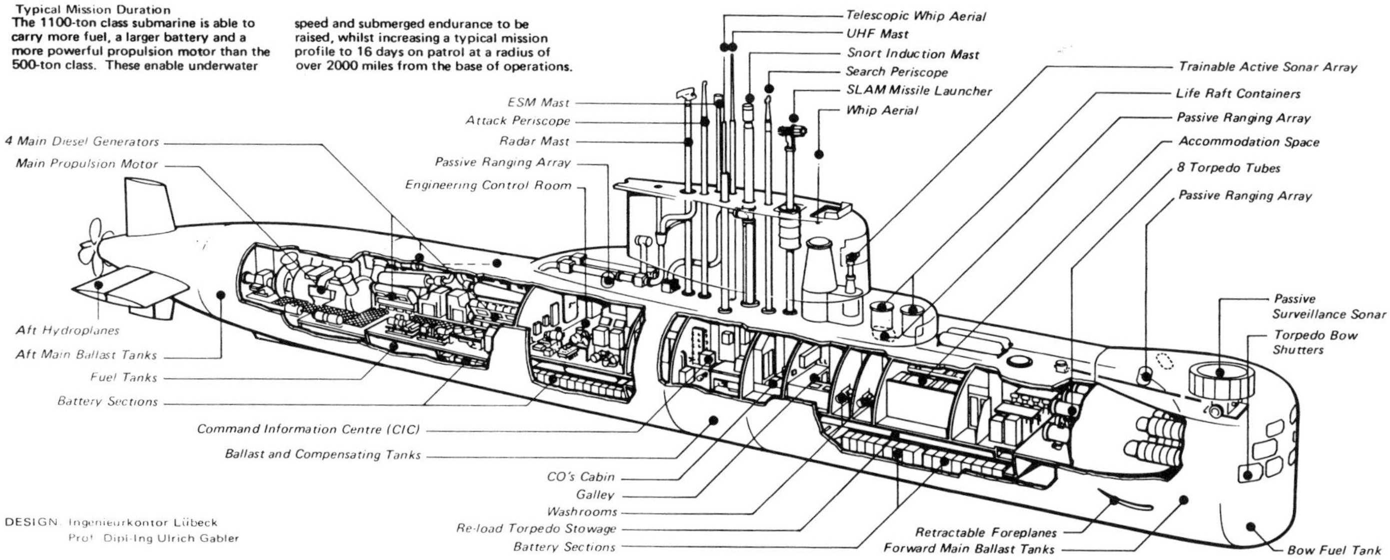

DESIGN: Ingenieurkontor Lübeck
Prof. Dipl.-Ing Ulrich Gabler

Aus der Zeit des Dreiervertrages stammt diese Vickers-Werbung. Leider hatten die Engländer im Gegensatz zu HDW/Ferrostaal damit keinen Erfolg; es blieb bei den 3 Booten vom Typ 540 für Israel (IK 80).

This Vicker's advertisement harks back to the days of a contract among Vicker's, HDW, and IKL. Unfortunately, the English were not successful in this case in contrast to HDW/FS. No further orders followed the 3 units of Type 540 for Israel (IK 80).

Darüber hinaus gab es die in Kapitel 10.1 geschilderte Vereinbarung zwischen den drei Firmen zur Entwicklung eines außenluftunabhängigen Antriebs.
Auch die Nordseewerke haben sich in den 70er Jahren um U-Boot-Aufträge aus dem Ausland bemüht. Dieses führte am 1.12.1977 zu einem ersten Erfolg, nämlich zum Abschluß des Bauvertrages für die argentinische Marine für das zweite U-Boot-Programm, nachdem die Argentinier, wie in Kapitel 4.2 geschildert, schon die Boote *Salta* und *St. Louis* vom Typ Klasse 209/1200 von HDW erhalten hatten. Als Folge dieses Vertrages vom 1.12.1977 waren Boote vom Typ TR 1400 und TR 1700 bzw. zu deren Nachbau in Argentinien Fertigungsunterlagen und Komponenten zu liefern. Der Typ TR 1400 ist später aufgegeben worden. Bei beiden Typen handelt es sich um Boote, die ausschließlich in Emden entwickelt wurden, also ohne Mitwirkung des IKL. Maschinenbau Gabler lieferte jedoch für diese Boote bestimmte Bauteile.
Die geschilderten Vereinbarungen mit HDW ließen eine IKL-Mitwirkung bei dem reinen TNSW-Programm nicht zu. Für die umfangreichen Konstruktionsarbeiten wurde in Emden das Konstruktionsbüro für den Handelsschiffbau eingeschaltet, und eine Reihe von Arbeiten, die normalerweise vom IKL ausgeführt wurden, waren von den Hardware-Lieferanten, wie z. B. MTU und Siemens, mit zu erbringen.
Die Konkurrenzsituation der beiden deutschen Werften war im internationalen Wettbewerb natürlich bedauerlich, vor allen Dingen wenn man bedenkt, daß alle anderen Länder jeweils nur durch ein Unternehmen vertreten waren, also die Engländer, Niederländer, Schweden, Italiener und Franzo-

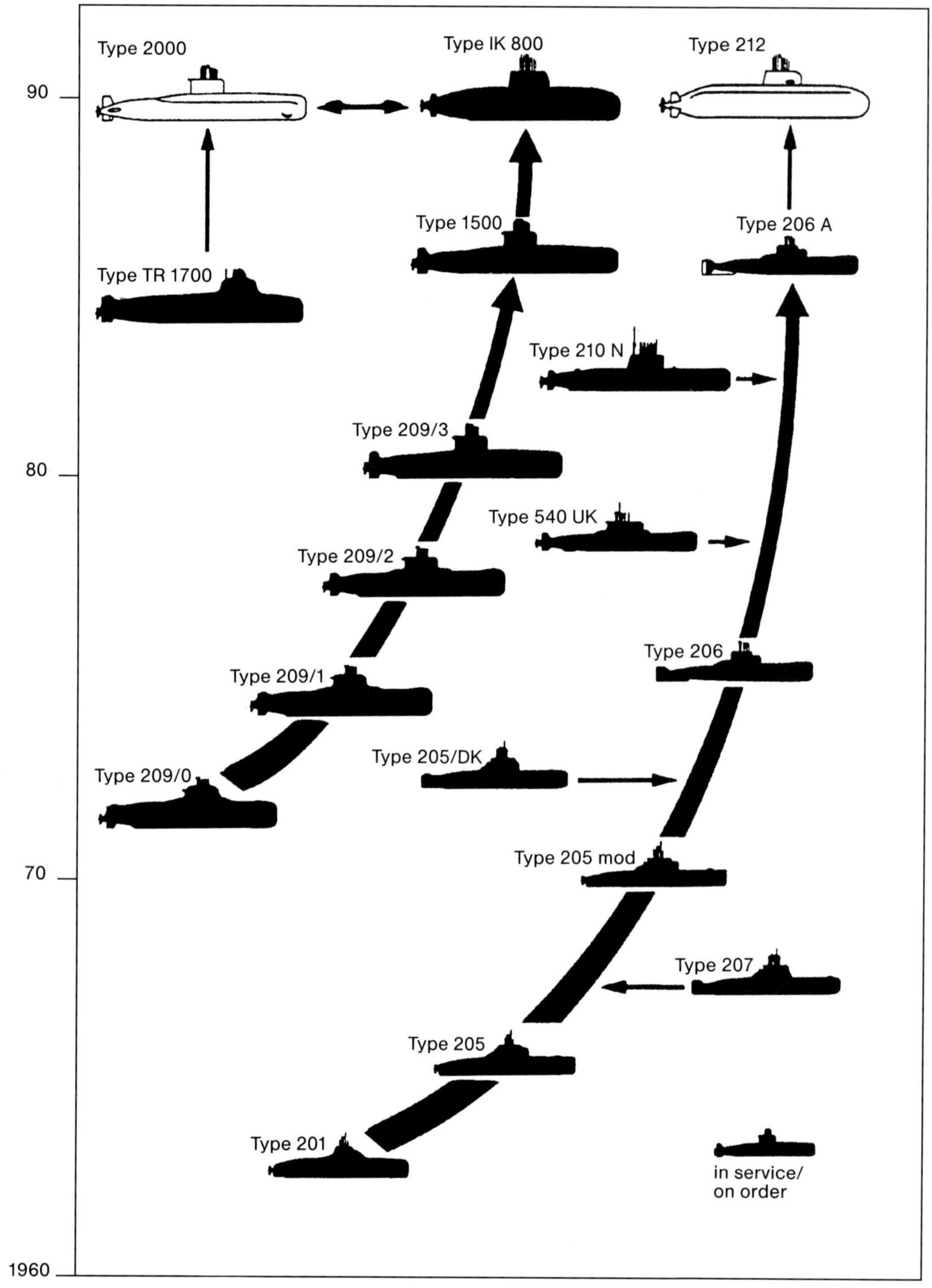

Diese Grafik erarbeitete das IKL für die Akquisition des deutschen Konsortiums im Ausland. Sie stellt die zeitlichen und typmäßigen Zusammenhänge der einzelnen Klassen dar.

This graphic chart was elaborated for the acquisition of the German consortium abroad. It shows the timewise and typewise connections among the separate classes.

sen. Schwierigkeiten gab es auch für die erforderlichen Unterstützungen durch deutsche Behörden und die deutschen Botschaften in den betreffenden Ländern. Kooperationsüberlegungen, die zu einer »nationalen deutschen Lösung« führen sollten, wurden dementsprechend angestellt, vor allem nach den Erfolgen der Nordseewerke in Argentinien und beim zweiten Norwegen-Programm (siehe Kapitel 8). Nach jahrelangen Überlegungen, Gesprächen und Verhandlungen wurde schließlich am 11.9.1986 in Hamburg vereinbart, sich in Kanada gemeinsam um Aufträge zu bemühen. Hiervon waren die beiden Werften HDW und TNSW mit ihren Handelshäusern Ferrostaal bzw. Thyssen Rheinstahl Technik (TRT) und das IKL betroffen.

Auch der Bedarfsfall Australien fiel in die Zeit einer starken Konkurrenz zwischen den beiden deutschen U-Boot-Werften. Darüber hinaus bemühten sich hier wieder einmal alle europäischen U-Boot-Hersteller und -Konstrukteure mit zum Teil ungewöhnlich starker politischer Unterstützung. Die Anfänge dieses Geschäfts gehen auf das Ende der 70er Jahre zurück. Zur Vorbereitung wurde Prof. Gabler zu einer Vortragsreihe nach Australien eingeladen. 1981 signalisierten die Australier (auch über das Verteidigungsministerium in Bonn) den Wunsch, direkt mit einem unabhängigen IKL zusammenarbeiten zu können, um eine Feasibility Study auszuarbeiten, die der Vorbereitung der taktischen Forderung der RAN für den Ersatz der im Betrieb befindlichen *Oberon*-Klasse-Boote durchführen sollte. Das IKL mußte aber auf die schon bestehende Zusammenarbeit mit HDW und Ferrostaal hinweisen.
Den an diesem Geschäft interessierten europäischen Firmen wurde schon seinerzeit folgendes klargemacht:

- Es soll sich um ein großes Langstreckenboot, das sowohl im Indischen wie im Pazifischen Ozean einsetzbar ist, handeln.
- Die Boote sollen in Australien gebaut werden.
- Darüber hinaus soll auch für Komponenten und Zulieferungen oder für Kompensationen die australische Industrie weitestgehend eingeschaltet werden (AIP, Australian Industry Participation).

Die Engländer entwickelten zu dieser Zeit für die Royal Navy den Typ 2400 (später *Upholder*-Klasse genannt) und hofften, dieses Boot darüber hinaus für Australien und Kanada vorbereiten zu können.

1980/81 hatte sich HDW mit dem vom IKL in Zusammenarbeit mit HDW entworfenen Typ 2000 in den USA bei Politikern des Kongresses und auch bei NAV Sea, also der amerikanischen Entwurfsbehörde, vorgestellt. Dabei gab es zwei Ideen:

1. Eine Reihe von US-Navy-Aufgaben können auch durch konventionelle U-Boote anstelle der sehr teuren Reaktorboote wahrgenommen werden.
2. Buy-back-offer: HDW baut ein Boot des Typs 2000 in Kiel. Die US-Navy übernimmt das Boot und läßt es bei der Firma Rockwell mit einem CS- und Sensor-fit gleich der Reaktor-*Los Angeles*-Klasse 688 ausrüsten und ein Jahr lang erproben. Im Falle eines Nichtgefallens hätte die US-Navy die Möglichkeit, das Boot zurückzurüsten und gegen Zahlung des halben HDW-Preises zurückzugeben. Aus diesem Geschäft ist leider niemals etwas geworden. Es hatte aber international und auch in Australien Aufsehen erregt. Lediglich die Engländer und die Russen haben aus gleichen bzw. ähnlichen Überlegungen eine Mixed Fleet aufgebaut, bestehend aus Reaktor-U-Booten und konventionellen U-Booten, in England durch die *Upholder*-Klasse und in Rußland durch die *Kilo*-Klasse.

Im Mai 1983 verteilten die Australier ihre Staff-Requirements zusammen mit einem Request for Tender (RFT) an die sieben bekannten Konkurrenten. Alle hatten bis zum 10.10.1983 ihre Angebote für eine Project-Definition-Study (PDS) abzugeben. Hierzu sollten die Konzept- und die Definitionsphase gehören, und zwar für die Boote selbst und auch für die zu planende Werft einschließlich Logistik und Infrastruktur. Hierbei war ein Festpreis für die PDS und gleichzeitig ein Budgetary Price auch schon für das gesamte Bauvorhaben zum Bau von 6–8 Booten zu nennen. Projektmanager für das durch die Gruppe HDW/FS/IKL auszuarbeitende, sehr anspruchsvolle Angebot (Mai–Oktober 1983) wurde Dr. Ritterhoff vom IKL. Der technische Teil des Angebots wurde in Lübeck, der kaufmännische in Kiel erarbeitet. Alle Firmen gaben ihre Angebote pünktlich ab, und im Mai 1985 verkündete der neue Verteidigungsminister Kim Beazeley, daß Kockums und die Gruppe HDW/FS/IKL ausgewählt waren, ab August 1985 für 18 Monate die PDS durchzuführen.

Es wurden das holländische Combat-System-Angebot der Firma HSA und das amerikanisch-französische Team Rockwell/Singer/Thompson CSF mit ihren Waffen-/Sonar-System-Vorschlägen ausgewählt. Mit beiden hatten beide Werftgruppen, also die Schweden und die Deutschen, zwei Bootsentwürfe bis zur Bauvertragsreife durchzuarbeiten, die als Basis für das Festpreisangebot für das Gesamtvorhaben dienen sollten. Die Australier stellten zwei Inspektionsteams für die Begleitung der Arbeiten in Schweden und in Lübeck, und am 12.8.1985 wurde die Arbeit in Lübeck und in Malmö im Wettbewerb aufgenommen. Zur Unterbringung des für dieses Vorhaben speziell zusammengestellten Teams wurde beim IKL das sogenannte Australia-House in Fertigbau-Methode aufgestellt, in welchem sich heute die Logistik-Abteilung PL befindet. Die Arbeitsteilung innerhalb der deutschen Gruppe war jetzt ähnlich wie bei Abgabe des Angebotes. Darüber hinaus wurde die Firma Ferrostaal Australia gegründet, die sich vor allen Dingen um die AIP-Aufgaben und natürlich auch um akquisitorische Dinge allgemein kümmerte. IKL selbst gründete das IKL Australia Pty. Ltd. mit Charles Berg und Dr. Ritterhoff als australisch-deutsches Director-Team. Außerdem hatte das deutsche Konsortium inzwischen mit Eglo Engineering (Management Director Hans-Jürgen Ohff, Project Manager Dr. John White) ein neues deutsch-australisches Konsortium gebildet. Dr. White ging als Gesamtmanager der PDS-Phase während der Laufzeit nach Deutschland, war also jetzt für das Gesamtvorhaben der neuen Gruppe verantwortlich, während Dr. Ritterhoff nach wie vor die eigentlichen Konzept- und Definitions-, also die typischen IKL-Aufgaben managte.
Nach 6 Monaten wurden erste Arbeitsergebnisse den Australiern vorgelegt (Preliminary Design Review), die die volle Zustimmung der Australier fanden. Das Einverständ-

Modell eines von IKL/HDW für Exportzwecke konzipierten Typs 2000. Entwürfe dieses Typs wurden USA, Australien und Kanada angeboten. Es kam jedoch zu keinen Abschlüssen.

Model of Type 2000, developed by IKL/HDW for export purposes. The USA, Australia and Canada were offered designs of this Type, however, no order was placed.

nis war so vollständig, daß die Australier auf den sogenannten Final Design Review (vorgesehen für den 10. Monat nach Vertragsabschluß) verzichteten.

Schließlich wurde das Ergebnis dieser Arbeiten einschließlich Angebot am 14.11.1986 pünktlich in Canberra übergeben. Eine vielköpfige Kommission machte sich in Australien an die Bewertung der schwedischen und deutschen Arbeitsergebnisse. Ende Dezember 1986 erfuhr die deutsche Seite, daß ihre Ergebnisse auf den nachstehend genannten 5 Gebieten die Nr. 1 geworden waren: Technik und Entwurf; AIP; Logistik und Through Life Support; Contract-Price.
Mitte Januar 1987 erreichten die deutschen Firmen jedoch erste alarmierende Rückfragen zu dem deutschen Angebot, und zwar von einer neu geformten, nur aus 3 Personen bestehenden Bewertungsgruppe. Später war zu erfahren: Das Ergebnis der eigentlichen Auswerte-Kommission mit dem deutschen Sieger stand im krassen Gegensatz zum schon lange feststehenden und höheren Ortes gefaßten Ergebnis! Die Folge davon war, daß Ende Januar 1987 beide Anbieter nach Canberra geladen und aufgefordert wurden, die gesamte endgültige Spezifikation neu zu formulieren. Dies bedeutete, daß sehr intensiv und sehr aufwendig in Canberra mit zeitweise 25 Mitarbeitern der Firmen Eglo, Ferrostaal, HDW und IKL vor Ort mit Unterstützung aus Kiel und Lübeck mit 50 bis zeitweise 60 Mitarbeitern die Arbeitsergebnisse wunschgemäß neu zu fassen waren. Schließlich wurde der deutschen Gruppe klar, daß das Ergebnis vom Dezember 1986 durch umfassende Veränderungen der technischen und kommerziellen Anfangsbedingungen zu Ungunsten der deutschen und zusätzlich zu Gunsten der schwedischen Mitbewerber »diskret« verändert wurde. Schließlich wurde am 17. Mai 1987 von der RAN bekanntgegeben: Ausgewählt ist das schwedische Angebot zusammen mit dem amerikanisch-französischen Combat-System. Noch im gleichen Monat legte die deutsche Seite Protest ein und meldete Schadenersatzansprüche an. Diese Ansprüche wurden der deutschen Gruppe am 2.12.1987 von australischer Seite im Prinzip bestätigt.

Weitere Annäherungen der beiden deutschen Werften ergaben sich dadurch, daß HDW mit der »Thyssen-Tochter« Blohm & Voss auf dem Fregatten-Sektor in Portugal, in der Türkei und bei der Bundesmarine-Fregatte 123 erfolgreich zusammenarbeitete. Auch die auf Betreiben des Bundesministeriums der Verteidigung gegründete Arbeitsgemeinschaft der beiden U-Boot-Werften für das Neubauprogramm 212 wirkte in gleicher Richtung (Sommer 1988, siehe Kapitel 9.2). Ein weiterer Schritt zur nationalen Lösung war der Beschluß, in Spanien zusammenzugehen. Auch hier waren die gleichen Firmen wie im Fall Kanada beteiligt.

Schließlich haben am 22.8.1989 in Hamburg die Werften zwei Kooperationsverträge für den Export geschlossen, und zwar einerseits Blohm & Voss mit HDW für Überwasser-Kriegsschiffe über 1000 t und andererseits HDW mit TNSW für Unterseeboote. Beide Verträge stehen in einer gewissen Verbindung und stellen die Grundlage für den Export dieser beiden wichtigen Kriegsschifftypen aus der Bundesrepublik Deutschland dar. IKL ist dabei über die im November 1986 getroffene Vereinbarung mit HDW angeschlossen.

6 Maschinenbau Gabler GmbH (MG)

Im Sommer 1962 arbeitete das IKL an der Entwicklung der *Kobben*-Klasse (Klasse 207; siehe Kapitel 3.5) und führte die ersten Studien für die spätere Klasse 206 aus. Die drei Bundesmarine-U-Boote der Klasse 201 waren gerade in Dienst gestellt. Bei der Konstruktion der ersten Küsten-U-Boote hatte das IKL festgestellt, daß eine Reihe von wichtigen Bauelementen aufgrund der kleinen Stückzahlen und der Hochkonjunktur in der deutschen Industrie nicht zugeliefert werden konnten. Auf der anderen Seite waren dieses aber Bauteile, die nicht werfttypisch sind. Hierzu gehörten vor allem die hydraulisch angetriebenen Ausfahrgeräte. Hinzu kam, daß zumindest die Prototypen in enger Zusammenarbeit zwischen Konstruktion und Werkstatt gebaut und erprobt werden sollten. Diese Gründe führten dazu, daß der seinerzeitige Alleininhaber des IKL, Ulrich Gabler, zusammen mit seinen leitenden Angestellten Heinz Lehmann und Lutz Nohse am 17.7.1962 die Maschinenbau Gabler GmbH (MG) gründete. Das IKL arbeitete damals in gemieteten Büros am Glashüttenweg. MG kaufte kurz nach der Gründung auf der gegenüberliegenden Straßenseite ein kleines Grundstück mit einer darauf stehenden Halle, in der Isolierglas in kleinen Mengen gefertigt worden war. Hier richtete die GmbH eine Werkstatt für Prototypen und Kleinserien ein. Sehr bald kamen auch die ersten größeren Aufträge herein, nämlich die Stabantennen für die norwegischen Boote der Klasse 207 und die Schnorchel- und Abgasarmaturen für die 4 italienischen U-Boote der *Toti*-Klasse.

Geschäftsführer der jungen Firma waren Heinz Lehmann und Lutz Nohse. Betriebsleiter wurde Heinz Hoffmann, der bis zu diesem Zeitpunkt Maschinenbaukonstrukteur beim IKL war. Die meisten Konstruktionsarbeiten für MG leistete beim IKL der Geschäftsbereich von Heinz Lehmann. Dementsprechend war er auch vorrangig für MG zuständig. Mitten in dieser Aufbauphase verstarb Heinz Lehmann am 29.12.1962 an den Folgen eines Autounfalls. Das war ein großer Verlust für beide Unternehmen, zumal Heinz Lehmann auch für die gesamte Verwaltung im IKL zuständig war. Es war zugleich ein großer menschlicher Verlust für Ulrich Gabler, da beide zusammen die schweren Jahre auf der Teerhofinsel erlebt hatten.

Nachfolger von Heinz Lehmann wurde Kurt Gemmecke, der seine Tätigkeit bei Maschinenbau Gabler und beim IKL am 3.6.1963 aufnahm. Kurt Gemmecke war zuvor technischer Leiter und Prokurist bei der Maschinenfabrik der Verpackungswerke Lubeca-Werke in Lübeck. Die Lubeca-Werke befinden sich ebenfalls am Glashüttenweg, und Kurt Gemmecke hatte gewissermaßen als Nachbar die leitenden Herren von Maschinenbau Gabler beim Aufbau, insbesondere bei der Beschaffung von Werkzeugmaschinen, beraten. Kurt Gemmecke wurde in beiden Firmen, Maschinenbau Gabler und IKL, Geschäftsführer, und die Teilung zwischen Kurt Gemmecke und Lutz Nohse erfolgte jetzt derart, daß Kurt Gemmecke sich vorrangig um Maschinenbau Gabler und nur zum kleineren Teil um IKL, und zwar hier um den Waffen- und Führungsbereich, kümmerte. Bei Lutz Nohse war die Arbeitseinteilung entsprechend umgekehrt. Die Geschäftsanteile hatten Ulrich Gabler und Lutz Nohse von den Erben von Heinz Lehmann vorerst übernommen. Beide Herren verkauften sie am 13.3.1964 an Kurt Gemmecke. Von diesem Zeitpunkt an hatte Ulrich Gabler 60 % der Anteile und die beiden Geschäftsführer je 20 %. Mit gleichen Anteilen war MG auch 1962 gegründet worden.

Die Entwicklung bei Maschinenbau Gabler lief sehr gut. Äußeres Kennzeichen dafür war, daß der Betrieb im November 1964 in wesentlich größere Räume am Niels-Bohr-Ring übersiedeln konnte (bzgl. der weiteren Neubauten ist auf Kapitel 13 zu verweisen).

Hauptarbeitsgebiet von MG waren der Bau und die Lieferung von speziellen Bauteilen für vom IKL konstruierte Unterseeboote. Die Konstruktion dieser Bauteile führte ebenfalls das IKL durch.

Im wesentlichen handelte es sich um Ausfahrgeräte, wie Stabantennen, Schnorchel, Radarmasten usw., aber auch Land- und Ladeanschlüsse, Rudermaschinen, Lukenverschlüsse u. ä. Eine Tabelle im Anhang gibt wieder, welche technischen Elemente bis zur Drucklegung dieses Buches geliefert wurden. Aus dieser Tabelle ist zu ersehen, daß man auch für fremde Konstruktionen lieferte, u. a. für die bereits erwähnte italienische *Toti*-Klasse. Später kam das TNSW-Boot TR 1700 für Argentinien hinzu und die in den Niederlanden gebauten Boote der *Seadragon*-Klasse. Auch die Ausfahrgeräte und Land- und Ladeanschlüsse für diese Boote entwarf und konstruierte das IKL, und zwar in der Abteilung von Günther Büttner. Kurt Gemmecke und sein Nachfolger Peter Kayser waren im IKL für die Konstruktion dieser Geräte zuständig und bei Maschinenbau Gabler für die Fertigung.

Für den Bau dieser Geräte waren und sind sehr anspruchsvolle Werkzeugmaschinen erforderlich. Die Fertigungsaufträge für die U-Boot-Komponenten erfolgten in gleicher Weise wie beim IKL die Konstruktionsaufträge für die kom-

Für beide Firmen, MG und IKL, war Ende der 60er bis Anfang der 70er Jahre die Druckguß-Automation ein interessantes Diversifikations-Gebiet, zumal es sich hier um konstruktions-intensive Einrichtungen handelt. Das Foto zeigt als Beispiel eine Einrichtung für das automatische Entnehmen von LKW-Getriebegehäusen.

From the end of the 60ies to the beginning of the 70ies casting automation was an interesting field of diversification for either company, MG and IKL, all the more as these facilities require a lot of design work. As an example the picture shows the facility for the automatic removal of truck gearbox casings.

pletten Boote sehr ungleichmäßig. Hinzu kam, daß einige Werkzeugmaschinen für den Bau solcher Geräte zwar notwendig, aber nur für eine sehr begrenzte Zeit benötigt wurden. Diese Kenntnisse führten sehr früh zu der Suche nach anderen, für Maschinenbau Gabler passenden Produkten.

Eine Vielzahl von Wegen versuchte man zu gehen, jedoch zum größten Teil mit nur sehr geringen Erfolgen. Von besonderer Bedeutung war hier die Kooperation mit der Werkzeugmaschinenfabrik Wemas in Salzgitter. Diese Kooperation erforderte sogar erhebliche Erweiterungen, wie den Bau einer zweiten Halle. Die Kooperation mußte beendet werden, als Wemas am 26.5.1972 Vergleich und am 11.7.1973 Konkurs anmeldete. In der Hauptsache hatte Wemas Fräsmaschinen hergestellt. Wesentliche Erkenntnis aus diesen Jahren war die Notwendigkeit, bei einem neuen Produkt – bei einem zweiten Standbein für Maschinenbau Gabler neben den U-Boot-Komponenten – auch über eine eigene Verkaufsorganisation zu verfügen.
Zum Aufbau eines eigenen Verkaufsbüros wurde am 1.1.1965 Horst Brügge eingestellt. Dieser war zuvor der Leiter der Exportabteilung für Verpackungen der Lubeca-Werke. Horst Brügge wurde am 6.1.1971 Prokurist und am 1.11.1985 Geschäftsführer bei MG, und zwar immer für den Geschäftsbereich »Verkauf«.
Bei den Diversifikationsbemühungen spielte die Meerestechnik eine besondere Rolle. Auch hier wurde mit dem IKL eng zusammengearbeitet. Von besonderer Bedeutung waren dabei Bau und Lieferung von zwei Arbeitstauchbooten zum Ernten von Korallen für Kunden in Taiwan und Italien. IKL war für deren Entwurf und Konstruktion zuständig. Den Druckkörper des ersten Bootes stellte die Stahlbaufirma Hannemann am Glashüttenweg in Lübeck her und den des

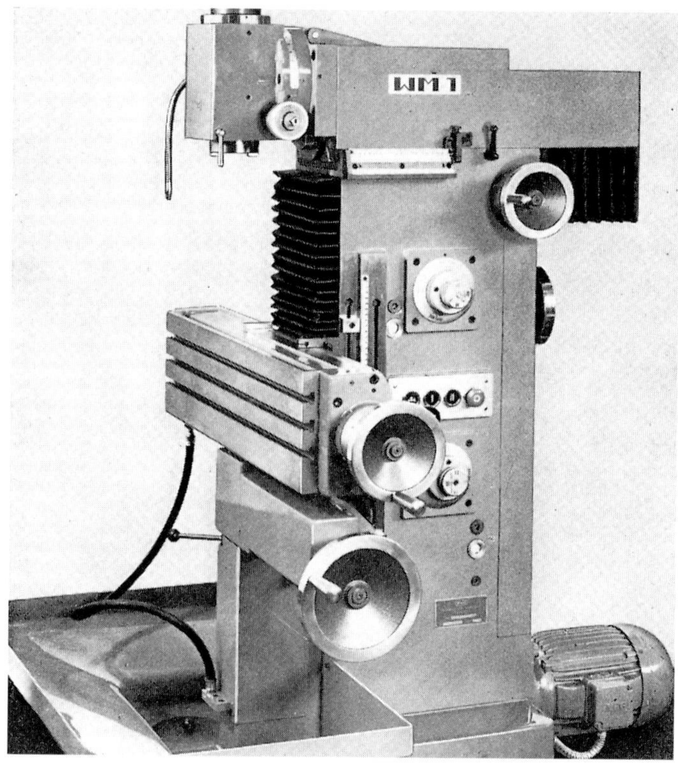

Mehrere Jahre lieferte die junge Maschinenfabrik zur besseren Auslastung der eigenen Werkzeugmaschinen diese Bohr- und Fräsmaschine vom Typ WM 1. Die Fertigungsunterlagen wurden von der »Wemas« in Salzgitter beigestellt. Dieser MG-Versuch scheiterte, als die Wemas am 26.5.1972 Vergleich und anschließend Konkurs anmelden mußte.

For several years the up-and-coming machine factory supplied the type WM 1 boring and drilling machine to additionally utilize its own machine tools. The manufacturing documents were provided by the Salzgitter-based "Wemas". This attempt by MG failed when Wemas had to propose a settlement and then to declare bankruptcy on 26.5.1972.

Hier wird das TOURS 64 nach dem Zuwasserlassen im Lübekker Stadthafen nach Herrenwyk überführt. Das Foto entstand auf der Höhe von Israelsdorf/ Dänischburg, also an der gleichen Stelle wie die Abbildung in Kap. 1.2 aus dem Jahre 1938. An Oberdeck stehen Prof. U. Gabler und H.-G. Bachmann.

TOURS 64 is taken to Herrenwyk after launching in the Lübeck port. The picture was taken at the level of Israelsdorf/Dänischburg, thus on the same spot where the picture in chapter 1.2 was taken in 1938. On the upper deck Prof. U. Gabler and H.-G. Bachmann.

zweiten Bootes eine Thyssen-Tochter in Brackwede bei Bielefeld. Die elektrische Ausrüstung kam von der AEG. Die Gesamtausrüstung erfolgte bei Maschinenbau Gabler und die Endausrüstung bei der Stark-Werft in Lübeck-Herrenwyk. Wie in Kapitel 7.3 im Zusammenhang mit den IKL-Diversifikationsbemühungen im einzelnen geschildert, war das Ergebnis für die Meerestechnikarbeiten in beiden Fällen nicht befriedigend. In diesem Kapitel ist aufgezählt, welche wesentlichen Aufträge IKL und MG durchgeführt haben. Anfang der 80er Jahre haben sich beide Firmen aus diesem Geschäft weitestgehend zurückgezogen.

Am 18.3.1972 schied Kurt Gemmecke aus beiden Unternehmen aus. Er gründete später in Lübeck zwei ähnliche Unternehmen, und zwar das Konstruktionsbüro Nord (Kb-nord) und die Gemmecke Maschinen- und Apparatebau GmbH (GMA). Kurt Gemmecke verstarb am 23.6.1989. Beide Unternehmen werden von seinen Söhnen Reiner und Joachim weitergeführt.
Die Nachfolge von Kurt Gemmecke trat Dipl.-Ing. Peter Kayser an, der bis zu diesem Zeitpunkt im IKL Abteilungsleiter Konstruktion Maschinenbau war. Peter Kayser übernahm in gleicher Weise wie Kurt Gemmecke die Geschäftsführung beider Firmen und die Arbeitsteilung zwischen beiden Geschäftsführern blieb unverändert. Peter Kayser erwarb Kurt Gemmeckes MG-Anteile am 9.11.1972.

Das 1. TOURS-Boot ging nach Taiwan. Hier wird es im Sommer 1972 fertigausgerüstet aus der Halle 2 von Maschinenbau Gabler gezogen, um es im Stadthafen in Lübeck zu Wasser zu lassen. Das Foto zeigt weiter im Vordergrund Bauteile und Montage- bzw. Erprobungs-Einrichtungen für U-Boot-Ausfahrgeräte. Dieses war seinerzeit der wichtigste MG-Geschäftsbereich.

The 1st TOURS boat was built for Taiwan. Here it is conveyed out of hall 2 of MG after being finally equipped to be launched in the Lübeck port.
In the foreground the picture furthermore shows components and assemblies for submarines which was MG's most important branch at that time.

Herbert Voske
† 7.12.1990

Herbert Voske

Herbert Voske wurde am 23.5.1937 in Stettin geboren und kam 1945 mit seinen Eltern als Flüchtling nach Lübeck. Nach Lehre und Tätigkeit als Schlosser bei den Hakolb-Werken in Lübeck besuchte er 1963 und 1964 das Technikum in Weil am Rhein und wurde am 1.8.1964 als Konstrukteur im IKL eingestellt. Hier wurde H. Voske überwiegend im allgemeinen Maschinenbau eingesetzt und am 1.11.1976 Führer der entsprechenden Gruppe K 8. H. Voske und seine Gruppe waren mehr und mehr für Entwurf und Konstruktion der Thermoform-Maschinen bei Maschinenbau Gabler zuständig, so daß schließlich mit Wirkung vom 1.1.1978 diese Gruppe von MG übernommen wurde. Hieraus wurde eine umfangreiche Abteilung mit der Bezeichnung TK (Thermoform-Maschinen-Konstruktion), deren Leiter H. Voske am 27.10.1986 wurde. Aufgrund seiner erfolgreichen Tätigkeit in diesem Bereich wurde ihm am 5.9.1989 Handlungsvollmacht erteilt. Aber schon am 7.12.1990 verstarb Herbert Voske, und zwar ebenso wie Werner Koester an Krebs.

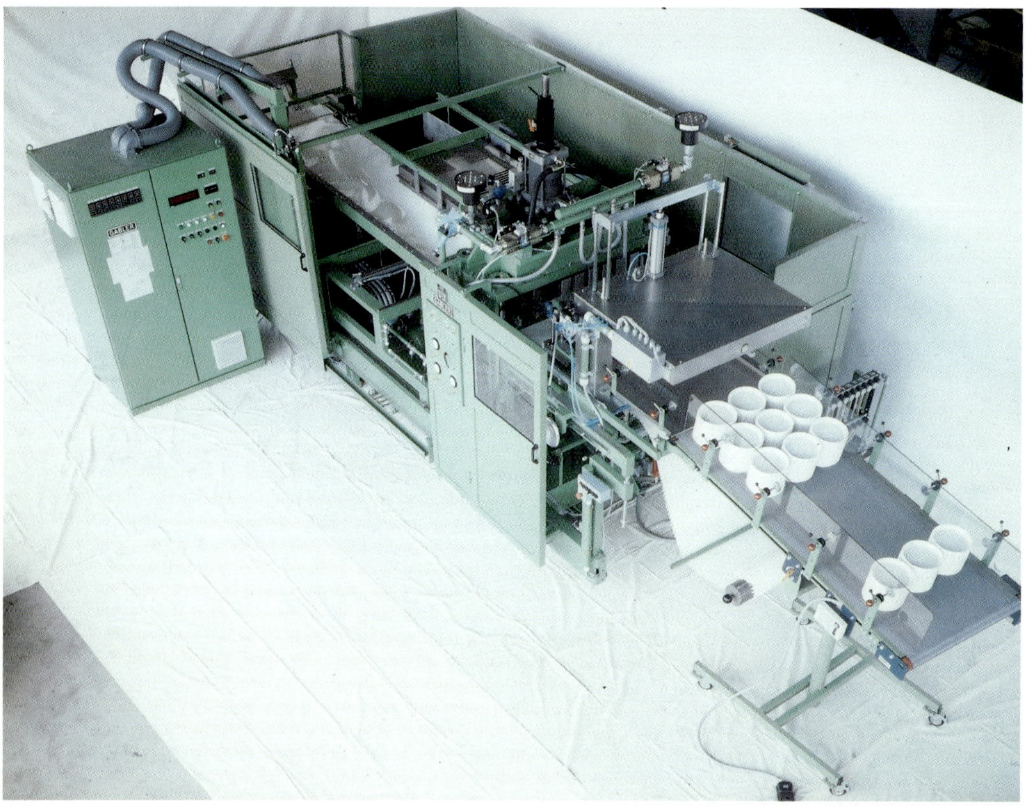

1972 mußte die Zusammenarbeit mit Wemas beendet werden, aber schon mit Vertrag vom 17.4.1973 übernahm MG von der Siemag den Thermoform-Maschinen-Bereich, der sich inzwischen als der bedeutendste, also noch vor den U-Boot-Komponenten, entwikkelte. Dieses Foto zeigt den Thermoformautomaten F 743 mit Stapel-/Zählvorrichtung und Stapelband. Der Thermoformautomat eignet sich zur Aufnahme von 1- und mehrreihigen DUO-kombinierten Form- und Stanzwerkzeugen sowie nur formenden Werkzeugen. Der Verformungsprozeß wird über Druckluft ausgeführt. Der vollautomatisch arbeitende Automat ist für eine hohe Artikelausstoßleistung (bis zu 50 000/Std.) konzipiert.

In 1972 the cooperation with Wemas had to be terminated. But as early as on 17.4.1973 MG signed the contract to take over the sector of automatic thermoforming machines from Siemag. This sector has meanwhile developed to become the most prominent field of activity, even exceeding the submarine components. The picture shows the automatic thermoforming machine F 743 with stacking and counting device and conveyor belt. The automatic thermoforming machine is suitable to accomodate one-rowed and multiple-rowed DUO combined moulding and cutting tools as well as tools for moulding only. Moulding is performed by compressed air. The fully automatic machine is designed for a high article output (up to 50,000/h).

Werner Koester
† 30.7.1988

Werner Koester

Werner Koester wurde am 24.9.1933 in Hamburg geboren. Er lernte den Beruf des Elektrikers und des Werkzeugmachers. Als Werkzeugmacher wurde er schließlich Industriemeister und gründete am 1.3.1973 die TIMA, Tiefziehmaschinenbau GmbH, in Hamburg. Diese Firma verkaufte er am 27.3.1975 an Maschinenbau Gabler GmbH und führte den Betrieb selbständig als MG-Unternehmen in Hamburg weiter. In dieser Eigenschaft erhielt er Handlungsvollmacht. Die Fertigung wurde jedoch im Oktober 1977 nach Lübeck verlagert. Als das TIMA-Programm voll von MG übernommen wurde, übernahm W. Koester am 1.4.1979 die Leitung des Betriebes für den Bau der Thermoform-Maschinen einschl. Werkzeugbau. Von nun an waren Horst Merklinghaus, Werner Koester und Herbert Voske die drei »Säulen« im Thermoform-Maschinenbaugeschäft. Werner Koester verstarb am 30.7.1988 an Krebs.

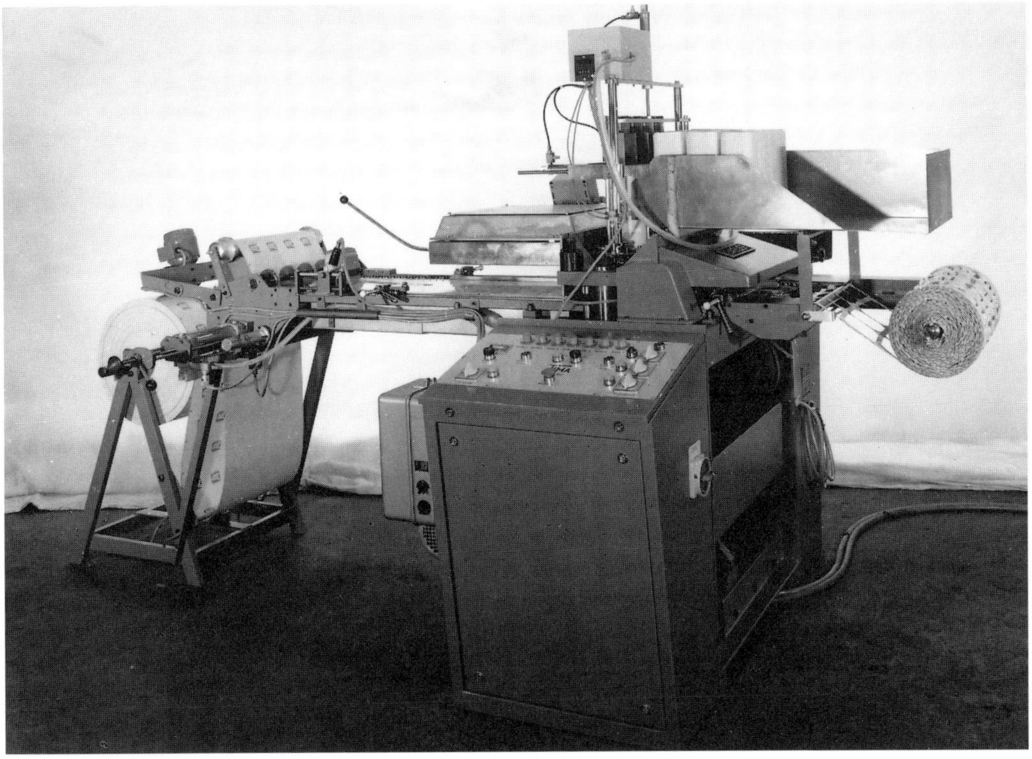

Thermoformautomat D 450 mit Stapel-/Zählvorrichtung. Die D 450 ist eine Weiterentwicklung der von W. Koester entwickelten Tiefziehmaschine TIMA D 350. Mit diesem Thermoformautomaten können Deckel und flache Artikel bis zu einer Ziehtiefe von 20 mm hergestellt werden. Mit einer zusätzlichen Ausrüstung können vorbedruckte Folien verarbeitet werden.

Automatic thermoforming machine D 450 with stacking and counting device. The D 450-type is an advancement of the deep-drawing machine TIMA D 350, which was developed by W. Koester. This automatic thermoforming machine serves for producing lids and shallow articles up to a drawing depth of 20 mm. Printed films can be processed by using auxiliary attachments.

Bei seinem Eintritt in die Firma fand Peter Kayser folgende Situation in der Maschinenfabrik vor:

- interessante, fruchtbare, aber leider ungleichmäßige Zulieferungen zum Unterseebootbau
- wirtschaftliche Schwierigkeiten beim Partner Wemas (zwei Monate nach Arbeitsantritt von Peter Kayser meldete die Wemas Vergleichsverfahren an)
- Beendigung der Kooperation mit der Firma Grauert in Bremen-Lilienthal auf dem Gebiet Elisiermaschinen dadurch, daß Herr Grauert seine Firma an den Bosch-Konzern verkauft hatte
- unbefriedigendes Geschäft für Automation im Druckguß
- keine Auslastungsmöglichkeiten für die wertvollen MG-Werkzeugmaschinen bei der Lieferung von Peilrahmen an die Firma Plath

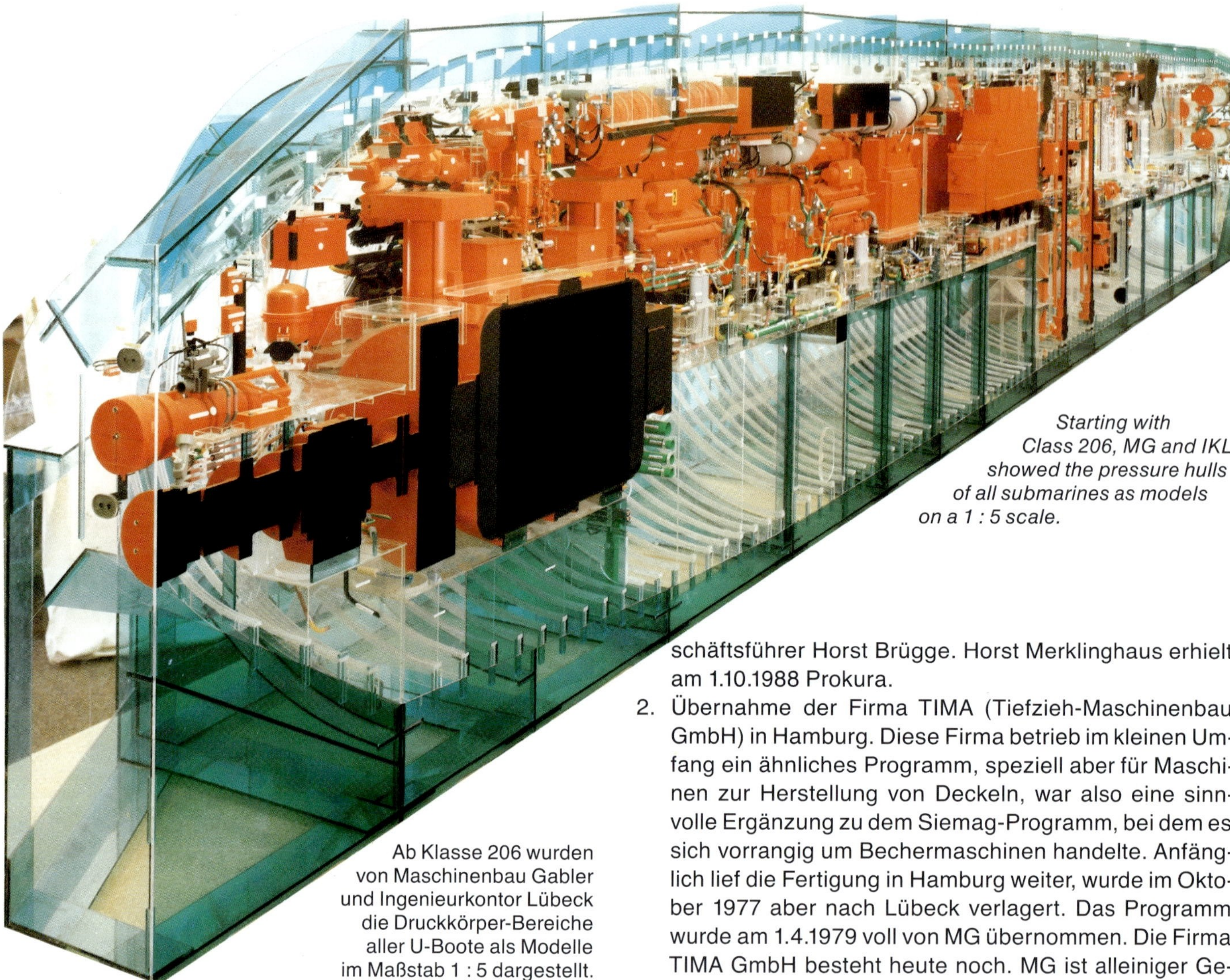

Starting with Class 206, MG and IKL showed the pressure hulls of all submarines as models on a 1 : 5 scale.

Ab Klasse 206 wurden von Maschinenbau Gabler und Ingenieurkontor Lübeck die Druckkörper-Bereiche aller U-Boote als Modelle im Maßstab 1 : 5 dargestellt.

Hieraus ergab sich eine noch dringendere und daher intensivere Suche nach dem zweiten Standbein für die Maschinenfabrik. Man fand dies schließlich im Bereich der Thermoform-Maschinen, und zwar wie folgt:

1. Der Siegener Walzwerk-Hersteller Schloemann Siemag hatte im Rahmen seiner eigenen Diversifikationsbemühungen auch breitbandig den Bau und die Lieferung von Kunststoffverarbeitungsmaschinen aufgenommen. Hier entstand aber eine Konkurrenz innerhalb des eigenen Hauses durch Spritzgußmaschinen einerseits und Thermoform-Maschinen andererseits. Die Folge davon war die Abgabe des Thermoform-Maschinen-Bereichs. Dieser befand sich aber noch in der Entwicklungsphase. Marktbeherrscher war damals die Firma Illig. Eine Marktausweitung war aber zu erkennen. MG und Siemag wurden sich einig. Nach dem am 17.4.1973 geschlossenen Vertrag übernahm alle angefangenen Arbeiten auf dem Gebiet der Thermoform-Maschinen der Maschinenbau Gabler. Übernommen wurde auch der Spezialist Horst Merklinghaus, der spätere Verkaufsleiter für Thermoform-Maschinen bei MG unter dem Geschäftsführer Horst Brügge. Horst Merklinghaus erhielt am 1.10.1988 Prokura.
2. Übernahme der Firma TIMA (Tiefzieh-Maschinenbau GmbH) in Hamburg. Diese Firma betrieb im kleinen Umfang ein ähnliches Programm, speziell aber für Maschinen zur Herstellung von Deckeln, war also eine sinnvolle Ergänzung zu dem Siemag-Programm, bei dem es sich vorrangig um Bechermaschinen handelte. Anfänglich lief die Fertigung in Hamburg weiter, wurde im Oktober 1977 aber nach Lübeck verlagert. Das Programm wurde am 1.4.1979 voll von MG übernommen. Die Firma TIMA GmbH besteht heute noch. MG ist alleiniger Gesellschafter. Werner Koester, nunmehr Betriebsleiter für den Bau der Thermoform-Maschinen, war damit Kollege des Betriebsleiters Heinz Hoffmann, der sich auf die Fertigung der U-Boot-Komponenten konzentrierte.
3. Kooperation mit der Firma Marbach in Heilbronn derart, daß die für die Thermoform-Maschinen besonders aufwendigen Werkzeuge in Heilbronn gefertigt werden und Maschinenbau Gabler nur die einfacheren Werkzeuge selbst baut.

Inzwischen ist der Thermoform-Bereich ein wirkliches zweites Standbein der Maschinenbau Gabler GmbH geworden. Zu den Bechermaschinen, Werkzeugen und Deckelmaschinen sind Einpackautomaten hinzugekommen. Über 50 % des MG-Umsatzes erfolgt inzwischen im Thermoform-Bereich. 60 % dieses Bereichs werden exportiert, und zwar in ca. 25 Länder, seit 1988 auch in den Ostblock-Bereich. Dieser Erfolg ist auf einen guten Verkauf, eine moderne, weitestgehend schon EDV-gesteuerte und -überwachte Fertigung und eine ideenreiche Entwicklung und Konstruktion zurückzuführen. Während IKL alle anderen MG-Produkte konstruierte, erfolgt die Konstruktion der Thermoform-Maschinen seit einigen Jahren durch ein MG-eigenes Büro unter langjähriger Leitung von Herbert Voske.

Ein dritter Geschäftsbereich ist bei der Maschinenbau Gabler GmbH der Bau von Konstruktionsmodellen. Hier handelt es sich um das dreidimensionale Konstruieren mit Hilfe von Modellen aus Kunststoffen. Die Methode wird vor allem für das Verlegen von Rohrleitungen, Kabelbahnen und Lüftungskanälen benutzt. Ergänzend dazu dient der Konstruktionsmodellbau – insbesondere bei sehr aufwendigen Schiffen wie z. B. Unterseebooten – der Koordinierung verschiedener Konstruktionsabteilungen bzw. -gruppen. Erste Erfahrungen mit dem Konstruktionsmodellbau wurden in der Anlagentechnik, und hier vor allen Dingen bei der Petrochemie, gemacht. 1966 übertrug Dr. Derichsweiler mit seiner Firma Plastische Planung dieses Know-how auf den Schiffbau. Hier griffen es vor allem die Kieler Howaldtswerke, der Bremer Vulkan und das IKL auf und trieben die speziellen Entwicklungen für den Schiffbau voran. Das IKL baute bzw. konstruierte erstmalig für die Klasse 206 komplette Modelle für den Druckkörper-Bereich. Später kamen auch Modelle für den Zentralaufbau und das Oberdeck hinzu, und zwar in allen Fällen im Maßstab 1:5, 1:10 oder 1:20 gebaut, vorrangig für die Maschinenräume, zum Teil aber auch für Zentralen und in einigen wenigen Fällen auch als Oberdeckmodelle für Tanker. Für die Verrohrung im rein schiffbaulichen Bereich, also in den Aufbauten, hat sich diese Methode jedoch nicht durchgesetzt. Dr. Derichsweiler mußte im Frühjahr 1967 Konkurs anmelden. Die wichtigsten Mitarbeiter seiner Firma übernahm das IKL.
Dr. Derichsweiler war einige Monate 1967 beim IKL als Akquisiteur für den Modellbau tätig. Aus steuerlichen Gründen übernahm den Konstruktionsmodellbau mit Wirkung vom 1.7.1967 die Maschinenbau Gabler, weiter in enger Zusammenarbeit mit dem IKL. Da im IKL zum Geschäftsbereich von Lutz Nohse u. a. der Schiffsmaschinenbau gehörte, war dieser auch bei MG für den Konstruktionsmodellbau bis zu seinem Ausscheiden zuständig. In gleicher Weise blieb stets der Abteilungsleiter Schiffsmaschinenbau verantwortlich für die Modellbau-Abteilung, während der Vertrieb bis Ende 1988 bei Horst Brügge zusammengefaßt war. Nach dem Ausscheiden von Lutz Nohse aus der MG-Geschäftsführung zum 1.10.1988 regelte mit Wirkung vom 1.1.1989 ein Zusammenarbeitsvertrag »Modellbau IKL/MG« (Alleinvertriebsvereinbarung), daß IKL auch für den Modellbau-Verkauf zuständig ist und damit der Prokurist Klaus Evers. Schließlich wurde die gesamte Abteilung Modellbau zum 1.7.1991 an das IKL verkauft.

Bei dem Konstruktionsmodellbau von MG ist zwischen drei Arbeitsweisen zu unterscheiden:

1. Die Lieferung kompletter Modelle, d. h. Bau von Grundmodell und Komponenten, konstruktive Verrohrung und Anfertigung von isometrischen Zeichnungen zur Vorfertigung einschließlich Rohr- und Armaturenlisten. In diesem Falle werden alle Zeichnungen vom IKL beigestellt. Zu dieser Arbeitsmethode gehören also die Modelle, die seit Klasse 206 vom IKL für Unterseeboote entworfen und konstruiert wurden. Die konstruktive Verrohrung erfolgt in diesem Fall in enger Zusammenarbeit zwischen IKL- und MG-Mitarbeitern. Beim Bau von Unterseebooten nach HDW-/IKL-Lizenz (Indien, Brasilien, Türkei, Korea) waren zusätzliche Modelle zum Nachbau zu liefern. Einige U-Boot-Kunden bestellten außerdem Belehrungsmodelle, an denen die Besatzungen vor ihrer Einschiffung auf den U-Booten trainiert wurden, insbesondere, was die Rohrleitungsführung anbelangt. Hierbei ist es eine große Hilfe, daß die Plastikrohrleitungen entsprechend der verschiedenen Medienführung unterschiedliche Farben haben. Diese Belehrungsmodelle sind ähnlich den Konstruktionsmodellen, aber zum Teil vereinfacht ausgeführt. Für einige Unterseeboot-Typen waren also von MG/IKL drei Modelle zu liefern! Der Arbeitsumfang für ein Modell für den Druckkörper-Bereich liegt in der Größenordnung von 50.000 Stunden.
2. Ebenfalls Lieferung von kompletten Konstruktionsmodellen, wobei aber die Zeichnungen für das Grundmodell und die Komponenten von den Kunden beizustellen sind. Hier handelt es sich im wesentlichen um Maschinenraum-Modelle für Handelsschiffe.
3. Der Bau von Grundmodell und Komponenten in Lübeck, und zwar ebenfalls nach Kundenzeichnungen, konstruktive Verrohrung und Unterlagenherstellung aber beim Kunden durch dessen Personal bzw. durch Fachleute von Maschinenbau Gabler.

Inzwischen arbeitet der Konstruktionsmodellbau eng mit der CAD-Abteilung des IKL zusammen. So werden auf diese Weise isometrische Zeichnungen zur Vorfertigung von Rohrleitungen einschließlich Stücklisten angefertigt, wobei die Rohrleitungsverläufe mit Hilfe eines von IKL/MG selbst entwickelten Laser-Meßwerks aus den Modellen gewonnen und an den IKL-CAD-Bereich weitergegeben werden.
Neben den schon erwähnten zahlreichen U-Boot-Modellen hat diese Abteilung von Maschinenbau Gabler inzwischen ca. 600 Modelle an ca. 50 Kunden in 14 Länder geliefert. Teilweise vergab man auch eine Überseelizenz.
Zu diesem Geschäftsbereich gehört auch der Vertrieb der von der Firma Eisenlohr hergestellten Elemente für die verschiedenen Rohrleitungen, Armaturen usw. Das IKL unterhält für diesen Zweck ein Lager für den nordwesteuropäischen Schiffbaubereich.

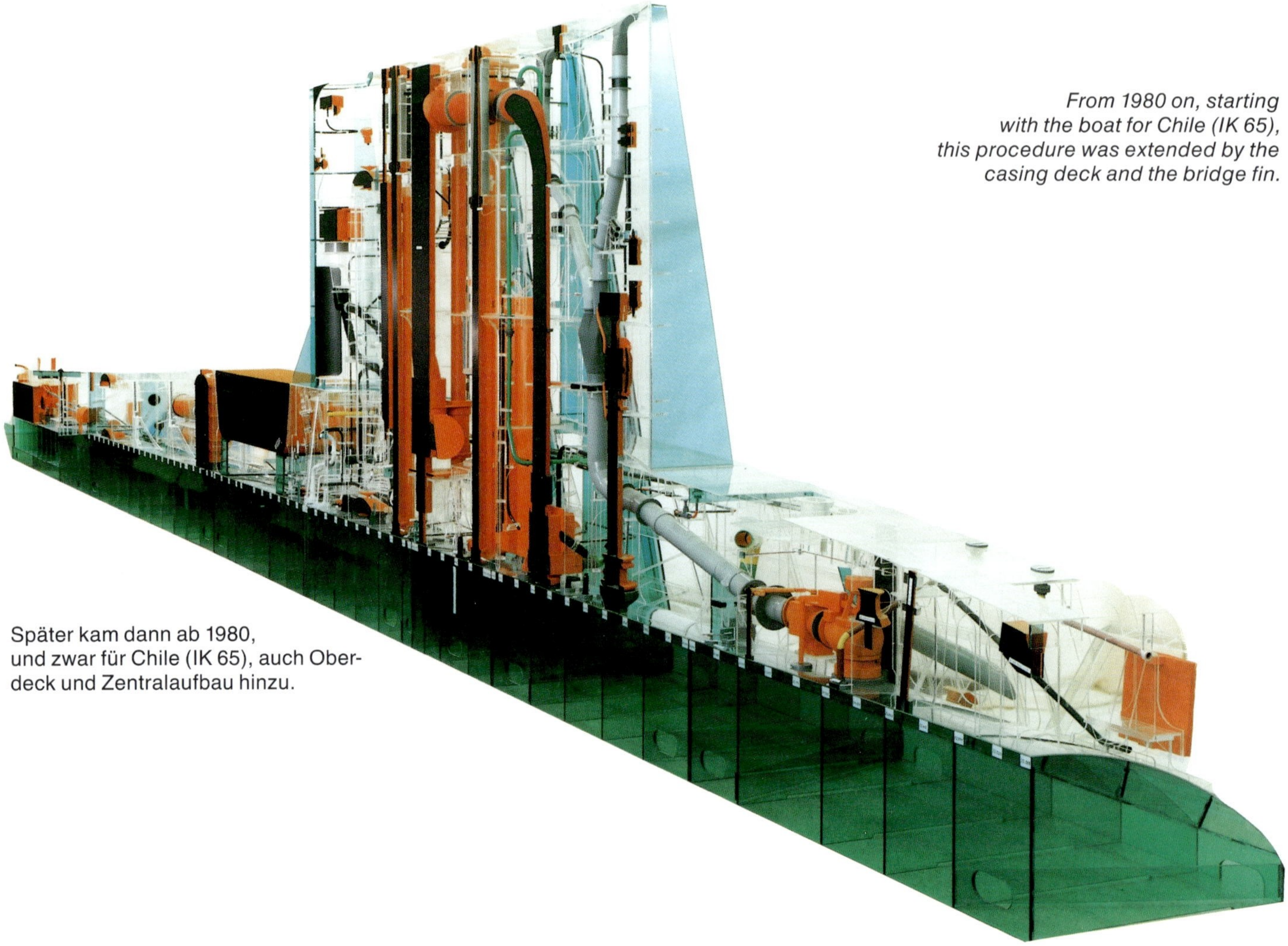

From 1980 on, starting with the boat for Chile (IK 65), this procedure was extended by the casing deck and the bridge fin.

Später kam dann ab 1980, und zwar für Chile (IK 65), auch Oberdeck und Zentralaufbau hinzu.

Für den U-Boot-Bau entstanden nicht nur Konstruktionsmodelle, sondern auch in den Vorphasen Planungsmodelle, wie hier z. B. für die KL 208 das Modell der Operations-Zentrale. Für genauere Studien kamen gerade für diesen Bereich 1 : 1-Modelle hinzu, allerdings in jüngster Zeit nur für P 6071, Kl 206 A und Kl 212.

For the construction of submarines, not only design models are built, but also planning models in the preliminary phases, as shown here e. g. for Class 208 the CIC model. For more detailed studies models on a 1 : 1 scale followed for this sector, of late, however, only for P 6071, Class 206 A, and Class 212.

Als Prof. Gabler am 1.1.1979 aus dem IKL ausschied, gab er seine MG-Anteile ab. Ursula Galka, die Finanzprokuristin, und Horst Brügge wurden jetzt als Gesellschafter aufgenommen, und vorerst war die Ulrich Gabler-Stiftung noch Mitgesellschafter (siehe Kapitel 11). Die Beteiligung von 1979–1981 sah damit wie folgt aus:

- 49,6 % Ulrich Gabler-Stiftung
- 18,6 % Peter Kayser
- 18,6 % Lutz Nohse
- 6,6 % Ursula Galka
- 6,6 % Horst Brügge

Eine weitere Änderung trat 1985 ein. Von diesem Zeitpunkt an hatten Peter Kayser und Lutz Nohse je 36,8 % und Ursula Galka und Horst Brügge je 13,2 % Anteile.

1986 bereitete Lutz Nohse sein Ausscheiden aus beiden Firmen vor. Er gab Teile seiner Anteile an die drei Gesellschafter ab. Damit war die Verteilung wie folgt:

- 43,6 % Peter Kayser
- 25,0 % Lutz Nohse
- 15,7 % Ursula Galka
- 15,7 % Horst Brügge

Parallel dazu war das Stammkapital der Maschinenbau Gabler GmbH laufend erhöht worden und betrug ab 1985 2,7 Mio DM.

Schließlich noch einige Worte zu dem ursprünglich alleinigen Arbeitsgebiet von Maschinenbau Gabler, zu den Ausfahrgeräten. Hier entwickelte die Firma in den vergangenen Jahren interessante Neuheiten, die sich inzwischen auf verschiedenen Bootstypen bewährt haben. Beim IKL waren hierfür zuständig der Abteilungsleiter und Prokurist Günther Büttner und sein Unterabteilungsleiter Friedrich Wiggers. An Verbesserungen sind vor allem zu nennen:

- Steigerung der möglichen maximalen Einsatzgeschwindigkeit
- Verringerung der mechanischen und hydrodynamischen Geräusche beim Betrieb der Geräte
- sogenannte »Unit-Bauweise«, d. h. die Geräte werden als erprobte Einheiten geliefert, die nur noch in die U-Boote einzusetzen sind
- Kombination verschiedener Sensoren auf einem Gerät, um die Gesamtzahl der Geräte zu begrenzen
- Unterbringung der Geräte nur im Zentralaufbau der Boote ohne Verringerung der Ausfahrhöhen

Die veränderte Weltlage machte bei Maschinenbau Gabler im Jahre 1990 die Suche nach einem dritten Standbein erforderlich. Dieses fand man mit dem Produktionszweig »Umwelttechnik«. MG übernahm am 27.11.1990 zu 100 % die Firma Göldner & Partner aus Nienburg/Weser. Geschäftsführer sind jetzt Peter Kayser und Horst Brügge. Die Firma wird in Lübeck als »Gabler Umwelttechnik« mit dem Kurzzeichen »GUT« weitergeführt. Erstes Produkt ist eine Entsorgungsanlage für Krankenhausabfälle. Diese Anlage zerkleinert die belasteten Abfälle und desinfiziert sie durch Wärmebehandlung umweltgerecht, wobei das Volumen des Mülls auf 20 % schrumpft und in der Endstufe zu normalem, lagerungsfähigem Hausmüll wird, so daß das althergebrachte Verbrennen und Beseitigen des Mülls entfällt. MG erwartet für dieses neue Produkt große Marktchancen im In- und Ausland, denn allein in Deutschland gibt es rund 3500 Krankenhäuser.

Der Gesamtumsatz war bei MG im Jahre 1990 auf DM 56 Mio angestiegen, für 1991 wurden rund DM 60 Mio erwartet. Umsatzerweiterungen sind vor allem für die Geschäftsbereiche Thermoform-Maschinen und GUT zu erwarten. Aus diesem Grunde wurde 1991 der Bau einer weiteren Produktionshalle begonnen.

Seit dem Ausscheiden des letzten Gründungsgesellschafters Lutz Nohse zum 31.12.1990 ist das Kapital wie folgt aufgeteilt:

- 58 % Peter Kayser
- 21 % Ursula Galka
- 21 % Horst Brügge

Außerdem wurde am 13.6.91 das Kapital von DM 2,7 Mio auf DM 5 Mio aufgestockt.

Nach dem Ausscheiden von Prof. Gabler (31.12.1978) und Lutz Nohse (31.12.1990) betreiben diese drei Gesellschafter die Maschinenfabrik: von links nach rechts Ursula Galka (Finanzen), Peter Kayser (Technik) und Horst Brügge (Vertrieb und Technik). Zusammen mit der Kapital-Aufstockung von 2,7 auf 5 Mio. DM erfolgte am 13.6.1991 die Umbenennung in GABLER Maschinenbau GmbH.

After the retirement of Prof. Gabler (31.12.1978) and Lutz Nohse (31.12.1990) the machine factory has been headed by these three managing partners: from left to right Ursula Galka (Finance), Peter Kayser (Engineering) and Horst Brügge (Sales and Purchasing). On 13.6.1991 the company was renamed GABLER Maschinenbau GmbH after the capital resources had been increased from 2,7 to 5 million DM.

7 Diversifikation beim IKL

Das IKL hat in den vergangenen 30 Jahren u. a. folgende Ziele verfolgt:

1. kein reiner Behörden-Auftragnehmer zu sein
2. nicht nur Rüstungsaufträge abzuwickeln und dementsprechend
3. auch auf anderen Gebieten von Preis und Qualität her konkurrenzfähig sein zu können.

Anfangs wurde dabei versucht, möglichst breitbandig tätig sein zu können. Ähnlich akquirieren auch heute noch verschiedene Ingenieurbüros. Dabei wird dann oft erwähnt, daß solche Büros im Gegensatz zu den Konstruktionsbüros der Hersteller die Dinge nicht »betriebsblind« anpacken. Später stellte das IKL aber aufgrund der zunehmenden Ansprüche an die Technik fest, daß es sinnvoller ist, sich auf bestimmte Gebiete zu konzentrieren, wobei Erfahrungen und Kenntnisse aus dem Hauptarbeitsgebiet neben dem Unterseeboot-Bau vorrangig verwertet werden sollten. Dabei hat das IKL dann den großen Vorteil, daß für Entwurf und Konstruktion eines Unterseebootes sehr breitbandig gearbeitet werden muß, und die unterschiedlichsten Disziplinen im IKL, wie die Geschäftsverteilungspläne (s. Anhang) zeigen, vertreten sind.

Die U-Boot-Konstruktionsaufträge, also die Aufträge für die Lieferung von Fertigungsunterlagen, haben ein Volumen von mehreren 100 000 Stunden. Diese Leistungen sind in der Regel in 24–28 Monaten zu erbringen. Hieraus entsteht ein ständiger Termindruck im IKL, aber auch die Sorge um Anschlußaufträge nach Abwicklung solcher Aufträge. Deshalb bemüht sich die Geschäftsleitung des IKL auch aus dieser Sicht um Diversifikation, und es soll nunmehr über die bisherigen Erfolge berichtet werden:

7.1 Überwasserkriegsschiffe

Naturgemäß können das IKL-Know-how und die IKL-Organisation sehr gut für die Konstruktion von Überwasserkriegsschiffen genutzt werden. Im Gegensatz zum IvS hat jedoch das IKL nach dem Zweiten Weltkrieg sich mit dem Entwurf solcher Schiffe nicht beschäftigt. Entsprechende Absprachen wurden mit dem Verteidigungsministerium und der Marinetechnischen Planungs-Gesellschaft getroffen.
An wesentlichen Aufträgen wurden abgewickelt:

- Anfang der 60er Jahre verschiedene Festigkeitsrechnungen für Nachrüstung der ersten Bundesmarineschiffe, die aus dem Ausland gekauft wurden
- 1965 Vorbereitungsarbeiten zum Umbau der ehemaligen Landungsschiffe *Bamberg, Bochum* und *Bottrop* zu Minenlegern
- 1980 bis 1981 umfangreiche Rohrleitungskonstruktionsarbeiten und Koordinierungspläne für den Beginn des Blohm + Voss-MEKO-Exportprogramms, und zwar für
  - die nigerianische Fregatte *Aradu*
  - die argentinischen Fregatten der *Espora*-Klasse
  - die argentinischen Zerstörer der *Almirante Brown*-Klasse

  Für diese Arbeiten setzte das IKL eine vollständige Gruppe ein, die ihren Sitz vor dem Bezug des IKL-Ostanbaues in den Räumen der Flender Werft hatte. Im Rahmen dieser Arbeiten stellte das IKL auch Verbindungsingenieure in Hamburg.
- 1965 Konstruktionsarbeiten für den Heckflügel des seinerzeit bei Schlichting nach Entwürfen von Supramar im Bau befindlichen Tragflügelbootes der Klasse 160 für die Bundesmarine. Da dieser Heckflügel aus amagnetischem Stahl und mit hydraulischer Betätigung auszuführen war, war das IKL für diese Arbeit besonders gut geeignet.
- Mitwirkung an der Planungsarbeit für neue Bundesmarine-Minensucher, und zwar bei der Frage Ausführung des Schiffes aus Holz, GFK oder amagnetischem Stahl.

7.2 Handelsschiffe

Auch hier hat sich das IKL weniger um Entwürfe bemüht, aber in zum Teil großem Umfang und zwischen den einzelnen U-Boot-Konstruktionsaufträgen Fertigungsunterlagen geliefert, insbesondere für den Stahlschiffbau und für den Rohrleitungsbau. Von besonderer Bedeutung sind hier gewesen:

- 1957 bis 1959 Stahlschiffbau und Schiffsmaschinenbau für Rheinstahl Nordseewerke
- 1957 bis 1959 in gleicher Weise für die Hanseatische Werft und für die Schlieker-Werft.
  Diese Arbeiten haben seinerzeit den Anlauf für die neuen U-Boot-Programme 201 und 202 im IKL sehr stark erleichtert!
- 1957 bis 1958 Beratungsarbeiten für die Stahlbaufirma Jucho Dortmund für den Einbau von Autodecks in Handelsschiffen
- komplette Schiffsmaschinenbau-Konstruktion einschl. Rohrleitungsbau für Massengutfrachter der AG Weser

Die ersten Blohm + Voss-MEKO-Exportkriegsschiffe waren:

- die nigerianische Fregatte ARADU
- die argentinischen Fregatten der ESPORA-Klasse
- die argentinischen Zerstörer der ALMIRANTE BROWN-Klasse

Für diese Schiffe lieferte IKL 1980/1981 umfangreiche Rohr- und Koordinierungspläne. Das Blohm + Voss-Foto zeigt die beiden ersten Zerstörer bei Erprobungen im Frühjahr 1983 in der Nordsee.

The first MECO naval vessels for export built by Blohm + Voss were

- *the Nigerian frigate ARADU*
- *the Argentine frigates of the ESPORA Class*
- *the Argentine clestroyers of the ALMIRANTE BROWN Class*

For these vessels, IKL supplied ample piping and coordination plans in 1980/81. The picture by Blohm + Voss shows the first 2 destroyers during North Sea trials in the spring of 1983.

Foto: Blohm u. Voss.

- wiederholt Koordinierungspläne für den Bremer Vulkan. Hierbei ist das Kreuzfahrtschiff *Europa* besonders zu erwähnen
- mehrfach Stahlschiffbaukonstruktion und Schiffsmaschinenbau (u. a. für die *Regina Maris*) für die Flender Werft
- wiederholt Stahlschiffbaukonstruktion für die Seebeck-Werft
- Stahlschiffbau und Rohrleitungsbau für die Odense Shipyard

Außerdem sind zu nennen:

- Entwurf eines Schwimmdocks für die Jadewerft
- Stapellaufberechnungen für Lindenau
- Entwurf für die seinerzeitige Typungsstelle in Hamburg zu einem Spüler für den Main
- mehrfach Stabilitäts- und Festigkeitsüberprüfungen für

Über mehrere Jahre hat das IKL die Koordinierungspläne für die Neubauten der Bremer Vulkan geliefert, u. a. auch für das Kreuzfahrtschiff EUROPA (Bild).

Over a period of several years, IKL supplied coordination plans for new constructions of the Bremer Vulkan shipyard, amongst others also for the cruise ship EUROPA.

Für dieses arabische Müllverbrennungsschiff lieferte das IKL die kompletten Fertigungsunterlagen (Schiffbau, Maschinenbau und Elektrotechnik) 1979/80 an die Büsumer Werft.

IKL supplied the complete manufacturing documents (shipbuilding, mechanical engineering and electrotechnics) for this Arabian waste incineration ship to the Büsumer Werft in 1979/80.

die Fähren des Nord-Ostsee-Kanals
- 1965 Entwurfsarbeiten für das sogenannte »DYNA-Projekt« nach Ideen von Herrn Prölss zum Antrieb größerer Schiffe mit Windenergie unter Nutzung moderner Technologien
- verschiedene Werftplanungen
- Bauaufsicht für Fähren für Tunesien

Besonders eng war die Zusammenarbeit mit der Lübecker Werft Orenstein & Koppel. Hier bestand eine Exklusiv-Vereinbarung für die Lieferung von Konstruktionsmodellen einschließlich isometrischer Zeichnungen. Außerdem wurden über lange Jahre Konstruktionsarbeiten für Deckskräne und Schwimmbagger-Ausrüstungen ausgeführt.

Als am 11.2.1979 im Iran die Regierung gestürzt wurde und als Folge davon HDW beim IKL das Vorhaben IK 71 anhalten mußte, an dem das IKL mit einem Großteil seiner Konstruktionsbüros arbeitete, führte das IKL für die Schlichtingswerft/Büsumer Werft die kompletten Konstruktionsarbeiten für ein sehr anspruchsvolles Müllverbrennungsschiff aus, und zwar für Schiffbau, Maschinenbau und Elektrotechnik. Der Gesamtentwurf für dieses Schiff stammte von einem französischen Büro.

7.3 Meerestechnik

Ende der 60er / Anfang der 70er Jahre war das IKL ebenso wie manche andere deutsche Firma sehr optimistisch, auf dem Gebiet der Meerestechnik zu umfangreichen Aufträgen zu kommen. Es entstand eine rege Akquisitionstätigkeit. Es wurden verschiedene Kooperationsvereinbarungen getroffen. Die Diplom-Ingenieure Block und Peter Krüger beschäftigten sich jahrelang fast ausschließlich mit Meerestechnik. Bezahlte, unbezahlte oder nur teilweise bezahlte Projekte wurden ausgearbeitet. Es entstand ein Prospekt mit einem kompletten Programm von Unterwasserfahrzeugen. Das IKL war auf zahlreichen Messen und Kongressen präsent. Im einzelnen wurden folgende Arbeiten ausgeführt:

Aufträge aus der Meerestechnik

1969
»Ferngesteuerte, unbemannte Sondenfahrzeuge für Zwecke der Meeresforschung«
Arbeitsgemeinschaft Sondenfahrzeuge
AEG-KAE-IKL
Studien-Angebot für BMFT

1969
Entwurf, Konstruktion und Bau einer »Schwebeboje – seismischer Geräteträger«
Bundesanstalt für Bodenforschung Hannover

1969
Entwurf, Konstruktion und Bau einer Unterwasserwinde
AEG

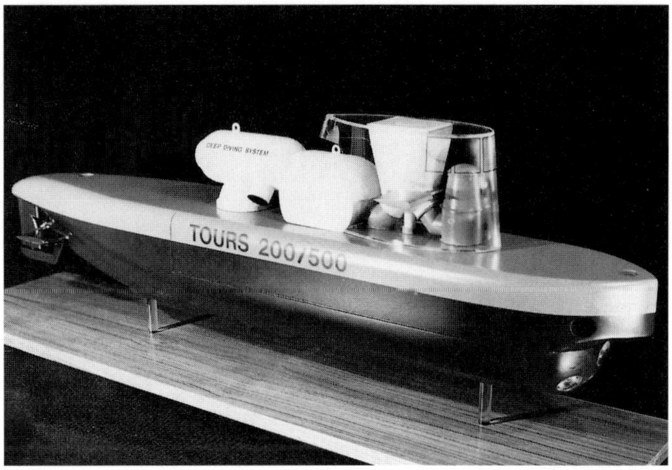

Von 1969 bis 1982 arbeitete das IKL allein oder in Arbeitsgemeinschaften mit anderen Firmen an einer Vielzahl von bezahlten, bezuschußten oder unbezahlten Studien bzw. Entwürfen für die Meerestechnik. Dieses Modell stellt z. B. ein autonomes U-Boot für 500 m Nenntauchtiefe dar, welches u. a. als Träger für besondere Einrichtungen eingesetzt werden kann, hier z. B. ein Taucher-Ausstiegs- und Dekompressions-System.

From 1969 to 1982 IKL either alone or in cooperation with other companies worked on numerous studies, resp. designs, in the field of ocean technology, of these some were paid for, others subsidized or unpaid. This model for example is an autonomous submarine having a nominal diving depth of 500 m, which, among others, can be employed as carrier for special facilities, e.g. a diver lockout and decompression system in this picture.

1969
Entwurf, Konstruktion und Bau einer Meßglocke zum Studium von Mikroorganismen am Meeresgrund
Institut für Meereskunde

1970/71
Entwurf, Konstruktion und Bau eines Arbeitstauchbootes *Tours 64* DGK/300 mit Hydraulikmanipulator
KFODC/Kuo Feng Oceanic Development Co Ltd, Taipei/Taiwan

1971/72
Entwurf, Konstruktion und Bau eines Arbeitstauchbootes *Tours 66* DGK/300 mit Hydraulikmanipulator
SELMAR/Sarda Estrazione Prodotti Marini S.p.A. Cagliari, Sardinien, Italien

1973/74
Konzeptentwicklung – Studie – »Gewinnungsplattform über 100 m Wassertiefe«
ARGE 100: B + V, HDW, Preussag, Mannesmann-Röhren-Werke, IMS, IKL Studie/BMFT

1974/75
Geräte und Einrichtungen für den Unterwassereinsatz im Zusammenhang mit der Aufsuchung und Gewinnung von Erdöl und Erdgas im Offshore-Bereich
ARGE Unterwassergeräte: IKL, AEG, Deutsche Babcock und Wilcox AG, ERNO, Preussag AG
Systemstudie/BMFT (Konzeptentwicklung »Bemanntes UW-Arbeitsgerät DSWS«)

1975/76
Pipeline-Verlegung in tiefem Wasser
ARGE-PTW, MRW, B + V, O&K, Preussag AG, Rheinmetall GmbH

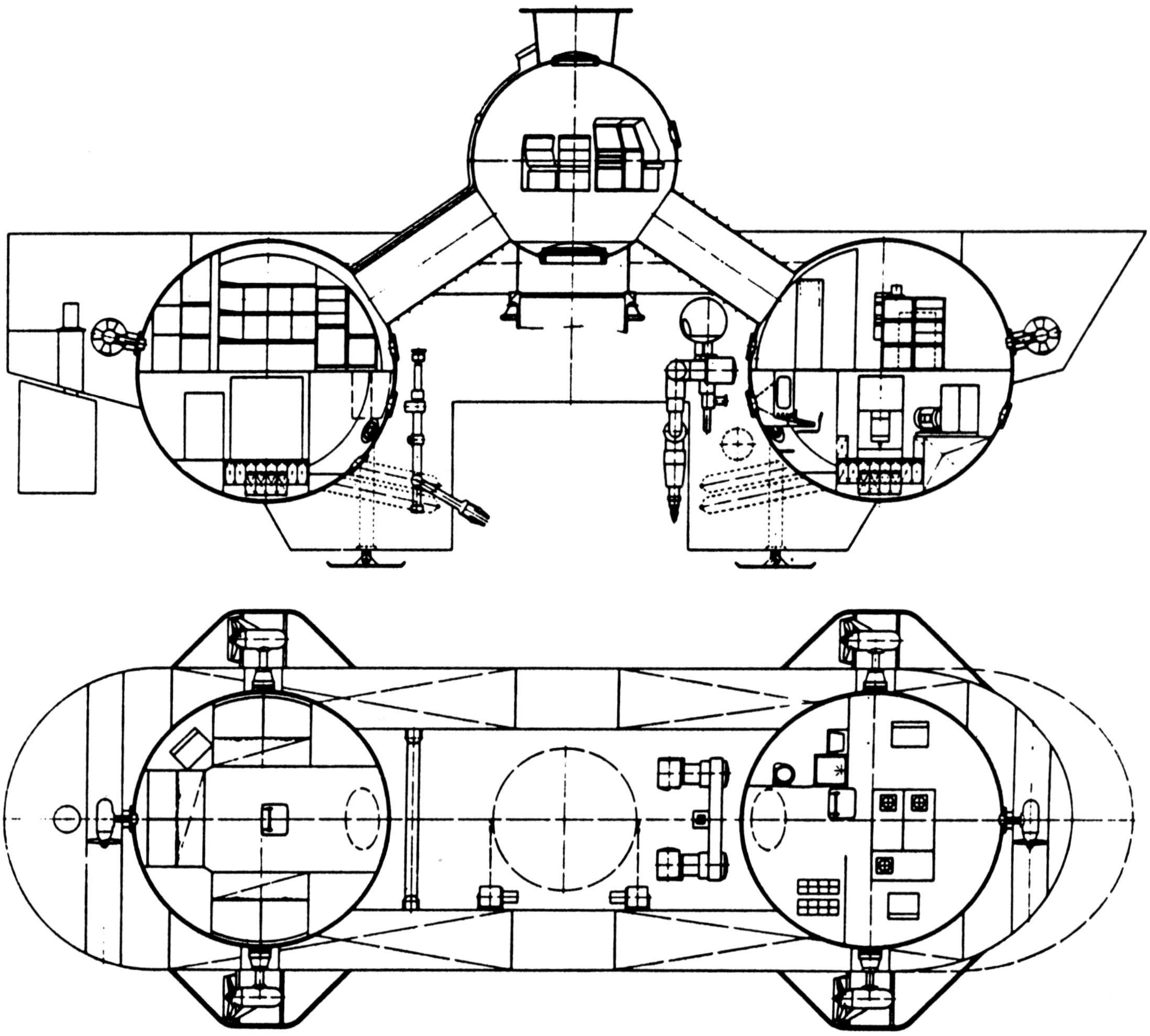

Ein anderer Entwurf war ebenfalls als Vielzweck-Einrichtung gedacht, das DSWS/600 (Deep Subsea Working System) für 600 m Nenntauchtiefe. Außer den in der Zeichnung gezeigten beiden Manipulatoren kann es zwischen den beiden unteren Kugeln z. B. folgende Einrichtungen tragen:

- Taucher-Ausstiegs- und Dekompressions-System mit 1 oder 2 Kammern, also ähnlich wie das TOURS 200/500
- Bohreinrichtung

Another design was likewise destined as multi-purpose facility, the DSWS/600 (Deep Subsea Working System) for a nominal diving depth of 600 m. Apart from the manipulators shown in the drawing, it can carry e. g. the following facilities between the 2 bottom spheres:

- *diver lockout and decompression system with 1 or 2 chambers, thus similar to the TOURS 200/500*
- *drilling capsule*

IKL als Unterauftragnehmer von MRW
Schwebendes Verlegersystem Realisierbarkeitsstudie/BMFT
1975/77
»Autonomes Unterwasserarbeitsboot« ARGE-Autonomes Unterwasserarbeitsboot DOG GmbH, IKL
Systemstudie/BMFT
1976/78
Rechnerische und konstruktive Untersuchungen zur Entwicklung einer Tension Leg Plattform
ARGE-TLP, B + V, HDW, TRT, Preussag AG, Bilf. & Berger, IMS, IKL
Konstruktionsentwürfe zur Anschlußtechnik der Seile/BMFT
1978/80
Entwicklung von zwei TLP-Alternativen für gleiche Einsatzbedingungen vertikal und schräg verspannt
ARGE-TLP II gleiches Firmenkonsortium
Verstell- und Verblockungseinrichtungen
Verblockung Template-Gründungskörper/BMFT
1973/77
Entwürfe verschiedener Unterwasserfahrzeuge
TOURS Autonomous Submarines
TOURS 200
TOURS 425
TOURS 430
TOURS 520
TOURS Submersibles
TOURS 55
TOURS 75
TOURS 76
TOURS 80
Naßtauchfahrzeug WDV 7/60 Rettungskugel
Entwurf, Konstruktion und Modellversuche
1979
Entwicklung eines Rettungssystemes bestehend aus:
Submarine Support Rescue Vessel (SSRV)
Rescue Submersible 85/500 (RS 85/500)
1979
Entwicklung eines Unterwasser-Transportwagens zur Einbettung von Kabeln und Rohren in den Meeresboden
I Konzeptphase: Erarbeitung prinzipieller Lösungsvorschläge
II Entwurfsphase: Auslegung, Berechnung und Entwurfsarbeiten der Arbeitspakete
- Flut- und Lenzeinrichtung
- Hydraulikanlage
- Meßwerterfassung und -übertragung
- Seemännisches Handling

P. de la Motte, Ing. Büro f. Wasserbau und Meerestechnik
1980
Entwurf und Festigkeitsuntersuchungen einer Tiefseesonde für 5000 m Einsatztauchtiefe
AEG-Telefunken, Wedel
1980/81
TLP-Trägersystem der HDW-Roß »EG-Studie«
Konstruktionsentwürfe und Berechnung
- der Kopplungs-, Verstell- und Verblockungseinrichtungen (Auftriebskörper und Gründungskörper)
- Plattformeinbettung und Auftriebskörper
- Schleusen- und Transfersystem (Auftriebskörper)
- Konzeptentwicklung für die Seemontage der Hauptbaukomponenten

HDW-Roß
1981
Erstellung von ausschreibungsreifen Unterlagen für den Halbtaucher RS 35
- Entwurf und konstruktive Anordnung der MR im Ringkörper
- Entwurf und Anordnung Abgasleitung im Ringkörper und MR-Bein
- Entwurf und Koordinierungspläne für MR und MR-Bein, Tankräume, Schalttafelraum und Werkstatt
  (alle betriebstechnischen Systeme der Kraftanlage)

ARGE RS 35/Deu-TAG, DOG, ERNO, IMS, Sieghold-Werft
Unter-Unterauftrag von Deu-TAG/MaK
1981/82
SEPROS-Studie
Konzeptentwicklungen, Konstruktionsentwürfe und Berechnungen
- Kugelgelenk mit Abdichtung
- Seetransport des Towers
- Seemontage des gelenkig gelagerten Towers auf dem Gründungskörper
- Reparatur und Austausch von Dichtungssegmenten in der Kugelkalotte
  - FE-Berechnungen für das Kugelgelenk
  - Rettungs- und Lastentransfersystem für Sub-See-Produktionseinrichtung

ARGE SEPROS/HDW (Werk Roß), Salzgitter AG, LGA, Jüblin
Unterauftrag von HDW (Werk Roß)

Sichtbare Teilerfolge waren dabei die Entwürfe, Konstruktionen und Lieferungen durch Maschinenbau Gabler der beiden *Tours*-Boote für Taiwan und Italien zum Ernten von Korallen. Im übrigen war das Ergebnis auf dem Gebiet der Meerestechnik ähnlich wie bei anderen deutschen Firmen aber unbefriedigend, und das IKL hat sich dementsprechend – zumindest vorerst – aus diesen Arbeiten wieder zurückgezogen. Dabei spielten folgende Gründe u. a. eine Rolle:

- Der Meerestechnikmarkt, insbesondere was die Wasserfahrzeuge anbelangt, ist mehr oder weniger fest in der Hand der Norweger, Engländer und US-Amerikaner.
- Die Teilbezuschussung von Entwicklungen durch das Bundesministerium für Forschung und Technologie ist nur für Hersteller von Maschinen, Geräten und Fahrzeugen interessant, aber nicht für Büros wie das IKL.
- Die für die obengenannten Arbeiten eingesetzten Mitarbeiter waren beim IKL für den Unterseeboot-Entwurf sinnvoller einzusetzen.

Mitte der 80er Jahre hat dann aber das IKL zusammen mit Herrn Prof. Rey interessante Arbeiten für kanadische Untereis-Technologien ausgeführt. Zu entwerfen waren Fahrzeuge und Geräte für die Prospektierung, die Förderung und den Transport von Öl und Gas. Ob solche oder ähnliche Entwürfe jemals ausgeführt werden, hängt im wesentlichen von der Entwicklung des Erdöl- und des Erdgaspreises ab. Das IKL wird diese Entwicklung beobachten.
Trotz der bisher unternehmerisch unbefriedigenden Ergebnisse auf dem Gebiet der Meerestechnik sollen abschließend die besonderen Einsätze der IKL-Mitarbeiter Dipl.-Ing. Peter Krüger und des leider schon 1989 verstorbenen Ingenieurs Georg Blöcker erwähnt werden. Beide Herren hatten auf sich allein gestelllt 1971 in Taiwan das *Tours 64*-Boot an die Firma Kuo Feng Oceanic Development Corp. abzuliefern. Hierzu gehörten auch die Einweisung der neuen Mannschaft und die Erprobung und hier wiederum auch eine zugehörige Tieftauchprobe.

7.4 Baumaschinen

Nach U-Booten und Handelsschiffen gehörten die Baumaschinen zu dem umfangreichsten Konstruktionsarbeitsgebiet des IKL in der Vergangenheit. Zeitweise handelte es sich hier fast um ein zweites Standbein des IKL. Im Falle Hagelstein (Travemünde) wurden ganze Konstruktionsgruppen eingesetzt. Die Firma Hagelstein löste die eigenen Büros auf, und das IKL richtete über lange Zeit im Travemünder Verwaltungs- und Konstruktionsneubau eine ganze Etage mit seiner Konstruktionsabteilung ein. Erst als die Firma Hagelstein an die Firma Hanomag verkauft wurde, endete diese für beide Seiten sehr erfolgreiche Zusammenarbeit. Im einzelnen sind für Baumaschinenentwurf und -konstruktion zu erwähnen:

- Weserhütte, Bad Oeynhausen, Seilbagger
- Zettelmeyer, Trier, Frontlader
- Linnhoff, Berlin, Straßenfertiger
- Orenstein & Koppel, Lübeck, Konstruktionsarbeiten und Berechnungen ähnlich wie bei den Handelsschiffen dargestellt, und zwar für die in Lübeck zu fertigenden Trokkenbagger und in Hagen zu bauende Gabelstapler
- Frühjahr 1967 bis Februar 1970 Hagelstein, vollständige Entwürfe, Berechnungen und Konstruktion für Straßenwalzen, Ladegeräte und Hydraulikbagger

Von 1967 bis 1970 modernisierte das IKL das gesamte Baumaschinen-Programm der Firma Hagelstein Travemünde (HATRA), bestehend aus Straßenwalzen, Ladegeräten und Hydraulik-Baggern mit Rad- oder Raupenfahrwerk. Auch die Erprobungen der neuen Geräte wurden zum großen Teil von IKL-Personal ausgeführt und ausgewertet.

From 1967 to 1970 IKL modernized the complete range of building machinery of Messrs. Hagelstein Travemünde (HATRA) consisting of street rollers, loading machines, and hydraulic excavators with wheel or tracklaying truck. IKL staff also performed the trials and the evaluations of the new devices.

7.5 Weitere Arbeitsgebiete

1958 hat das IKL für die Firma Sauer & Sohn und später auch für Hagenuk Vorrichtungen konstruiert.
1960 bauten die Industriewerke Karlsruhe (IWK) in den ehemaligen Schlutuper Rüstungsbetrieben Schwimmwagen nach Ideen von Herrn Trippel. Das IKL arbeitete an der Konstruktion für die Serienfertigung mit. 1988 entstand eine neue Verbindung zwischen Herrn Trippel und dem IKL, und es gab Pläne, solche Schwimm-Pkws bei HDW mit von Opel beizustellenden Aggregaten zu bauen. Aufgrund schlechter Marktforschungsergebnisse verwarf man aber diese Ideen.
1964 hat dann das IKL ebenfalls für IWK Lkw-Aufbauten konstruiert.

Die Firma Hagelstein besaß in Travemünde nicht nur eine Baumaschinenfertigung, sondern auch eine kleinere Werft und betrieb eine Marina. Hagelstein hatte den Wunsch und Willen, das Freizeitgeschäft weiter auszubauen und bat um Anregungen. IKL machte den Vorschlag, ein Hausboot zu entwerfen mit dem Ziel des Baues und Vertriebs durch die Firma Hagelstein. Das Besondere an diesem Hausboot sollte sein, daß es als Anhänger an einen größeren Pkw angekuppelt und dementsprechend auf den unterschiedlichsten Gewässern in Europa eingesetzt werden sollte. Hagelstein stimmte diesem Vorhaben zu. Das Projekt bekam später den Namen »Swimtramp«. Im Auftrage der Firma Hagelstein hat IKL einen Prototyp entworfen, berechnet und in GFK-Bauweise bei der Firma Wagner bauen lassen. Die Ausrüstung erfolgte bei Maschinenbau Gabler. IKL führte die Erprobungen mit dem Wagen aus, und zwar zu Lande und zu Wasser. Der Prototyp wurde auf der Bootsausstellung in Hamburg und auf der Camping-Ausstellung vorgeführt.
Eine kleine Marktforschungsstudie ergab zufriedenstellende Ergebnisse. IKL entwarf eine ganze Familie von Fahrzeugen dieser Art. Im Zusammenhang mit dem Verkauf der Firma Hagelstein ging auch dieses Projekt zu Ende.

Für die Firma Kampnagel in Hamburg führte IKL Berechnungen und Konstruktionen für Kräne aus.
Für den U-Boot-Bau verfügt das IKL über umfangreiche Rohrleitungskonstruktionsbüros. Gerade diese Büros benötigten nach dem Auslaufen des ersten Bundesmarine-U-Boot-Bauprogramms dringend Arbeit. Auch hier wurde über mehrere Jahre eine ganze Konstruktionsgruppe für die Firma Zimmer in Frankfurt, und zwar für Industrieanlagen, eingesetzt. Diese Arbeiten führten, wie fast alle geschilderten Arbeiten, die IKL-eigenen Büros aus. Außer Verbindungsingenieuren hat das IKL nur in ganz besonderen Fällen Arbeiten beim Kunden selbst abgewickelt.
Das IKL hat auch wiederholt, und zwar in größerem Umfang, für den Airbus gearbeitet. Hier wurden für den Finkenwerder Betrieb Vorrichtungskonstruktionen und vor allem für kohlefaserverstärkte Kunststoffe durchgeführt. Die Zusammenarbeit mit dem Hamburger Flugzeugbau gab dem IKL erste Anregungen für die Einführung von CAD.
Die in Kapitel 14 im einzelnen geschilderte Einführung von CAD im IKL brachte Ende der 80er Jahre neue Arbeitsgebiete, sowohl für Programmieren als auch für das Konstruieren. Es bestehen Pläne, diese Arbeiten für andere Unternehmen auszubauen und die vorhandenen Kapazitäten im IKL noch besser zu nutzen.

7.6 Logistik

Die IKL-Tätigkeiten auf dem Gebiet der Logistik unterscheiden sich dadurch von den anderen Diversifikationsmöglichkeiten, daß hier nicht die U-Boot-Entwurfs- und Konstruktionsgruppen eingesetzt werden, sondern im Laufe der Zeit eine eigene Abteilung entstanden ist, die sich ständig mit solchen Arbeiten beschäftigt. Dabei werden in diesem Bereich nicht nur Logistikarbeiten für die IKL-eigenen Entwürfe und Konstruktionen, sondern auch für andere Schiffe ausgeführt.
Das IKL hatte bei dem ersten Marine-Bauprogramm eine Reihe von Skizzenbüchern und teilweise auch Beschreibungen und Betriebsvorschriften auftragsgemäß geliefert, und zwar zu den vom IKL für die betreffenden Boote entworfenen Systemen, d. h. also für die werfteigenen Systeme, aber auch für solche Systeme, die der E-Lieferant Siemens lieferte, die also in das elektrotechnische Skizzenbuch eingeflossen sind.

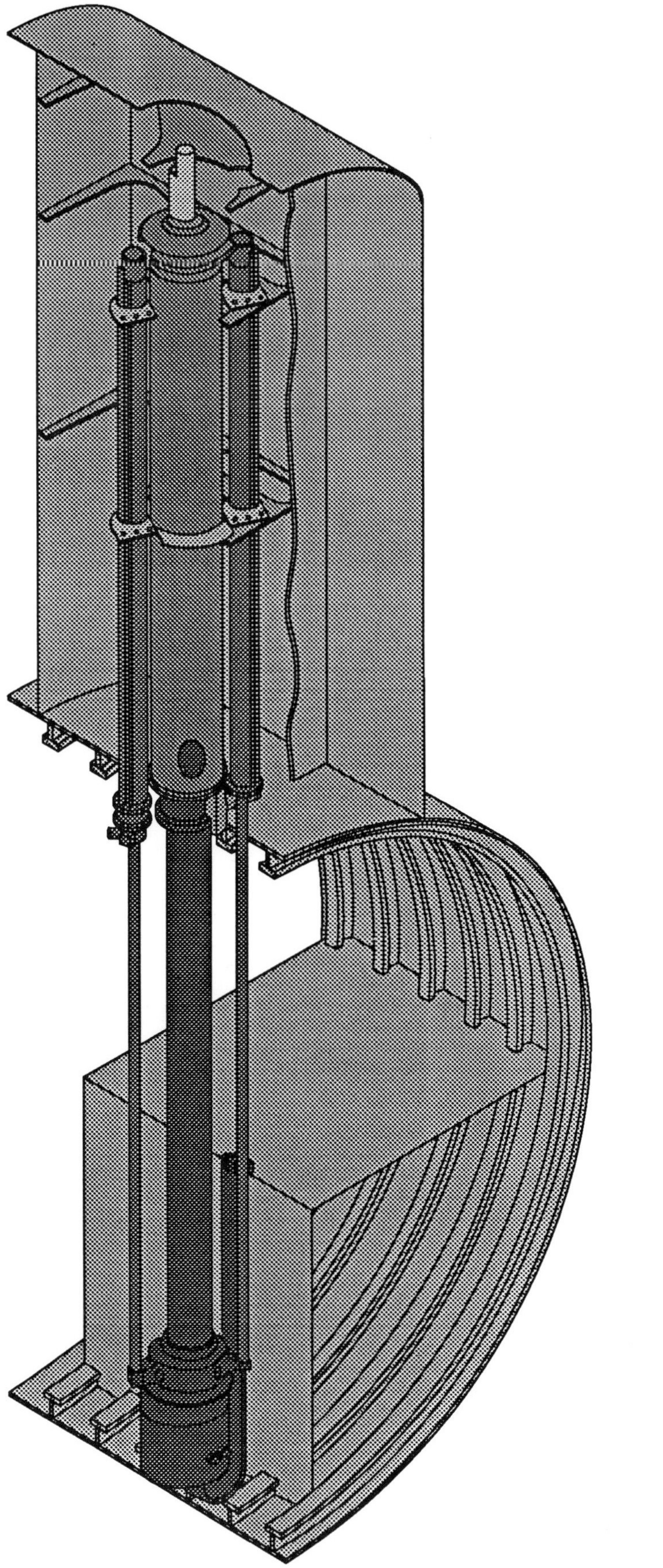

Die Verständlichkeit und Benutzerfreundlichkeit einer technischen Dokumentation oder Schulungsunterlage wird durch Grafiken erhöht, denn immer noch gilt: »Ein Bild sagt mehr als tausend Worte.« Das Beispiel zeigt ein MG-Ausfahrgerät.

The intelligitibility and user friendlyness of a technical documentation or of training documents are increased by illustrations, for one thing holds true that "a picture is more explanatory than a wealth of words". The example shows an MG hoistable mast.

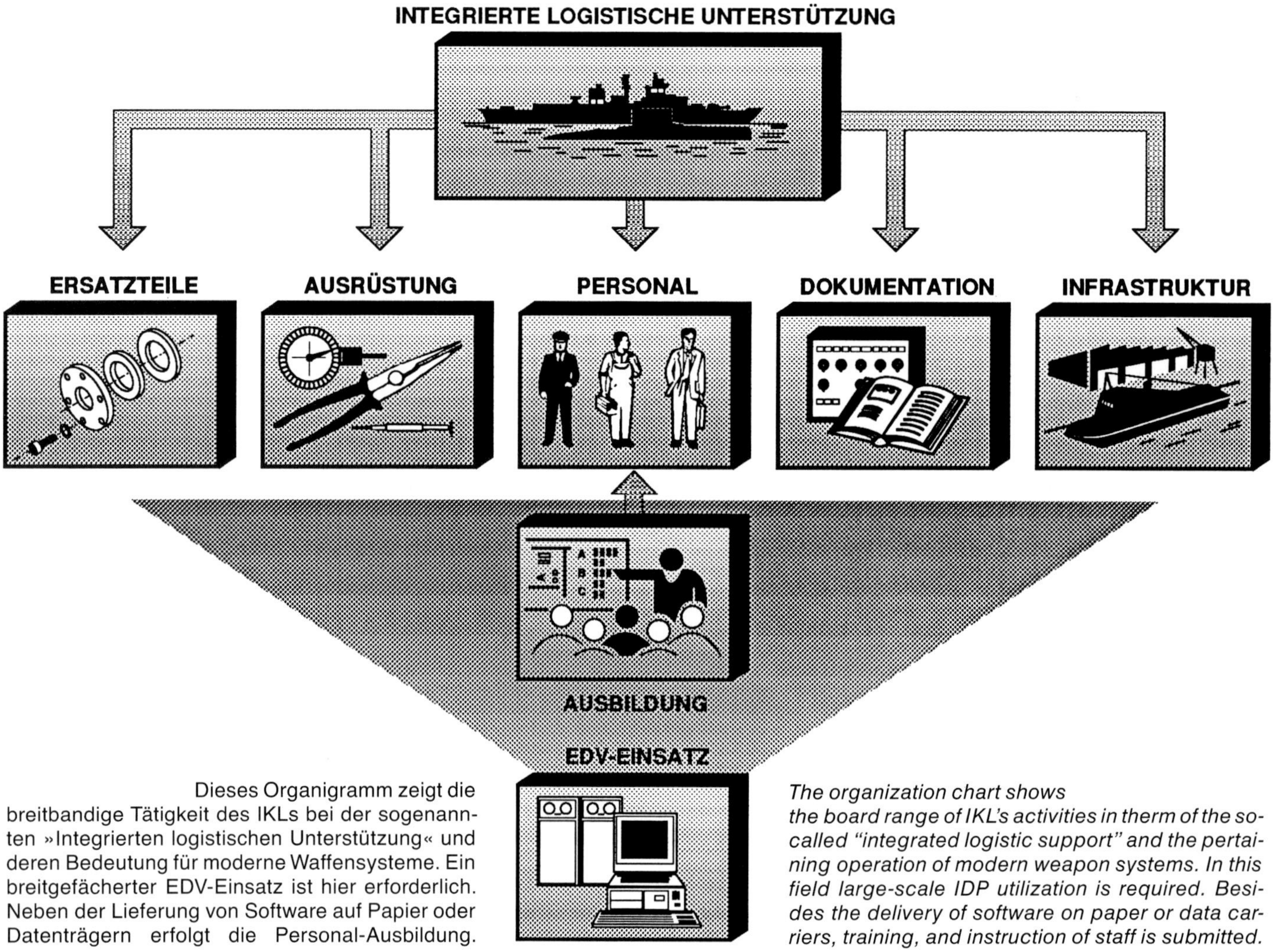

Dieses Organigramm zeigt die breitbandige Tätigkeit des IKLs bei der sogenannten »Integrierten logistischen Unterstützung« und deren Bedeutung für moderne Waffensysteme. Ein breitgefächerter EDV-Einsatz ist hier erforderlich. Neben der Lieferung von Software auf Papier oder Datenträgern erfolgt die Personal-Ausbildung.

The organization chart shows the board range of IKL's activities in therm of the so-called "integrated logistic support" and the pertaining operation of modern weapon systems. In this field large-scale IDP utilization is required. Besides the delivery of software on paper or data carriers, training, and instruction of staff is submitted.

Während der 209er Exportaufträge baute HDW eine umfangreiche Abteilung auf, die zum Teil die Logistikunterlagen selber anfertigte, aber auch Spezialfirmen für Logistik einschaltete. Diese Firmen verfügen zwar über das Spezialwissen für Logistik, naturgemäß sind diesen Firmen aber die konstruktiven Dinge der vom IKL entworfenen und konstruierten Systeme nicht so geläufig. Als Folge davon wurde das IKL wieder mehr und mehr in diese Dinge eingeschaltet. Eine enge Zusammenarbeit zwischen den einzelnen IKL-Entwurfs- und Konstruktionsgruppen mit dem hausinternen Logistikbereich war dabei Voraussetzung. Diese Entwicklung fand jedoch von einigen Herren im Behördenbereich, insbesondere im BWB, wenig Unterstützung, da man glaubte, es sei besser, wenn sich das IKL auf den Entwurf und die Konstruktion von Unterseebooten beschränken würde. IKL konnte also im Logistikbereich akquisitorisch nicht so stark, wie man es sich gewünscht hätte, auftreten. Hinzu kam, daß im Gegensatz zum privat-wirtschaftlichen U-Boot-Export keine vertraglichen Vereinbarungen mit HDW bestanden bzw. bis heute bestehen.

Die aufwärtstendierende Entwicklung der Logistik erhielt Auftrieb durch die ständig steigenden Logistikforderungen der Marinen. Die Forderungen betrafen natürlich auch die Gerätelieferanten wie z. B. Maschinenbau Gabler. Mit den bereits erworbenen logistischen Fachkenntnissen begann man 1980, ein Softwarepaket zu entwickeln, zu programmieren und einzuführen, mit dem bis heute die umfangreichen Datenbestände der Konstruktionsstücklisten sowie die der gesamten Ersatzteilwirtschaft rationell bearbeitet werden.

Neben den Aufgaben der Ersatzteilwirtschaft übertrug man auch die Ausbildung von Marineinstandsetzungspersonal der Logistik. Hier ging man neue Wege, indem schon seit Jahren die Workshoplehrgänge mit der Videokamera begleitet werden und somit der Unterricht intensiver gestaltet wird. Videofilme werden inzwischen auch für andere Kunden hergestellt.

In den ersten Jahren fertigte der IKL-Logistikbereich vorrangig Dokumentationen für im Bau befindliche U-Boote und Schiffe an. Daraus entstanden aber in zunehmendem

Maße auch Ideen und Fähigkeiten für den Einsatz der Logistikunterabteilung für frühe Projektarbeiten in den Konzept- und Definitionsphasen. Diese Möglichkeiten nutzte die Abteilung in enger Zusammenarbeit mit HDW und zum Teil auch TNSW für die Vorhaben Klasse 210, Klasse 206A, Klasse 211, Klasse 212, Australien-Projekt, Entwicklung IK 800 und für das Spanienvorhaben.

Der Logistik-/Dokumentationsbereich entstand im IKL 1978 als K55 unter dem Dipl.-Ing. Dykow, und zwar seinerzeit unter dem Abteilungsleiter KN, G. Büttner. Hans-Peter Dykow ist seit dieser Zeit Vorgesetzter dieses Bereichs und hat seitdem – zum Teil aufgrund der geschilderten Umstände sehr selbständig – den Logistikbereich im IKL stark ausgeweitet. Ein Großteil der Akquisition betrieben er und seine Mitarbeiter ohne Mitwirkung der Geschäftsleitung. Eine Vielzahl neuer Aktivitäten und neuer Ideen, vor allem für frühe Phasen, sind von Herrn Dykow gekommen.
Ende 1979 bildete man aus K55 die Gruppe K19, aber immer noch unter dem Abteilungsleiter Büttner. Um eine gleichmäßigere Arbeitsverteilung vorzunehmen, und da sich die Dokumentation vorrangig mit den Rohrleitungssystemen beschäftigte, kam die K19-Gruppe zu Beginn 1984 zur Abteilung Maschinenbau unter Leitung von Dr. Knaack. Im Jahre 1986 hatte die Logistik im IKL inzwischen eine derartige Bedeutung bekommen, daß unter dem Abteilungsleiter Dr. Knaack (KM) die Unterabteilung Logistik (KM3) mit ihrem Leiter, H.-P. Dykow, entstand.
Gleichzeitig richtete man vier Logistikfachgruppen ein. Für eine dieser Fachgruppen ernannte man zum ersten Mal im IKL eine Dame für eine mittlere technische Führungsposition.

Am 1.4.1988 ernannte das IKL Dr. Knaack zum weiteren Geschäftsführer, um das altersbedingte Ausscheiden von L. Nohse vorzubereiten. Das IKL wurde teilweise neu organisiert. Schließlich entstand die Abteilung PL.
Heute verfügt diese Abteilung über folgende Gruppen, wobei die Gruppenbezeichnungen am besten die Aktivitäten und Fähigkeiten des relativ selbständigen IKL-Bereichs darstellen:
Logistik-Projekte (Ltg.: Gauter)
Technische Dokumentation (Ltg.: Griebenow)
Grafische Dokumentation (Ltg.: Frau Oldenburg)
Materialwirtschaft und Ausbildung (Ltg.: Jedtberg)
Abschließend sollen noch die bedeutendsten Aufträge, die der IKL-Logistikbereich in den vergangenen Jahren abwickelte, aufgezählt werden:

- Technisch logistische Betreuung des Ersatzteilgeschäftes für Maschinenbau Gabler, inklusive Entwicklung und Einführung eines EDV-gestützten Stücklisten- und Ersatzteilsystems
- Logistik-Generalunternehmer für den Umbau des Tenders Elbe im Auftrag von O&K Lübeck, inclusive Erstellung aller geforderten logistischen Unterlagen wie Schiffsgerätelisten, Skizzenbücher und Betriebsführungspläne, Unterlagen für die Materialerhaltung an Bord, technische Dienstvorschriften u.s.w.
- Erstellung von technischen Handbüchern (Beschreibungen, Bedienungsanleitungen, Pflege-, Wartungs- und Instandsetzungsanleitungen) sowie Ersatzteil- und Teilekatalogen für U-Boote Klasse 209 (Griechenland, Peru, Indien, Brasilien, Korea, Türkei), U-Boote Klasse 206 und 206A, U-Boote *Seadragon*-Klasse (Taiwan, Bauwerft: Wilton, Fijenoord), Fregatten für Nigeria und Argentinien, Tender Elbe und verschiedene Geräte
- Erstellung von Betriebsführungsplänen und Skizzenbüchern für U-Boote, Tender und Fregatten
- Erstellung von Entwicklungsstudien über neue Methoden für technische Dokumentation, Logistikcomputer an Bord von Schiffen und Optimierung in der Ersatzteilwirtschaft
- Erstellung der gesamten schiffsbetriebstechnischen Dokumentation inclusive der dazugehörigen Geräte für die norwegischen U-Boote der *Ula*-Klasse (4 Bände Schiffsinformationsbücher, 3 Bände Skizzenbücher, 51 Handbücher) in deutscher und norwegischer Sprache.

8 Die deutsch-norwegische Gemeinschaftsentwicklung Klasse 210/*Ula*-Klasse

In der zweiten Auflage der Geschichte des deutschen U-Boot-Baus des Autors E. Rössler ist in Kapitel 13.54 Entwicklung, Konstruktion und Bau der Klasse 210 (*Ula*-Klasse) ausführlich beschrieben. Hier sind noch die Indienststellungs-Termine der Boote zu ergänzen:

Ula – 27.4.1989
Uredd – 3.5.1990

An dieser Stelle soll nun berichtet werden, welche umfangreichen Aufträge das IKL für dieses Vorhaben erhielt. In einer besonderen Tabelle auf S. 103 sind diese Aufträge zusammengefaßt. Die Arbeiten des IKL sind im wesentlichen durch folgendes gekennzeichnet:

- eine sehr umfangreiche Entwicklung mit einem Volumen von DM 25,3 Mio.
- erstmalig Ausführung nur eines Teils der Konstruktionsarbeiten (Fertigungsunterlagen)
- für das IKL bisher weitaus größter Auftrag für Logistik/Dokumentation

Im Kapitel 3.5 ist über das erste norwegische Bauvorhaben, die Klasse 207, berichtet worden. In diesem Falle hatte das IKL sämtliche Entwurfs- und Konstruktionsarbeiten ausgeführt und die Bauanweisungen geliefert. Die Klasse 207 ist ein Beispiel dafür, wie in vertrauensvoller Zusammenarbeit zwischen Marine, Behörde, Designer und Bauwerft ein Vorhaben unter Einhaltung von Terminen und Preisen abgewickelt werden kann. Diese Boote mit der norwegischen Bezeichnung Kobben-Klasse wurden zu einem Großteil mit US-amerikanischen Geldern gebaut. Schon während der Bauzeit dieser Boote dachte man in Norwegen an weitere, allerdings größere Boote, und im Hinblick auf die guten Erfahrungen mit deutschen Partnern nahm man sehr früh Verbindungen zu Deutschland und speziell zum IKL auf. Im IKL erhielt dieses neue Vorhaben die Bezeichnung IK 69, und schon am 8.3.1968 gab das IKL wunschgemäß ein erstes Angebot für IKL-Arbeiten an die norwegische Marine. Damals glaubte man, daß das IKL schon 1969 die Arbeiten aufnehmen sollte, um 1971 mit dem Bau des ersten Bootes zu beginnen. Die Gespräche über dieses neue Projekt stehen in enger Verbindung mit einem Erfahrungsaustausch bzgl. der U-Boote der *Kobben*-Klasse. An diesen Gesprächen war das BWB erheblich beteiligt. Im Sommer 1971 fertigte das IKL erste Entwürfe auf eigene Kosten an und legte sie beim Besuch einer norwegischen Delegation in Deutschland in der Zeit vom 5.–8.10.1971 vor.

1972 informierten die deutschen Behörden und das IKL die Norweger über die deutschen Arbeiten an außenluftunabhängigen Antrieben. Die Norweger zeigten sich hierfür sehr interessiert. Bekanntlich ist aber dieser Gedanke dann für die *Ula*-Klasse nie ernsthaft weiterverfolgt worden und bleibt möglicherweise einer dritten Zusammenarbeit vorbehalten. Erste Gespräche hierüber wurden dann 1989 geführt.

Die Vorbereitungen für die Entwicklung der *Ula*-Klasse zogen sich in die Länge, und erst am 20.6/5.7.1974 kam es zu

Am 12.12.1974 wurde in Kiel der 2. norwegische Entwicklungsvertrag für das Vorhaben »P 6071/Kl. 210« (IK 69) unterschrieben. Das Foto zeigt von rechts nach links: Min. Dirig. K.-H. Otte, Commodore Eyd und L. Nohse bei Aushändigung des Vertrages mit der symbolischen Anzahlung von 1 DM und 1 norweg. Krone aus privater Tasche!

The 2. Norwegian development contract for the project "P 6071/Class 210" (IK 69) was signed in Kiel on 12.12.974. The picture shows from right to left: Min. Dirig. K.-H. Otte, Commodore Eyd and L. Nohse when handing over the contract with the symbolic private payment of 1 German mark and 1 Norwegian krone.

Nach Unterschrift des IK 69-Entwicklungsvertrages im Marinearsenal Kiel von links nach rechts: Farstadt, Meland, Otte, hinter Otte verdeckt: Rosenkrantz und von Steinitz, weiter: Eyd, Frühsorge, Neegard, Larnon, Admiral Tiltnes, Naumann, Hörder, Evers, Nohse; von Nohse verdeckt: Admiral Meyer.

After signing the IK 69 development contract at the naval store depot in Kiel, from left to right: Messrs. Farstad, Meland, Otte, covered behind Mr. Otte: Messrs. Rosenkrantz and von Steinitz, moreover Messrs. Eyd, Frühsorge, Neegard, Larnon, Admiral Tiltnes, Messrs. Naumann, Hörder, Evers, Nohse, and, covered by Mr. Nohse, Admiral Meyer.

einem Staatsvertrag zwischen der BR Deutschland und Norwegen zur Entwicklung der Klasse 210 bzw. des Projektes 6071 (norwegische Bezeichnung). Parallel zu den vorbereitenden IKL-Entwürfen auf eigene Rechnung arbeitete auch der Oberingenieur Heggstad Entwürfe aus. Heggstad stand in den Diensten der RNON und leitete ein kleines Büro, das unter anderem für Änderungen an norwegischen U-Booten zuständig war. Diese Heggstad-Entwürfe enthielten eine Reihe von interessanten Anregungen, litten aber darunter, daß sie stets auf niemals ausgeführten Vorhaben basierten. Dieses Beispiel zeigt, wie wichtig es für das IKL war und ist, die eigenen Entwürfe durch Anfertigung zumindest eines Teils der Fertigungsunterlagen zu realisieren, um auf diese Weise einen Erfahrungsrückfluß über das »Machbare« zu bekommen (feedback). Im Herbst 1974 wurde dann die umfangreiche Aufgabenstellung für die IKL-Arbeiten zwischen der deutschen und der norwegischen Seite abgestimmt und formuliert. Parallel dazu gab es monatelange Vertragsverhandlungen mit dem IKL. Die Schlußverhandlungen fanden am 5. und 6.12.1974 in Bergen statt. Das IKL vertraten Lutz Nohse und Klaus Evers. Schließlich unterzeichnete Norwegen den Entwicklungsvertag mit der IKL-Bezeichnung 101-069 am 12.12.1974. Vertragspartner waren das IKL und die Naval Logistic Services der RNON. Dieser Vertrag enthielt außerdem Unterschriften des Verteidigungsministeriums der BR Deutschland und des norwegischen Verteidigungsministeriums als »approved by«. Vertragsanlage waren die »secret joint staff requirements« beider Marinen sowie die »restricted list of works«. Für rein deutsche Behördenvorhaben galt zu dieser Zeit der Rahmenrüstungserlaß als verbindlich. Danach sind zu unterscheiden: Vorkonzept, Konzept, Bauanweisung und Konstruktion/Bau. Der IK 69-Vertrag enthielt dagegen die drei Phasen: Product requirements, preliminary design phase und final design phase. Während die zweite und die dritte Phase in ungefähr dem damaligen Behördengebrauch, also Phase 2 Vorkonzept und Konzept und Phase 3 Bauanweisung, zuzuordnen waren, handelte es sich bei den product requirements der Phase 1 um Neuland, und tatsächlich haben Auftraggeber und Auftragnehmer nach Abschluß des Vertrages längere Zeit benötigt, um erst einmal zu fixieren, was hierunter zu verstehen ist, nämlich die Untersuchung bestimmter Systeme und Komponenten für ein derartiges Projekt. Dabei war es von Vorteil, daß das IKL auf eigene Kosten und auf eigene Initiative schon vor Vertragsabschluß Entwürfe angefertigt hatte, denn man kann nicht, um bei einem einfachen Beispiel zu bleiben, prüfen, welche Dieselmotoren für dieses Boot in Frage kommen könnten, ohne vom Projekt her zu wissen, welche Dieselleistungen aufgrund der geforderten indiscretion rate notwendig sind. Diese umfangreiche erste Phase zwang aber Auftraggeber und Auftragnehmer, sich systematisch mit allen bestimmenden Bauteilen und Systemen zu beschäftigen. Das IKL erhielt hierdurch eine erhebliche Breitenkenntnis.

Bei dem IKL-Auftrag 29 (Klasse 207) vertrat die Außenstelle des BWB, MS I 4 (LRBD Aschmoneit), die königlich norwegische Marine. Die Norweger hatten in dieser Dienststelle einen Verbindungsoffizier eingesetzt. Das war in den für das IKL entscheidenden Jahren der Kapitän zur See Tiltnes. Bei dem zweiten Vorhaben rief man dagegen einen deutsch-norwegischen Verbindungsstab in Kiel ins Leben (DNVU; Deutsch-Norwegischer Verbindungsstab Unterseeboote). Dieser Verbindungsstab war durch deutsche Baubeamte, Bundesmarineoffiziere und natürlich vor allem norwegische Offiziere besetzt. Von der norwegischen Seite sind aus dieser Zeit vor allem folgende Herren zu erwähnen: Farstadt, Meland, Skorgen und Koch.

Die »product requirements« konnten schließlich bis zum Jahreswechsel 1975/1976 ausgeliefert und genehmigt werden. Auf der Basis dieser Arbeiten begann das IKL am 23.2.1976 mit der Phase 2. Sehr bald gab es neue Schwierigkeiten, und zwar dadurch, daß die deutsche und die norwegische Auftraggeberseite unterschiedliche Vorstellungen hatten bzgl. des Rettungssystems und des Druckkörpermaterials (deutsche Forderung amagnetische, norwegische Forderung magnetische Bauweise). Für das Rettungssystem galt folgendes: deutscher Entwurf mit druckfestem Schott und Rettungskugel, norwegischer Entwurf ebenfalls mit druckfestem Schott, aber free-ascend Ausstiegsmöglichkeit. Hinzu kam, daß die Norweger die Aufgabenstellung und das Einsatzprofil für das Boot änderten. Das hatte starken Einfluß auf die Zahl der Torpedorohre und die Auslegung der Antriebsanlage einschließlich der zugehörigen Vorräte. Schließlich konnten aber doch die Entwurfsarbeiten, also die Phase 2, am 30.10.1976 abgeschlossen werden, und die Arbeiten für die Phase 3 a begannen. Bei der Phase 3 a handelte es sich um vorgezogene Arbeiten zu den eigentlichen Bauanweisungen. Im Februar 1977 gab es zwei weitere wichtige Ereignisse für dieses Projekt. Einerseits war das die Entscheidung der deutschen Seite gegen die Klasse 210. Das erleichterte dem IKL die weitere Bearbeitung dieses Projektes. Andererseits mußten aber auf Verlangen der Norweger die Arbeiten gestreckt werden. Wieder einmal mußte das IKL, wie so oft bei öffentlichen Vorhaben, die sich daraus ergebenden Konsequenzen tragen, nämlich das eingeplante Personal kurzfristig an anderer Stelle einsetzen. Schließlich konnte aber am 15.11.1977 mit der eigentlichen Phase 3, also mit den Bauanweisungsarbeiten, begonnen werden, und die vorläufige Auslieferung dieser Ergebnisse erfolgte am 22.12.1978. Das IKL hatte also innerhalb von 13 Monaten die Bauanweisungen angefertigt. Die gleiche Zeit benötigte der Kunde für das Prüfen, und erst am 15.1.1980 konnten die Arbeiten für die »final details specifications« beim IKL begonnen werden. Die Auslieferung dieser endgültigen Bauanweisung erfolgte am 30.6.1980. Im ersten Halbjahr 1980 führte das IKL auch innerhalb dieses Auftrages die Planungen für die beiden Landtestanlagen, und zwar einerseits für Propulsion und Bordnetz (in Kiel aufzubauen) und andererseits für die Waffentechnik (in Eckernförde), durch. Erstere ist dann auch tatsächlich später in ähnlicher Weise wie seinerzeit die sogenannte »13. Anlage« der Klasse 206 bei der Erprobungsstelle der Bundeswehr in Kiel aufgebaut und gefahren worden. Dagegen sind die Eckernförder Pläne nicht realisiert worden, einerseits weil die gesamte Entwicklung nach Norwegen verlagert wurde und andererseits weil sich hier erhebliche Terminverzögerungen ergeben haben. Das IKL hat dann vom Juni 1978 bis September 1980 die norwegische Version des FÜWES unter der Nr. 102-069/60 parallel zur Bauanweisung bearbeitet.

Die RNON hat im Frühjahr 1980 aufgrund der IKL-Unterlagen den Bau der Boote bei den beiden deutschen Werften HDW und TNSW angefragt, und in Ergänzung hierzu hatte das IKL zusammen mit dem DNVU die Werften über ihre technischen Einzelheiten zu informieren. Bekanntlich erhielt TNSW den Zuschlag. Der Vertrag hierfür wurde am 30.9.1982 zwischen dem Royal Norwegian Navy Material Command und TNSW unterschrieben.

Der Entwicklungsauftrag für die *Ula*-Klasse (102-069) ist einer der großen und bedeutenden Entwicklungsaufträge des IKL gewesen. Nichteingeweihte haben sehr oft den Eindruck, daß Aufträge dieser Art unternehmerisch unproblematisch seien, da »die Behörde ja alles bezahlt«. Zumindest für das IKL traf dieses in der Vergangenheit nicht zu, da sehr oft aufgrund von nicht eindeutigen Aufgabenstellungen Höchstpreisaufträge mit Verrechnung nach Aufwand oder gar Festpreisaufträge abgeschlossen werden mußten. Die Tendenzen in Deutschland sind in dieser Hinsicht für die Rüstungsunternehmen eher erschwerend. Darüber hinaus ändert der öffentliche Auftraggeber bei solchen Entwicklungen leider sehr oft während der Laufzeit des Vertrages seine Meinung bzw. die Aufgabenstellung, und die Unternehmen haben dann die undankbare Aufgabe, sich kurzfristig solchen Änderungen anzupassen. Dieses bedeutet unter anderem, daß kurzfristig wertvolle Entwicklungskapazitäten frei werden und mit anderen Aufträgen beschäftigt werden müssen. Ein besonders krasses Beispiel war dieser Entwicklungsauftrag 102-069, wie die entspr. Graphik sehr deutlich darstellt. Glücklicherweise hat das IKL sich allen drei »Einbrüchen« ohne Entlassungen anpassen können. Auf einer weiteren Graphik ist die Abwicklung der Entwicklungs- und der Konstruktionsarbeiten für das erste norwegische Bauvorhaben, also die Klasse 207, aufgezeigt. Ein Vergleich der beiden Kurvenblätter zeigt folgendes:

- Die *Kobben*-Klasse konnte nach 1½ Jahren Entwicklungsarbeit kontrahiert werden. Bei der *Ula*-Klasse war dieses erst nach 6½ Jahren möglich.

- Für die *Kobben*-Klasse wurden für Entwicklung und Konstruktion nur 228 000 Konstruktionsstunden benötigt, dagegen für die *Ula*-Klasse allein für die Entwicklung 412 000 Stunden.

Stundenbedarf im IKL für Entwicklung P 6071/Klasse 210/IK 69
Hours required at IKL for the Development of P 6071/Class 210/IK 69

überschrift für Seite 102

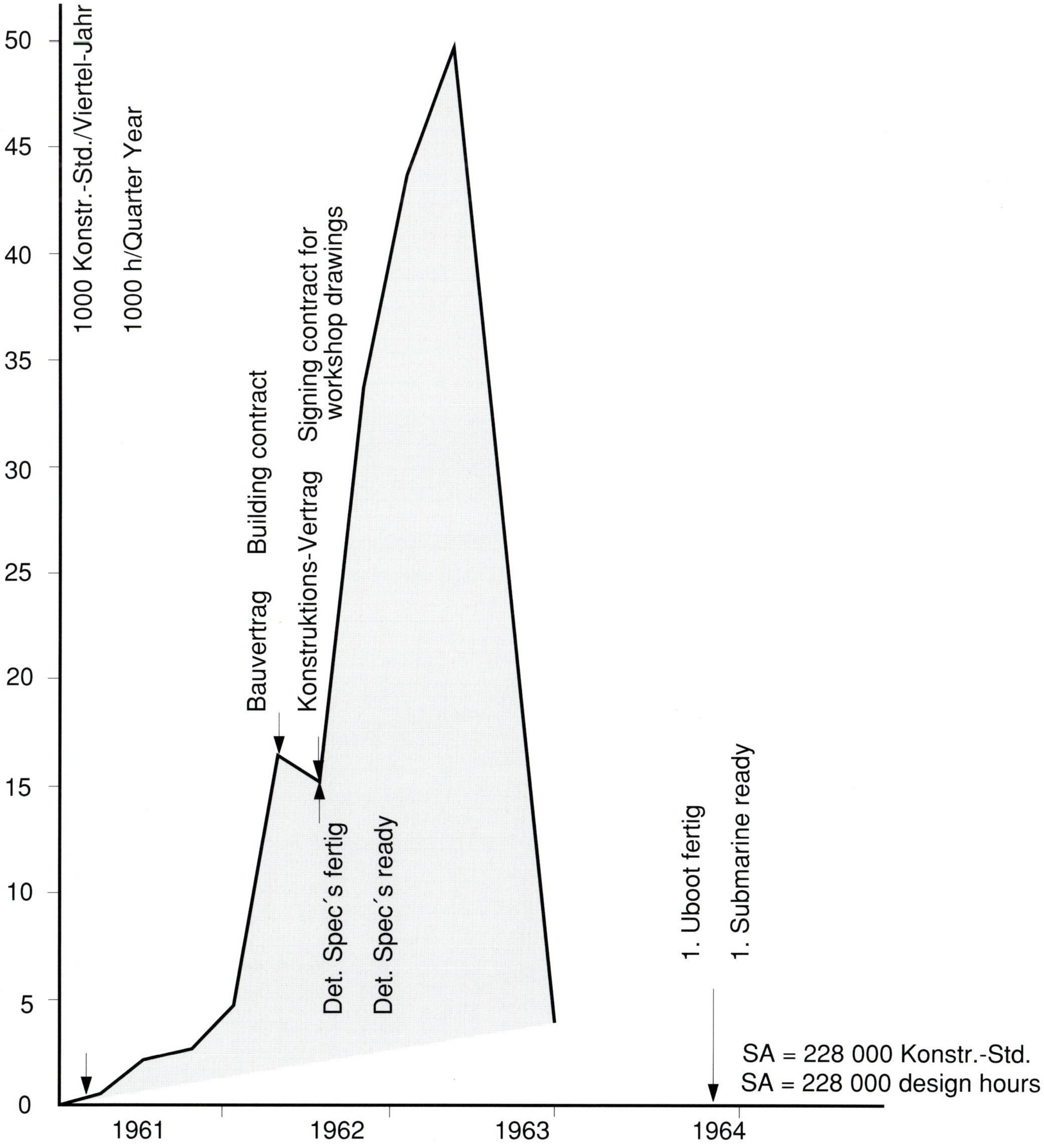

Stundenbedarf im IKL für Entwicklung und Konstruktion für Kobben-Klasse/Klasse 207/IK 29

Hours required at IKL for the Development and Design of Kobben-Class/Class 207/IK 29

überschrift für Seite 101

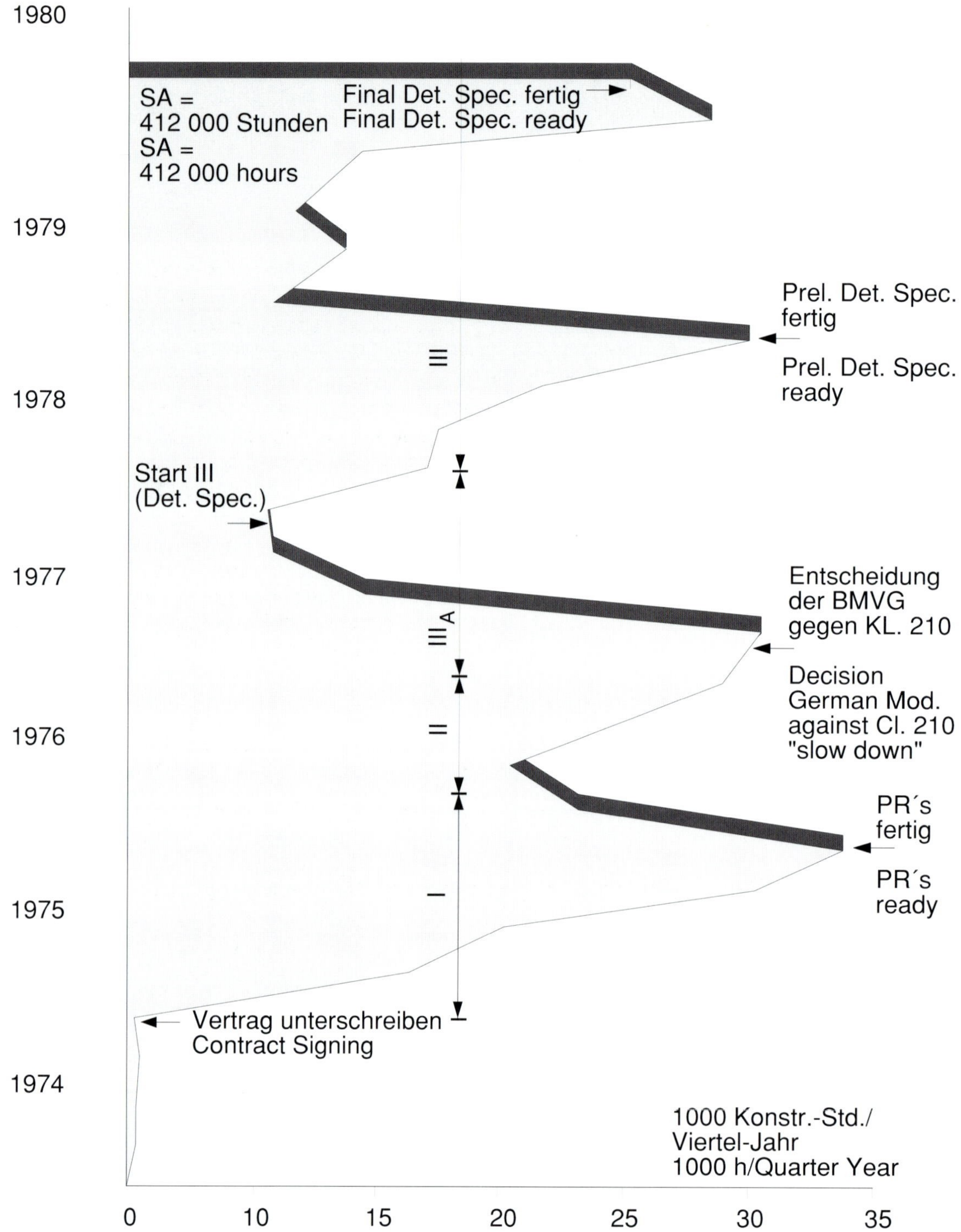

Modell der vom IKL für Norwegen konstruierten ULA-Klasse (P 6071), von der 6 Boote von 1987 bis 1992 bei TNSW gebaut wurden.

Model of the ULA Class (P 6071) submarines designed for Norway by IKL. 6 boats of this type were built at TNSW from 1987 to 1992.

- Die Entwicklung der *Kobben*-Klasse wurde zügig abgewickelt. Es gab nach dem Abschluß der Entwicklung für den Übergang zur Konstruktionsphase nur einen kleinen Einbruch. Dagegen gab es bei der *Ula*-Klasse, wie schon erwähnt und gezeigt, drei sehr krasse Einbrüche.
- Bei der Konstruktion der *Kobben*-Klasse gab es überhaupt keinen Einbruch. Aber auch hier ist zu erkennen, wie schnell sich das IKL am Ende eines Konstruktionsauftrages durch Hereinnahme anderer Aufträge anpassen mußte.
- Das erste Boot, die *Ula* selbst, wurde am 27.4.1989, also 14¼ Jahren nach offiziellem Entwicklungsbeginn, in Dienst gestellt; dagegen die *Kobben* als erstes Boot der ersten Klasse nur 3½ Jahren nach dem Start der ersten Entwurfsarbeit!

Ähnliche Erfahrungen machen alle Bereiche der Rüstungstechnik, und sie gelten sinngemäß auch für den Vergleich des ersten und des zweiten U-Boot-Bauprogramms für die Bundesrepublik. Ungeachtet dieser und anderer Schwierigkeiten während der Laufzeit des Auftrages 102-069 muß aber betont werden, daß auch bei diesem Auftrag in gleicher Weise wie bei Klasse 207 die Zusammenarbeit vor allem mit den Norwegern eng, vertrauensvoll, produktiv und in weiten Bereichen freundschaftlich war. Als Beispiel hierfür soll auf die Ausbildung von Commander Koch im IKL verwiesen werden. E. Koch diente über lange Zeit in der norwegischen Flottille und wurde dann für einige Jahre, wie schon erwähnt, in den deutsch-norwegischen Verbindungsstab versetzt, hatte also in dieser Eigenschaft zusammen mit anderen Herren die Tätigkeit des IKL zu beaufsichtigen.

IKL-Aufträge für 2. Norwegen-Bauprogramm

Vertrags-Nr.	Auftraggeber	Abschluß	Laufzeit	Vol.	Mio DM	Gegenstand	Projekt-Manager
101-069	RNON	12.12.1974		20		Entwicklung	Phase 1: H. Ingwersen Phase 2: H. Schnoor
102-069	RNON	1.12.1977	1974–1983	3,3	25,3	Aufstockung Bauanweisung	
102-069/60	RNON	6/1978		2,0		Aufstockung deutsche Version FÜWES	
103-069	TNSW	1./ 7.3.1983	1983–1987	8,7	9,3	Konstruktion	H. Schnoor
				0,6		verschiedene Aufstockungen	
105-069/00	TNSW	16./ 22.2.1984	1984–1991	6,7	7,2	Herstellung der Versorgungsreife	H. Dykow
				0,5			
105-069/10	TNSW	5.2.1987	1987–1991	0,54	0,83	Betriebsführungspläne und Skizzenbücher	Fr. Oldenburg
				0,29			
					42,6		

Modell des Maschinenraums der ULA-Klasse. Konstruktionsmodelle mit der vollständigen Verrohrung und allen Haupt- und Hilfsmaschinen, Schalttafeln und anderen Einrichtungsgegenständen sind eine Spezialität von IKL. Sie dienen nicht nur als Konstruktionshilfe, sondern auch als Demonstrationshilfen bei der Schulung des Fertigungs- und Bedienungspersonals.

Model of an ULA Class engine room. IKL are experts in building design models with complete piping systems as well as all main and auxiliary plants, switchboards and other fittings. These models not only serve as design aid, but also for demonstrative purposes in the training of manufacturing and operative personnel.

Er wurde dann als Nachfolger des ebenfalls schon erwähnten Obering. Heggstad ausgewählt. Um diese verantwortungsvolle Aufgabe übernehmen zu können, durchlief er vom 1.9.1980 bis zum 31.8.1981 im IKL ein »on the job training«. Während dieser Zeit war E. Koch in allen Entwicklungs-, Berechnungs-, Projekt- und Konstruktionsgruppen des IKL eingesetzt und bekam einen weitgehenden Einblick in die IKL-Interna, auch bei der Abwicklung anderer Aufträge! Nach der Pensionierung von Heggstad übernahm dann tatsächlich E. Koch das neue Amt und übte es mehrere Jahre aus, bevor er sich anderen, noch wichtigeren Aufgaben im zivilen Bereich zuwandte.

Zurück zur Historie der IKL-Arbeiten an der *Ula*-Klasse: Bei Abschluß des Bauvertrages, also ab Oktober 1982, bemühte sich das IKL in Emden um einen möglichst großen Anteil der Konstruktionsarbeiten an diesem Boot. Zum Abschluß eines diesbezüglichen Vertrages kam es aber erst am 1. bzw. 7.3.1983, und zwar aus zwei verschiedenen Gründen:

1. Eile war bei dem Bau der Boote nicht geboten, da das bei Kongsberg Vaapenfabriken, Norwegen, in der Entwicklung befindliche Waffen- und Führungssystem erst in einigen Jahren zur Verfügung stehen würde.
2. Wie in Kapitel 5 ausführlich dargestellt, hatte sich das IKL ab 1967 im privatwirtschaftlichen Export exklusiv mit HDW bzw. später mit HDW und Vickers zusammengetan. Dieses führte dazu, daß die Nordseewerke bei ihrem ersten privatwirtschaftlichen U-Boot-Export, also bei den TR 1700-Booten für Argentinien, ein eigenes U-Boot-Konstruktionsbüro aufbauen mußten bzw. einen Teil solcher Arbeiten an Zulieferanten übertrugen. Die hierdurch in Emden entstandenen Kapazitäten mußten natürlich auch für das Bauprogramm der *Ula*-Klasse genutzt werden.

Schließlich fielen an das IKL folgende Arbeitspakete:

- Fertigungsunterlagen für Zentrale (STZ und OPZ)
- Fertigungsunterlagen für das Vorschiff
- Fertigungsunterlagen für das Montageluk
- Auslegung, Berechnung und Optimierung der gesamten Hydraulikanlage
- Auslegung, Berechnung und Optimierung der Lüftungsanlage und der Kaltwasseranlage
- Systembearbeitung und Konstruktion von Teilen des Bordnetzes
- Vollständige Bearbeitung der Fahranlage und der »elektromagnetischen Verträglichkeit« (EMV)
- Erstellung von Testverfahren und detaillierten Testspezifikationen für die schon genannte Landtestanlage
- Überprüfung von technischen Spezifikationen und Einbauunterlagen und technische Klärung für die Bordintegration und Zuarbeit zu den Bestell-Spezifikationen der Anlagen und Geräte aus HBA 5 und HBA 6

Während der Entwicklungsarbeiten baute das IKL ein Basismodell im Maßstab 1 : 5. Für die Weiterverwendung während der Konstruktion verblieb der Zentrale-Bereich in Lübeck. Die anderen Modellsektionen gingen nach Emden und wurden auch hier im wesentlichen durch die konstruktive Verrohrung ergänzt.

Für die zweite Serie von Nachkriegs-U-Booten für die norwegische Marine (ULA-Klasse, Projekt 6071) konzipierte das IKL im Rahmen des Entwicklungsauftrages IK 69 auch diesen »Schiffstechnischen Leitstand«. Der Bauauftrag wurde später von TNSW an Siemens Bergen vergeben. Die Fertigkonstruktion wurde vom IKL unter der Nr. 103–238 in den Jahren 1983 bis 1985 für Siemens Bergen ausgeführt.

Within the scope of the development contract IK 69 IKL also elaborated this engineering control console for the 2. series of post-war submarines for the Norwegian Navy (ULA Class, Project 6071).
TNSW later placed the construction order with Siemens Bergen. From 1983–1985 IKL finalized the design works for Siemens Bergen under number 103–238.

TNSW übernahm außerdem die Änderung durch Auswahl anderer Dieselmotoren. Alle bisherigen U-Boote hatten den MTU-Saugdieselmotor vom Typ 12V493 erhalten, der ursprünglich von Daimler-Benz unter der Bezeichnung MB820 bezogen wurde. Für das neue Norwegen-Boot waren erstmalig die mechanisch aufgeladenen MTU-Dieselmotoren 12V652 eingeplant. Nach Abschluß des Bauvertrages standen aber inzwischen die naturgemäß günstigeren abgasaufgeladenen MTU-Motoren vom Typ 16V396 zur Verfügung, für die sich die Norweger dann entschieden haben.
Die Entwicklungsarbeiten wurden außerdem durch ein Holzmodell der Zentrale im Maßstab 1 : 1 ergänzt, das auf einer Plattform in der Halle 2 von Maschinenbau Gabler errichtet wurde und über längere Zeit Beleuchtungs- und Belüftungsversuchen diente. Hier überprüfte man außerdem Bedienungs- und Wartungsfragen.

Die Boote der *Ula*-Klasse erhielten einen sehr hohen Automatisierungsgrad. Hierfür führte das IKL umfangreiche Entwicklungsarbeiten durch. So bekamen die Boote unter anderem nach IKL-Entwürfen einen zentralen Leitstand mit Bildschirmtechnik. Diesen Leitstand lieferte die Fa. Siemens, Bergen. Das IKL erhielt hierfür einen Unterauftrag für die mechanische Konstruktion.

Auf der vorstehenden Tabelle ist zu ersehen, daß die Logistik-/Dokumentationsarbeiten des IKL für das *Ula*-Bauvorhaben über 7 Jahre liefen und daß hier ein fast gleich großer Umsatz erzielt wurde wie für die Konstruktion. Der Leistungsumfang für die beiden Aufträge ist am Schluß des Kapitels 7.6 Logistik aufgezählt. Die Betriebsführungspläne stellte man erstmalig im 2D-Verfahren mit CAD her. Die 3 Bände der sich daraus ergebenden Skizzenbücher enthielten:

– Maschinenanlage und Schiffstechnik:	114 Pläne
– Elektrotechnik:	124 Pläne
– Ortung und Waffen:	35 Pläne
also insgesamt	273 Pläne

Erst 6½ Jahre nach Abschluß des Bauvertrages, am 27.4.1989, konnte die *Ula* als erstes Boot in Dienst gestellt werden.

9 Das zweite Behörden-U-Boot-Bauprogramm

9.1 Die Modernisierung der Klasse 206 (Klasse 206 A)

Der Bauvertrag für die Klasse 206 wurde am 24.6.1969 geschlossen. Knapp 4 Jahre später wurden am 19.4.1973 *U 13* (aus Kiel) und *U 14* (aus Emden) in Dienst gestellt. Am 24.12.1964 hatte das IKL aber schon die Bauanweisung für diese Klasse an das BWB abgeliefert, d. h., schon zu diesem Zeitpunkt war die Technik dieser Boote im wesentlichen festgeschrieben. Es mußte davon ausgegangen werden, daß ca. 25 Jahre später, also Ende der 80er Jahre, zumindest die Technologien im Waffen- und Führungsbereich veraltet sein würden. Bei dem zunehmenden Bedarf für Vorplanungen, und zwar sowohl für Neubauten wie auch für Modernisierungen, und hier vor allem wiederum im Waffen- und Führungsbereich, mußten die Behörden dementsprechend Mitte der 70er Jahre erste Überlegungen für Ersatzbauten oder aber grundsätzliche Modernisierungen beginnen. In Kapitel 8 war darauf hingewiesen worden, daß der norwegische Neubau *Ula,* einer neuen Klasse für Norwegen, 14 Jahre nach Beginn der ersten offiziellen Entwicklungsarbeiten in Dienst gestellt wurde! Man konnte also auch auf diesem Wege zu dem notwendigen Start für 206 A-Arbeiten in der Mitte der 70er Jahre kommen, wie dieses dann bei den deutschen Behörden auch tatsächlich eingetreten ist.

Die Erfahrungen mit den Booten der Klasse 206 zeigten, daß man mit der Schiffstechnik noch eine ganze Zeit weiterleben könnte. Der amagnetische Stahl hatte sich sehr gut bewährt und unterlag keinerlei Korrosion. Propulsionsanlage und Bordnetz arbeiteten gut. Lediglich bei der Lagerung des Propeller-E-Motors nahm man aufgrund von Vorschlägen des IKL nach und nach auf den Booten Verbesserungen vor. Schwierigkeiten waren jedoch in zunehmendem Maße bei der Ersatzteilversorgung zu befürchten. Ein neuer außenluftunabhängiger Antrieb stand, wie in Kapitel 10.1 aufgezeigt, für den fraglichen Zeitraum noch nicht zur Verfügung (unter dem Titel Klasse 206 B hatte das IKL im Sommer 1984 erste Überlegungen für verschiedene Hybridlösungen angestellt!).

Ende der 80er und Anfang der 90er Jahre wurden 12 der 18 Bundesmarine-Boote der Klasse 206 modernisiert und als Klasse 206 A wieder in Dienst gestellt. IKL führte für das BWB die Konzept- und die Definitionsarbeiten durch und lieferte 1986–1988 die Fertigungsunterlagen an die Umbauwerften HDW und TNSW. Das Foto zeigt eine 206 A-Einheit vor der neuen Halle der HDW.

By the end of the 80ies and the beginning of the 90ies, 12 of 18 Federal German Navy Class 206 submarines were modernized and recommissioned as Class 206 A. IKL performed the concept and definition works for the BWB, and from 1986 to 1988 IKL supplied the manufacturing documents to the yards HDW and TNSW who were in charge of the conversions. The picture shows a 206 A unit in front of the new HDW construction hall.

Der Betrieb mit den 206er Booten führte ferner zu Verbesserungswünschen für die ergonomischen und hygienischen Bedingungen.
Vor allem aber waren Modernisierungen für das Waffen- und Führungssystem erforderlich, da hier die eingebauten Technologien bis Ende der 80er Jahre veraltet sein würden. Hier ging es in jahrelangen Überlegungen um das KAE-Konzept KALIPSO oder um den Einbau der deutsch-norwegischen Gemeinschaftsentwicklung. Die Überlegungen und Arbeiten standen in enger Verbindung mit der Einführung der zweiten Torpedogeneration. In den Jahren 1978–1981 hat das IKL in vier Realisierbarkeitsuntersuchungen eine Vielzahl von Konzepten für das BWB untersucht und vorgestellt. Diese Ergebnisse und eine Vielzahl von behördeninternen Überlegungen führten schließlich am 25.4.1984 zur Verabschiedung der taktischen Forderungen für Klasse 206 A (TAF) und am 13./14.12.1984 zum Abschluß eines Vertrages zwischen BWB und IKL zur Definition des Projektes Klasse 206 A. Dieses war für das IKL der erste größere Vertrag nach Einführung der Neuorganisation für die Entwicklung und den Bau von Wehrmaterial (der sogenannte »Rahmenrüstungserlaß«). In ähnlicher Weise wie bei dem zweiten Norwegen-Auftrag (siehe Kapitel 8) gab es auch hier eine Reihe von Anlaufschwierigkeiten sowohl beim IKL wie beim BWB, zumal das IKL über lange Zeit im Export gerade solche Arbeiten mit geringerem Aufwand und viel kürzeren Zeitabschnitten auszuführen hatte!
Das wesentliche Ergebnis dieses Auftrages war die Lieferung der »endgültigen Spezifikation« (ES), wie jetzt die Bauanweisung genannt wurde. Die ES war so auszuführen, daß der damals schon vorgesehene Generalunternehmer (GU) Howaldtswerke-Deutsche Werft AG sie als Grundlage eines verbindlichen Angebotes für den Umbau der Boote heranziehen konnte. Der GU sollte außerdem in die Lage versetzt werden, das Restrisiko und die Gesamtverantwortung für den Umbau zu übernehmen, und für den Umbauvertrag wurde die ES vertragsgemäß dann später die Leistungsbeschreibung. Im Rahmen dieses Auftrages baute

U 16 nach dem Umbau zur Klasse 206A im Sommer 1990 vor dem U-Boot-Stützpunkt Eckernförde. Äußerlich hat sich das Boot kaum verändert. Die wesentlichen Neuerungen befinden sich im Bootsinnern und hinter den Verkleidungsblechen.

U 16 after conversion to Class 206A at the submarine base Eckernförde in the summer of 1990. From its outer appearance, the boat has hardly changed. The essential amendments are inside the boat and behind the sheet panellings.

Maschinenbau Gabler im Keller der Halle 3 ein OPZ-Modell im Maßstab 1:1. Dieses Modell hat sich in weit besserem Rahmen als im Fall Norwegen für Diskussionen zwischen Marine, BWB und IKL bewährt und führte zu guten Arbeitsbedingungen für die umzubauenden Boote.
Am 14.11.1986 wurde schließlich der Umbauvertrag geschlossen. Jede der beiden Werften, GU HDW und Unterauftragnehmer TNSW, hatte 6 Boote umzubauen. Verbunden mit den Modernisierungen waren die großen Werftliegezeiten. Unter der Nr. 103-134 erhielt das IKL den Gesamtkonstruktionsvertrag. Zum Projektmanager ernannte man wieder, wie bei anderen Konstruktionsarbeiten, den Abteilungsleiter Schiffbau Horst Schnoor. Leider hatten die Vertragsverhandlungen zwischen BWB und den Werften wieder einmal viel zu viel Zeit gekostet, und es drohte starker Termindruck. Deshalb war aufgrund von Vereinbarungen zwischen den Werften, dem BWB und IKL die Konstruktionsarbeit schon am 21.1.1986 begonnen worden. Tatsächlich erhielt das IKL aber erst mit HDW-Brief vom 22.9.1987 den Konstruktionsauftrag! Dieser Auftrag hatte ein Volumen von DM 11,4 Mio und wurde später mehrfach aufgestockt. Die Arbeiten des IKL waren im wesentlichen zum Jahresende 1988 abgeschlossen. Danach folgte die übliche Baubegleitung.
Der Auftrag umfaßte sämtliche Berechnungen, Fertigungszeichnungen und Stücklisten für den umzubauenden Teil des Bootes, also im wesentlichen für den Zentrale-Bereich und Teile der Wohnräume. Zu ihm gehörten weiterhin zwei Konstruktionsmodelle im Maßstab 1:5 für jede der beiden Werften, und zwar von Spant 20.8 bis Spant 31.48 (hier handelte es sich um Meterspanten). Ein Aufbaumodell war nicht erforderlich. Als gesondertes Arbeitspaket hatte außerdem das IKL im Auftrag von HDW die Fertigungsunterlagen für den neuen Schnorchel an Maschinenbau Gabler zu liefern.
Am 22.12.1989 wurde das erste 206 A-Boot, nämlich *U 23* aus Emden, wieder in Dienst gestellt.

9.2 Klasse 211 und Klasse 212

Auch die Vorgeschichte dieser beiden Bootsklassen ist eine ungewöhnlich lange und geht über den Rahmen der Klasse 210/Projekt 6071 (siehe Kapitel 8) und Klasse 206 A (siehe Kapitel 9.1) hinaus. Über Ideen und Arbeiten ist seit Jahren wiederholt berichtet worden. Zu verweisen ist vor allem auf:
- Hillebrenner, U-Boot Klasse 211 – Neues Waffensystem in der Konzeptphase, Marineforum 1/2 1985
- Rössler, Neue deutsche U-Boote für den Export und die Bundesmarine, Marine-Rundschau 5/1986
- Rössler, 2. Auflage der Geschichte des deutschen U-Boot-Baus Band 2, 1987, Kapitel 13.4
- Rössler, Gegenwärtiger Stand der U-Boot-Entwicklung und des U-Boot-Baus in der Bundesrepublik Deutschland, Schiff und Hafen 12/1988
- Rössler, Die deutschen U-Boote und ihre Werften, 1990, Kapitel 2.1
- Saß, Unterseeboote: Spezialitäten aus deutscher Fertigung, Europäische Wehrkunde 10/1989

Die langjährigen Überlegungen von Bundesmarine und Bundesministerium der Verteidigung wurden im IKL von einer Vielzahl von Aufträgen begleitet. Die Arbeiten gehen auf erste Untersuchungen für die Klasse 208, die bekanntlich niemals gebaut wurde, zurück. Schon Ende der 60er Jahre plante man diese Boote nach Angaben der Handbücher mit 6 Einheiten. Das IKL hat daran während der 70er Jahre mit Studienaufträgen gearbeitet (siehe Kapitel 10.1). Erste Realisierbarkeitsuntersuchungen für die Klasse 211 und 212 wurden dem IKL im Sommer 1982 erteilt. Bei den Booten der Klasse 211 handelte es sich um Boote, die vorrangig zum Schutz der Nordflanke dienen sollten. Dagegen ist die Klasse 212 in erster Linie als ein Ostseeboot anzusehen.
Hillebrenner geht in seiner Veröffentlichung auf die Aufgabenstellung für die Klasse 211 ein und beschreibt das Ergebnis der IKL-Realisierbarkeitsuntersuchungen, soweit Geheimhaltungsbestimmungen solche Veröffentlichungen zuließen. Fregattenkapitän Hillebrenner war seinerzeit Referent im Führungsstab der Marine, und zwar bei Fü M VII 5.
Ergänzend zu der Arbeit von Hillebrenner noch einige Bemerkungen aus der IKL-Sicht, insbesondere was die Arbeiten des IKL anbelangt:

- Bei dem Einsatz an der Nordflanke sollten die Boote aus deutschen Häfen operieren, ohne ein Nachbunkern in Norwegen oder Dänemark entwurfsmäßig einzuplanen. Diese Forderung hatte einen erheblichen Einfluß auf die Bootsgröße. Kompromisse konnten lediglich dadurch erreicht werden, daß für den An- und Abmarsch die Durchschnittsgeschwindigkeiten reduziert wurden.
- Seinerzeit glaubte man an eine schnelle Realisierung der Klasse 211, und Hillebrenner schreibt, daß der Plan bestand, 6 Boote 1988 zu kontrahieren mit dem Ziel, das

erste Boot 1992 in Dienst zu stellen! Dementsprechend prüfte das IKL auftragsgemäß auch, ob vorhandene und gebaute Exportbootentwürfe benutzt werden könnten, um Zeit und Geld zu sparen. Geprüft wurden dabei sowohl Klasse 209 als auch TR 1700. Obwohl es sich in beiden Fällen um Tiefwasser- und Langstreckenboote handelte, wäre der Änderungsaufwand doch so groß gewesen, daß man einen Neuentwurf nach ersten Ideen des IKL hätte wählen können, also nach modernem Sprachgebrauch ein »Tailor made design«.

- Im Führungsstab der Marine wurden die IKL-Arbeitsergebnisse mit Fregatten-Arbeiten verglichen. Dabei stellte sich heraus, daß der von Hillebrenner beschriebene Nordflankenschutz aufgrund niedrigerer Beschaffungskosten, geringerem Besatzungsbedarf und geringeren »Life cycle costs« günstiger von U-Booten der Klasse 211 wahrgenommen werden kann. Der seinerzeitige Inspekteur der Bundesmarine, Vizeadmiral Ansgar Bethge, entschied deshalb für die Weiterverfolgung des 211er Vorhabens.

- Hillebrenner schreibt weiter, daß »aufgrund geänderter Bedrohungsverhältnisse und Einsatzforderungen eine spätere Nachrüstung des Waffensystems erforderlich werden könnte«. IKL hat darüber hinaus erstmalig bewußt für den Entwurf ein »Wachstumspotential« vorgesehen. Zu dieser Zeit zeigte sich international, daß die Schiffstechnik eine größere Lebensdauer als die Waffentechnik hat. Dieses führte dann später zu einer Reihe von Modernisierungsaufträgen, die sich im wesentlichen auf die Waffentechnik bezogen, also Klasse 206 A (s. Kapitel 9.1), Refit der GAL-Klasse (s. Kapitel 12), und Modernisierungen bei verschiedenen Klasse-209-Booten (Griechenland, Venezuela und Kolumbien, s. Kapitel 4.6). Bei den IKL-Arbeiten in den Jahren 1982 bis 1984 für Klasse 211 sah das Wachstumspotential vor allem den späteren Einbau von Einrichtungen, erstens für den Einbau von Flugkörpern gegen Seeziele und fliegende U-Jagd-Mittel und zweitens gegen anlaufende Torpedos, ferner zum Legen von Minen, vor. Darüber hinaus berücksichtigte auch schon damals der Entwurf eine spätere Nachrüstung mit einem außenluftunabhängigen Teilantrieb. Die Boote wären dann also nach dem Umbau mit einem »Hybridantrieb« ausgestattet gewesen.

Bei den seinerzeitigen 211-Arbeiten des IKL spielte die Frage des Rettungskonzeptes ebenfalls eine erhebliche Rolle. Alternativen mit und ohne druckfeste Unterteilung und mit und ohne Rettungskugel waren zu untersuchen.

Die Ergebnisse der Realisierbarkeitsuntersuchung des IKL innerhalb der Vorkonzeptphase hatten also zu einer klaren Entscheidung zugunsten von Klasse 211 geführt, und schon im Oktober 1984 stellte der Projektbeauftragte für *U 211*, der Referatsleiter im BWB – SG II 5 –, ein Lastenheft für die Konzeptphase auf. Das IKL hat hierfür wunschgemäß ein Angebot am 3.1.1985 beim BWB abgegeben. Trotzdem vergingen in der ersten Hälfte 1985 mehrere Monate mit langwierigen Diskussionen bezüglich Start und Umfang der Konzeptarbeiten. Unter Bezug auf den Rahmenrüstungserlaß erörterte man u. a., zu welchem Zeitpunkt und in welchem Umfang die U-Boot-Werften eingeschaltet werden sollten. Einerseits wünschten die Behörden, daß das IKL solange wie möglich unabhängig tätig sein sollte. Auf der anderen Seite wollte man aber die Exporterfahrungen der Werften berücksichtigen und vor allem beide denkbaren Werften (HDW und TNSW) zu einem möglichst frühen Zeitpunkt mit in die Verantwortung für den Bau selbst einbeziehen. Darüber hinaus ging es beim Thema FÜWES um die Einschaltung der AEG-Büros in Ulm, Bremen und/oder Wedel.

Endlich entschied Anfang Juli 1985 der Rüstungsstaatssekretär Professor Timmermann: sofortiger Start der Konzeptarbeiten beim IKL, aber ergänzend dazu BWB-Aufträge an HDW und TNSW für einen »Ideen-Wettbewerb«. Am 12. Juli konnte das IKL aufgrund eines BWB-Fernschreibens mit den Konzeptarbeiten beginnen.

Der Timmermannschen Entscheidung ging eine Vielzahl von Überlegungen und Gesprächen sowohl im Verteidigungs- als auch im Rüstungsbereich voraus. Offensichtlich wünschten bestimmte Bereiche der Bundesmarine eine Konkurrenz für das IKL. Dabei schlossen einige die Vergabe von Aufträgen ins Ausland nicht aus. Eine nationale Konkurrenz zum IKL hätte aber Konzeptarbeiten in Emden und in Lübeck zur Folge gehabt. Dem hätten die HDW nicht tatenlos zusehen können. Die im Export bewährte Kooperation HDW/IKL wäre dann also auf Bundesmarinevorhaben erweitert worden. Bei Abwägung der Vor- und Nachteile der verschiedenen seinerzeit diskutierten Modelle kam man schließlich zu der Lösung, wie sie für die nächsten Jahre im Prinzip gelten sollte: IKL führte nach wie vor den größten Teil der Entwurfsarbeiten aus, die Werften sollten aber mehr als bisher Ideen beisteuern und möglichst früh mitverantwortlich sein.

Zurück zum Sommer 1985: Am 9.8.1985 erhielten die beiden Werften die Lastenhefte für ihre Entwurfsarbeiten und konnten ihre Arbeiten aufnehmen. In den folgenden Monaten entwickelten das IKL – wie vom Auftraggeber gewünscht – aufgrund der Vorkonzeptarbeiten zwei Entwürfe, und zwar einmal ein langes, schlankes und zum anderen ein kurzes, dickes Boot und Emden und Kiel einen dritten und vierten Entwurf. Den »drei Konkurrenten« waren zur Bewertung der Entwürfe folgende Parameter vorgegeben, wobei die Reihenfolge auch die Bedeutung zeigen sollte:

1. Akustische Signaturen (Zielpegel und Sonarzielmaß)
2. Anordnung der akustischen Basen
3. Manövrierfähigkeit
4. Personalstärke
5. Kosten für Beschaffung und Lebensweg

Rückwirkend ist es interessant festzustellen, daß trotz des damals schon bestehenden Preisdilemmas, und weil einige Herren in der Bundesmarine hofften, daß sie in Konkurrenz zum IKL zu einem kleineren und preiswerteren Boot kommen würden, die Kosten für Beschaffung und Lebensweg bei diesem Ideenwettbewerb erst an fünfter Stelle standen!
Bei diesen Konzeptarbeiten hatte das IKL wunschgemäß einen Unterauftrag an die AEG für die FÜWES-Arbeiten vergeben und informierte beide Werften über die Arbeitsergebnisse der AEG und der MaK für Ausstoßrohre. Zu dem Thema Ausstoß- und Ablaufrohre gab es in dieser Zeit umfangreiche Arbeiten und Diskussionen. Gewählt wurden Ausstoßrohre, die zwar wesentlich mehr Gewicht und Volumen erfordern, aber ein leiseres »Torpedoschießen« ermöglichen sollten. Die MTG hat dann für alle vier Entwürfe die Kostenschätzung durchgeführt. Sie konnte ein im Auftrag des BWB entwickeltes Programm, das sie bei Überwasserschiffen schon benutzt hatte, anwenden. Zuarbeiten von TNSW, HDW und IKL waren aber erforderlich.
Wichtigstes Bewertungsmerkmal waren also die »Akustische Signaturen«. Über den damaligen Stand der Technik berichteten im November 1989 vor der Schiffbautechnischen Gesellschaft D. Wittekind (TNSW), Dr. S. Franitza (IKL) und W. Neigenfind (HDW) (s. STG-Jahrbuch 1989, Seite 449–456).
Im Januar 1986 stellten TNSW (Entwurf D), IKL (Entwurf A und B) und HDW (Entwurf E) in Koblenz ihre Arbeiten vor. Eine Kommission, die von Marineoffizieren und Baubeamten besetzt war, bewertete die Entwürfe, und man hatte sich ein relativ aufwendiges, aber möglichst gerechtes Bewertungssystem überlegt. Im April 1986 gab man die Ergebnisse bekannt. Alle drei Firmen erhielten ungefähr gleiche Punktzahlen. Aber sehr zum Erschrecken vom IKL lagen TNSW an erster und HDW an zweiter Stelle. Natürlich hatten alle drei Firmen »Zweidecker-Versionen« gewählt. Die TNSW-Anordnung im mittleren Bereich des Bootes fand dabei besonderen Anklang. Hier handelte es sich um eine Lösung, wie sie vom IKL schon vorher für IK 800, aber leider eben nicht für Klasse 211 gewählt wurde! Bei allen vier Entwürfen hatten die Wettbewerber hochinteressante, aber doch sehr aufwendige Lösungen vorgelegt. Auf die beiden ersten Bewertungskriterien hatte man besonders geachtet, und zwar nach dem Motto »Das Beste ist gerade gut genug«! Besondere Probleme entstanden durch die Forderung nach einem integrierten towed array System, welches von allen Entwerfern unterschiedlich in den Entwurf einbezogen wurde: IKL mit Winde im Oberdeck, TNSW mit Winde im Vorschiff, HDW mit Flaschenzug im Unterbau unter dem Druckkörper. (Hier handelt es sich um das Ergebnis einer Studienarbeit der Firma KB-Nord.) Durch die freie Entwurfsgestaltung zeigten alle Klasse-211-Entwürfe eine relativ große Seitenhöhe und einen großen Tiefgang auf und waren damit reine Nordflanken-Boote ohne Einsatzmöglichkeit in der Ostsee geworden. Außerdem gab es im Anschluß an die Bekanntgabe der Bewertungsergebnisse erhebliche Diskussionen über die entwurfsmäßige Bedeutung der Gewichts- und Volumenrechnungen, und hier speziell wieder bei der Annahme der verschiedenen Reserven. Gerade das IKL konnte auf jahrzehntelange positive Erfahrungen hinweisen.
Unmittelbar nach dem Ideenwettbewerb und der Bewertung fertigte das IKL im Auftrag der Behörde einen weiteren Entwurf, den Entwurf C, an, in den Ideen und Anregungen aus den vorgelegten vier Entwürfen einflossen. Grundlage hierfür war der TNSW-Entwurf. Dieser C-Entwurf erfüllte nunmehr alle Forderungen und Wünsche der Bundesmarine, nur war er leider inzwischen zu teuer! Dementsprechend unterzog man ihn unter der Federführung des BWB einer Wertanalyse. Auch hier wirkten Baubeamte und Bundesmarineoffiziere mit. Das IKL hatte zuzuarbeiten und die Auswirkungen zu prüfen. Geprüft wurden u. a. Fortfall von towed array, Fortfall von druckfestem Schott, Reduzierung der Dieselladeleistung, Reduzierung der Tauchtiefe, Reduzierung der Einsatzdauer, Reduzierung der Höchstgeschwindigkeit, Änderung der Bewaffnung, Vereinfachung der Automatisierung, Änderung der Besatzungsstärke. Nach all den vielen Untersuchungen und Variationen konnte schließlich der C-Entwurf am 17.2.1987 im BWB in Koblenz vorgestellt werden. Hieraus entstand dann ein F-Entwurf für Klasse 211. Die Zweifel an der Realisierung der Klasse 211 wurden aber immer größer, zumal mittelfristige Finanzplanungen zeigten, daß das zu diesem Zeitpunkt vorgesehene Gesamt-Bundesmarineprogramm nicht realisiert werden konnte. So hatte man zu den sechs schon im Bau befindlichen Fregatten der Klasse 122 gerade erst zwei weitere Fregatten von diesem Typ in Auftrag gegeben! Schließlich entschied das Verteidigungsministerium, mit dem Ende der Konzeptphase, und zwar im Mai 1987, alle Arbeiten für die Klasse 211 zu beenden. Da die Australier sich am 17.5.1987 für das schwedische Angebot entschieden hatten, entstand jetzt für die U-Boot-Industrie und insbesondere für das IKL eine kritische Lage. Die beiden Werften und das IKL wiesen darauf hin, daß sie sich seit 1967 mit privatwirtschaftlichen Exporten selbst geholfen hätten, sie sahen aber keine Möglichkeit, über den außenluftunabhängigen Antrieb hinaus vollständig neue U-Boote mit zugehörigen Systemen selbst zu entwickeln. Außerdem würden im Ausland immer wieder Bundesmarinereferezen erwartet. Zu diesen Industrieproblemen kam vorrangig natürlich der Bedarf der U-Flottille nach neuen Booten und die Verpflichtung den Norwegern gegenüber, das FÜWES auf Bundesmarinebooten von einem bestimmten Zeitpunkt ab einzu-

bauen. Unter Berücksichtigung dieser Gesichtspunkte wurde im Mai 1987 auf der Hardthöhe folgendes entschieden:

1. Alle Arbeiten für die Klasse 212 sind zu beschleunigen, einschließlich Entwicklung der zugehörigen Komponenten und Systeme.
2. Im IKL sollten alle typunabhängigen Einzelfragen im Rahmen eines Übergangsauftrages 104-376 zum Nutzen von Klasse 212 weiterbearbeitet werden. Dieses geschah im Rahmen eines DM 4,5-Mio-Auftrages vom 21./25.9.1987. Die Arbeiten dazu konnten aber schon früher aufgenommen werden. Zu folgenden Einzelthemen wurden Untersuchungen durchgeführt: Ansprengung, Geräuschreduzierung, Schock, Infrarot, EMV, Hydrodynamik, Logistik, neuer Antriebsmotor, Automatisierung, Batterie, Lufterneuerung, Ausfahrgeräte, FÜWES, Torpedorohrsatz, Schiffsbetriebsanlagen, geschlossene Außenhülle, Energiebilanz, Wärmebilanz, Verbesserung

Klasse 212-Unterseeboot noch in der Definitions-Phase, 1989 dargestellt von dem bekannten Marinemaler Jochen Sachse.

Class 212 submarine still in the Definition Phase, 1989 painted by the famous Jochen Sachse.

der Rohrleitungssysteme und der Rohrleitungsführungen, Sicherheitsfragen, Stabilitätsverhalten und Systemergonomie. Die Ergebnisse dieser Arbeiten waren für die Weiterverfolgung der Klasse 212 von großem Nutzen.

Die Arbeiten für das Projekt der Klasse 212 selbst konnten am 4.8.1987 im Rahmen eines direkten Auftrages »Vorgezogenes Konzept 212« wiederaufgenommen werden.

Schon fünf Jahre früher, also im Sommer 1982, hatte das IKL parallel zur Klasse 211 Realisierbarkeitsuntersuchungen für die Klasse 212 begonnen. Eine Vielzahl von Entwürfen waren als Ergebnisse geliefert worden. Die Forderungen nach neuen Waffen- und Führungssystemen und nach einem außenluftunabhängigen Antrieb führten im Vergleich zur ersten Generation zu relativ großen Booten. Eine Reihe von Fahrprofilen wurde als entwurfskritisches Merkmal geprüft. Geheimhaltungsgründe verbieten auch hier, auf Einzelheiten einzugehen. Man hatte sich jedoch vorgenommen, ähnliche Missionen wie bei Klasse 206, jedoch jetzt weitestgehend außenluftunabhängig, zu fahren! Neben Variationen im Waffen- und Führungsbereich untersuchte das IKL nochmals verschiedene Antriebe und außerdem die Frage eines Mono- und eines Hybridantriebes. Nach den erfolgreichen Industrieerprobungen mit der Landtestanlage für einen Brennstoffzellen-/Wasserstoffantrieb (s. Kapitel 10.1) arbeitete man nur noch auf dieser Basis und dabei mit einem hybriden Antrieb. Im Gegensatz zu den Tiefwasserentwürfen des IKL wurde der konventionelle Antrieb hier für kleinere und der außenluftunabhängige Antrieb für größere Strecken ausgelegt. Bei dem Größenproblem spielte nicht nur der Preis eine Rolle, sondern auch die Frage der Handhabung solch eines großen Bootes in der flachen Ostsee. Dabei waren wiederum der Transit durch relativ flaches Wasser und der Einsatz auf größeren Tiefen in den weiter östlich liegenden Operationsgebieten zu unterscheiden. Die Bundesmarine und insbesondere die U-Flottille vertrat den Standpunkt, daß man Höhe und Länge der 206er Boote nach Möglichkeit nicht überschreiten sollte. Dieses führte logischerweise dazu, daß man auf eine Vergrößerung der Breite auswich. Dieses ergab andere Druckkörpergeometrien, und zwar mit Doppelkreis. Der derzeitige Referatsleiter Fü M VII 5, Kapitän zur See Pfennig, war ein wesentlicher Initiator für solche Arbeiten. In dieser Zeit gelangten aus der UdSSR erste Informationen über die strategischen Boote der *Typhoon*-Klasse in den Westen, Boote mit zwei großen Druckkörpern nebeneinander. Auch diese zahlreichen IKL-Entwürfe, die also zweifach unkonventionell waren, einmal vom Antrieb und zum zweiten vom schiffbaulichen Gesamtentwurf her, waren zu bewerten. Dabei zeigte sich im wesentlichen, daß solche Boote zwar baubar sind, aber in der Handhabung eine Reihe von Nachteilen haben würden.

Auch bei den 212er Entwürfen kritisierten einige Bundesmarineoffiziere die Bau- bzw. Systempreise und die Größen, die sich aus den IKL-Entwürfen ergaben. Das IKL wies auf folgende Punkte hin:

1. Volumen- und Gewichtsaufwand für einen außenluftunabhängigen Antrieb (auch im Falle eines Reaktorbootes!)
2. Zunehmender Volumen- bzw. Flächenbedarf für elektronische Ausrüstungen, insbesondere für die Waffen- und Führungstechnik und für die Automatisierung, verbunden wiederum mit einem zunehmenden Energie- und Kühlbedarf
3. Verbesserte Unterbringungsmöglichkeiten für die Besatzung
4. IKL hat immer Wert darauf gelegt, realistische Entwürfe vorzulegen. Dieses hatte zur Folge, daß bei der Vielzahl der nach IKL-Entwürfen und Zeichnungen gebauten Boote während der Konstruktions- bzw. Bauphase keine Bootsvergrößerung (allgemein: Verlängerung des Druckkörpers) notwendig war.

Als im August 1987 im Rahmen des schon erwähnten »vorgezogenen Konzeptauftrages« die 212er Arbeiten wiederaufgenommen wurden, waren die Probleme im Prinzip unverändert. Darüber hinaus bestand wieder einmal ein erhöhter Termindruck. Das IKL selbst war natürlich daran interessiert, die 212er-Arbeiten so schnell wie möglich auf das zeitliche Niveau der 211er Arbeiten zu bringen, um die für die öffentlichen Aufträge eingeplanten Kapazitäten nicht freisetzen zu müssen. Man versuchte, die Erfahrungen aus den 211er Arbeiten soweit wie möglich zu nutzen. Hierfür war der schon erwähnte Auftrag 104-376 sehr hilfreich. Schwierigkeiten bereitete aber nach wie vor die Bootshöhe, bei konventioneller Bauweise also die Summe aus dem Druckkörperdurchmesser und der Höhe des Zentralaufbaus. Ergänzend zur schon erwähnten Frage des Druckkörperquerschnitts stellte das IKL Überlegungen bezüglich des Zentralaufbaus an. Ein Zentralaufbau, normalerweise »Turm« genannt, ist für Überwasserfahrt und für Fahrt auf Sehrohr- bzw. Schnorcheltiefe erforderlich. Er enthält den Überwasserfahrstand und alle Ausfahrgeräte. Der Zentralaufbau hat einen erheblichen Einfluß auf den Widerstand eines Unterseebootes, wirkt sich also auf Geschwindigkeit oder erforderliche Leistung aus, aber noch viel mehr auf die mitzuführenden Energievorräte, also im Falle der Klasse 212 bei vorgegebener Mission auf Größe der Sauerstofftanks, Gewicht der Hydridspeicher, Gewicht der Bleibatterie und den Kraftstoffvorrat. Dabei ist zu beachten, daß gerade Sauerstoff, Hydridspeicher und Bleibatterie »druckfest getragen« werden müssen. Auch dieser zusätzliche Volumen-Aufwand erzeugt wiederum einen Widerstand. Ein grober Erfahrungswert besagt z. B., daß bei dem Verlangen nach Mitnahme von einem bestimmten Gewicht auf einem Unterseeboot die Verdrängung dieses Bootes um

den fast dreifachen Wert des Zusatzgewichtes vergrößert werden muß. Dieser Wert hängt natürlich sehr stark von Missionsdauer, Tauchtiefe und der Gewichts- oder Raumproblematik des Bootes ab. Als Folge dieser Überlegungen legte deshalb das IKL im Sommer 1987 erste Entwürfe für eine erhebliche Verringerung des Zentralaufbaus für die Klasse 212 vor. Dabei waren u. a. ein Hub-Überwasserfahrstand und Klapp- statt Ausfahrgeräte vorgesehen. Das IKL erinnerte u. a. an die Klappschnorchel der VII C-Boote. Auch die Rheinstahl Nordseewerke hatten zum Ende der Klasse-207-Bauperiode vom Verteidigungsministerium einen Studienauftrag für ein »turmloses U-Boot« erhalten, dessen Ergebnisse dem IKL allerdings nicht bekannt waren.
Den Sinn der IKL-Überlegungen erkannte man grundsätzlich an, und man war ebenfalls der Meinung, daß solche Entwürfe technologisch durchführbar seien. In Anbetracht der notwendigen Komponenten-Entwicklungen und -Erprobungen und des engen Terminplanes für das Vorhaben Klasse 212 ließ man diese Ideen zumindest vorläufig fallen. Die Zentralaufbauhöhe und damit die Gesamthöhe des Bootes konnte aber stark reduziert und damit eine Forderung der Bundesmarine für den Transit über eine gewisse Barriere erfüllt werden. Für den Druckkörper wählte man im Mittelteil einen zylindrischen Querschnitt mit konischen Ansätzen vorn und hinten, also eine konventionelle Bauweise. Für den mittleren Bereich, also für den Zylinder, nahm man einen kleinstmöglichen Durchmesser derart, daß für die Zentrale zwei Decks übereinander angeordnet werden konnten. Entsprechend der 211-Arbeiten wählte man für das obere Deck eine »schwimmende Konstruktion«, auf der Geräte aufgestellt und für den unteren Bereich andere Geräte untergehängt werden können. Von Klasse 211 übernahm man die TNSW-Lösung für die Begehung der Zentrale.

Von größter Bedeutung für die zügige Bearbeitung war natürlich die erfolgreich beendete Industrieentwicklung für den neuen Zusatzantrieb. Wie an anderer Stelle schon betont, war dabei der Nachweis für die Verwendung des gesamten Systems erbracht. Einzelkomponenten mußten aber noch weiterentwickelt werden, vor allem, was die Schockfestigkeit anbelangt. Das BWB vergab für entsprechende Komponenten Entwicklungsaufträge, und zwar für Sauerstofflagerung, Wasserstofflagerung, Rekombinator, Sicherheitstechnik, Brennstoffzelle, Antriebsmotor (PM-Motor), Automatisierung/Überwachung und Spezialarmaturen. In den meisten Fällen hatte das IKL wieder die Federführung.

Der Auftrag 100-212/1 vom 4.8.1987 für das »Vorgezogene Konzept 212« war – wie der Name schon besagt – bewußt als Übergangslösung gewählt worden. Die schon beschriebenen Überlegungen des Verteidigungsministeriums bezüglich Gesamtverantwortung und Einhaltung des Terminplanes führten schließlich dazu, daß die beiden Werften zur Durchführung der Konzept- und Definitionsphase für die Klasse 212 eine Arbeitsgemeinschaft (Arge 212) gründeten. Diese Arge 212 erhielt den Auftrag für die Konzept- und Definitionsarbeiten vom BWB und vergab Unteraufträge im wesentlichen an IKL, HDW, TNSW und AEG. 70 % der eigentlichen Entwurfs- und Definitionsarbeiten leistete das IKL, aber jetzt erstmalig unter Einschaltung dieser Arge. Die Büros beider Werften hatten aufgrund ihrer Exporterfahrungen der Arge 212 und dem IKL zuzuarbeiten. Darüber hinaus wurde eine Reihe von anderen wichtigen Arbeiten bei beiden Werften abgewickelt, wie z. B. Preisermittlung, Terminbearbeitung, Logistik, Dokumentation, Bauplanungen. Das Management der Arge 212 zog in die früheren Räume der Tiefbaufirma Stieper in Lübeck ein, die MASCHINENBAU GABLER im März 1987 gekauft hatte. Diese Räume wurden für die spezielle Verwendung, u. a. durch Anbau eines größeren Besprechungszimmers, umgebaut.

Am 30.3.1988 lieferte das IKL die Ergebnisse des Auftrages 100-212/01 (vorgezogenes Konzept) an das BWB. Zu dieser Zeit gab das BWB seine Vorstellung für die Phasenbearbeitungen an die Arge 212. Schließlich konnte das IKL am 15.7.1988 als Unterauftragnehmer der Arge 212 mit den Konzeptarbeiten beginnen, obwohl der Vertrag zwischen Arge 212 und dem IKL erst am 5.9.1988 unterschrieben wurde. Schon am 15.11.1988 konnte die Industrie die erste Entwurfsschleife beenden und den Entwurf dem BWB am 17. und 18.11.1988 vorstellen. Einen Vertrag zwischen BWB und Arge 212 gab es zu dieser Zeit noch nicht. Aber immerhin leistete das BWB am 1.12.1988 eine erste Teilzahlung, und man sprach von einem »vertragsähnlichen Verhältnis«. Immer wieder entstanden Probleme dadurch, daß der von der Industrie ermittelte Bootspreis aufgrund der vom Auftraggeber gestellten Forderungen über den Vorstellungen vom Verteidigungsministerium lag. Hinzu kam, daß der vorgegebene Systemgerätepreis im Dezember 1988 nochmals reduziert wurde. IKL und Werften mußten deshalb bei ihren Konzeptarbeiten ganz konsequent das Verfahren »Design to cost« anwenden.

Am 16.12.1988 startete man schließlich die zweite Entwurfsschleife. Besondere Beachtung fanden dabei die kostenreduzierenden Maßnahmen. Dieses führte zu neuen Vertragsverhandlungen zwischen Arge 212 und dem IKL und zu einem am 20.12.1988 geänderten Vertrag. Das Ergebnis dieser zweiten Entwurfsschleife konnte schon am 8.2.1989 vorgelegt werden.
Die Erfahrungen mit dem 206 A-1:1-OPZ-Modell waren so positiv, daß auch vom OPZ-Bereich für Klasse 212 ein Modell am 14.2.1989 begonnen wurde. Hierfür richtete man die früheren Stieper-Garagen sicherheitstechnisch her, und das Modell wurde dort nach kurzer Zeit aufgestellt. Die di-

rekte räumliche Nähe von IKL, Management der Arge 212, MG und 1:1-Modell zeigte sich in diesen Monaten als großer Vorteil.
Auch die nächsten Arbeitsschritte erfolgten kurz nacheinander: Am 24.2.1989 konnte das IKL schon die technischen Unterlagen für das TEKO (Technische Konzept) an die Arge abliefern, und 4 Tage später billigte das BWB grundsätzlich das TEKO. Dieses bedeutete die offizielle Beendigung der Konzeptphase der Klasse 212. Allerdings waren dann im April 1989 doch noch einige Abstimmungen des TEKO in Koblenz erforderlich. Aber die Definitionsphase begann am 1.3.1989.

Zu dieser Zeit gab es auch Überlegungen, den Bauvertrag schon im Juli 1990 abzuschließen. Hierdurch entstand ein erheblicher Zeitdruck, und am 10.5.1989 rief man die sogenannte »modifizierte Definitionsphase« ins Leben. Danach sollten die Spezifikationen in zwei Kategorien geliefert werden, und zwar einmal zum Kalkulieren vorgezogen und zum anderen in der endgültigen Fassung zum Kontrahieren. Aber schon am 31.07.1989 gab man diesen Gedanken auf und nannte als Termin für die Unterschrift des Bauvertrages nun den 31.3.1991. Da die Arbeiten bei der Arge und beim IKL schon sehr weit fortgeschritten waren, arbeitete man eine Zeitlang auf der Basis der modifizierten Definitionsphase, mit dem Ergebnis, daß schon am 11.8.1989 die erste Definitionsschleife ihren Abschluß fand. Man begann mit der Ablieferung der ersten abgestimmten »vorläufigen ES der Kategorie 1«. In der Zwischenzeit hatte der Auftraggeber festgelegt, daß statt »Bauanweisungen« jetzt »Spezifikationen« zu liefern waren, wobei das »E« wiederum »endgültig« bedeutete.
Die nächsten Termine bei diesem Projekt waren:
- 6.9. 1989 Abschluß der zweiten Definitionsschleife, auch »Designphase« genannt
- 16.10.1989 Ablieferung der abgestimmten »vorläufigen ES der Kategorie 2«
- 1.11.1989 Ende der Definitionsphase beim IKL. Diese Unterlagen wurden bei der Arge durchgesehen und durch Zulieferung der beiden Werften vervollständigt und am
- 20.1.1990 an das BWB geliefert.

Inzwischen war auch am 23.6.1989 das 1:1-Modell der OPZ vom BWB abgenommen worden und 4 Tage später das Basis-1:5-Modell bei IKL/MG begonnen worden. Dieses Modell sollte dann in üblicher Weise in der Konstruktionsphase vervollständigt werden. Das Basismodell – oder auch Definitionsmodell genannt – wurde schon am 2.4.1990 fertiggestellt.
In einer Vielzahl von Gesprächen legten BWB, Arge und IKL dann in Koblenz in der Zeit vom 29.1.–16.3.1990 fest, wie aus der VES eine ES entstehen sollte. IKL erhielt hierfür einen Auftrag für eine »Nachdefinitionsphase«. Als Ergebnis davon konnten in der Zeit vom 28.5.–15.6.1990 die ES-Unterlagen an das BWB ausgeliefert werden.
In diesen zwei Jahren, vom Sommer 1988 bis Sommer 1990, war also in enger Zusammenarbeit zwischen dem Auftraggeber und den verschiedenen Auftragnehmern die teilweise komplizierte Konzept- und Definitionsarbeit durchgeführt worden. Die Firmen hatten sich den Vorstellungen und Forderungen des BWB stets anpassen können. Die Zusammenarbeit zwischen dem Management der Arge, dem IKL und den Werftbüros war gut, vor allem dadurch, daß sich das Management auf dem MG-Gelände befand und der weitaus größte Teil der eigentlichen Entwurfsarbeit einschließlich Beschreibung des anzubietenden und hoffentlich einmal zu bauenden Bootes beim IKL durchzuführen war. Die Einschaltung einer Arge mit dem entsprechenden Mehraufwand ist aber vor allem dann sinnvoll gewesen, wenn an diesem Vorhaben zügig nach Plan weitergearbeitet wird!

10 Entwicklungs- und Studienarbeiten

10.1 Außenluftunabhängiger Antrieb

Unter den zahlreichen Entwicklungs- und Studienarbeiten des IKL haben die Arbeiten für den außenluftunabhängigen Antrieb eine besondere Bedeutung. In der von E. Rössler herausgegebenen »Geschichte des deutschen U-Boot-Baus« sind die Arbeiten der Kriegsmarine und die Nachkriegsüberlegungen und -aktivitäten ausführlich beschrieben. Verwiesen sei insbesondere auf das Kapitel 13.6, Seite 525 bis 530, im zweiten Band. An dieser Stelle sollen deshalb nur zusammenfassend die IKL-Arbeiten beschrieben und das hinzugefügt werden, was sich nach Erscheinen der letzten Ausgabe der »Geschichte des deutschen U-Boot-Baus«, also nach 1987, ereignet hat.

1965/1966 hatte die Firma Walter auftragsgemäß eine 3000-PS-Anlage nach einem verbesserten Konzept dem BWB auf dem Prüfstand vorgeführt und deren Leistung nachgewiesen. Parallel dazu fertigte das IKL für ein Versuchsboot der Klasse 204 zusammen mit der Firma Walter Entwürfe an (IK 13). Dabei konnten keine zufriedenstellenden Fahrbereiche bei kleineren, geräuscharmen Geschwindigkeiten erreicht werden, und die Bundesmarine zeigte weniger Interesse für sehr hohe Geschwindigkeiten.

Auswege wurden durch folgende Überlegungen gesucht:
- Zusätzlicher Einbau einer Batterie, die in Unterwasserfahrt von einem Walter-Turbo-Aggregat aufgeladen werden sollte. Das Geräuschproblem wäre auf diese Art und Weise zeitweise lösbar gewesen, aber die zusätzliche Batterie und die mehrfache Energieumwandlung vergrößerten das Boot in nicht vertretbarer Weise.
- Zusätzlicher Einbau eines H_2O_2-betriebenen Stirlingmotors. Die Arbeiten an dem Stirlingmotor befanden sich allgemein noch in einem sehr frühen Stadium, und die Arbeiten für einen speziellen H_2O_2-Stirlingmotor hatten überhaupt noch nicht begonnen, deshalb gab man diesen Gedanken auf, zumal solch eine Lösung das Boot weiter kompliziert hätte. Man muß außerdem daran erinnern, daß gerade zu dieser Zeit das IKL zusammen mit der Firma Siemens bei der Klasse 201 für den Betrieb sehr einfache Lösungen entwickelte (Schnelläuferaggregate und direkt wirkender, langsam laufender Propellermotor mit halbautomatischem Betrieb).

Das Versuchs-U-Boot Klasse 204 ist nie realisiert worden. Das IKL hatte in Fortsetzung dieser Arbeiten die unterschiedlichen Möglichkeiten des außenluftunabhängigen Antriebs für die Klasse 208 zu untersuchen. Nach dem ersten Bauprogramm der Bundesmarine sollten sechs U-Jagd-Boote mit der Bezeichnung Klasse 208 gebaut werden. Zur Diskussion standen dabei:
- Verbesserte Bleibatterien
- Andere Technologien von wiederaufladbaren Batterien
- Verschiedene Lithiumtechnologien
- Kreislaufdieselmotoren
- Walter-Turbinenantrieb
- Brennstoffzellenantriebe

Später, nach den Arbeiten für Klasse 208, kamen weitere Untersuchungen mit folgenden Antrieben hinzu:
- Kreislaufmotor als Argon-Motor nach Vorschlag MAN
- Natrium-Schwefelzelle nach Vorschlag BBC
- Geschlossener Gasturbinenantrieb nach Vorschlag MTU

Das IKL hatte die Antriebe zu untersuchen und Entwurfsfamilien auszuarbeiten, da der Antrieb einen starken Einfluß auf den Gesamtentwurf hat. Dabei waren auch Investitions- und Betriebskosten und schon seinerzeit in ersten Ansätzen die sogenannten »life cycle costs« zu ermitteln. Zur Abrundung des Bildes hatte das IKL auch grobe Untersuchungen für Reaktorantriebe anzustellen, obwohl von vornherein klar war, daß Boote dieser Art für die Bundesmarine nicht in Frage kommen würden. Das IKL kam damals zu ähnlichen Lösungen, wie sie später Frankreich durch die Provence-Klasse realisierte.
Die Resultate der IKL-Arbeiten verarbeitete die Firma Dornier System GmbH in OR-Studien weiter. Die Ergebnisse insgesamt bewertete man schließlich auf gemeinsamen Sitzungen in Bonn. An diesen Bewertungen nahmen teil: der Rüstungsbereich des Verteidigungsministeriums, der Führungsstab Marine, das Marineamt, das BWB, zum Teil auch die U-Flottille und schließlich das IKL. Die günstigste Bewertung erhielt schon damals der Brennstoffzellenantrieb, obwohl es noch erhebliche Probleme mit Wasserstofftransport bzw. Wasserstofferzeugung an Bord gab.

Das Bundesministerium der Verteidigung gab einige Einzelentwicklungen in Auftrag, so z. B. bei der Firma Philips und später bei der Firma MAN für den Stirlingmotor. Diese Ent-

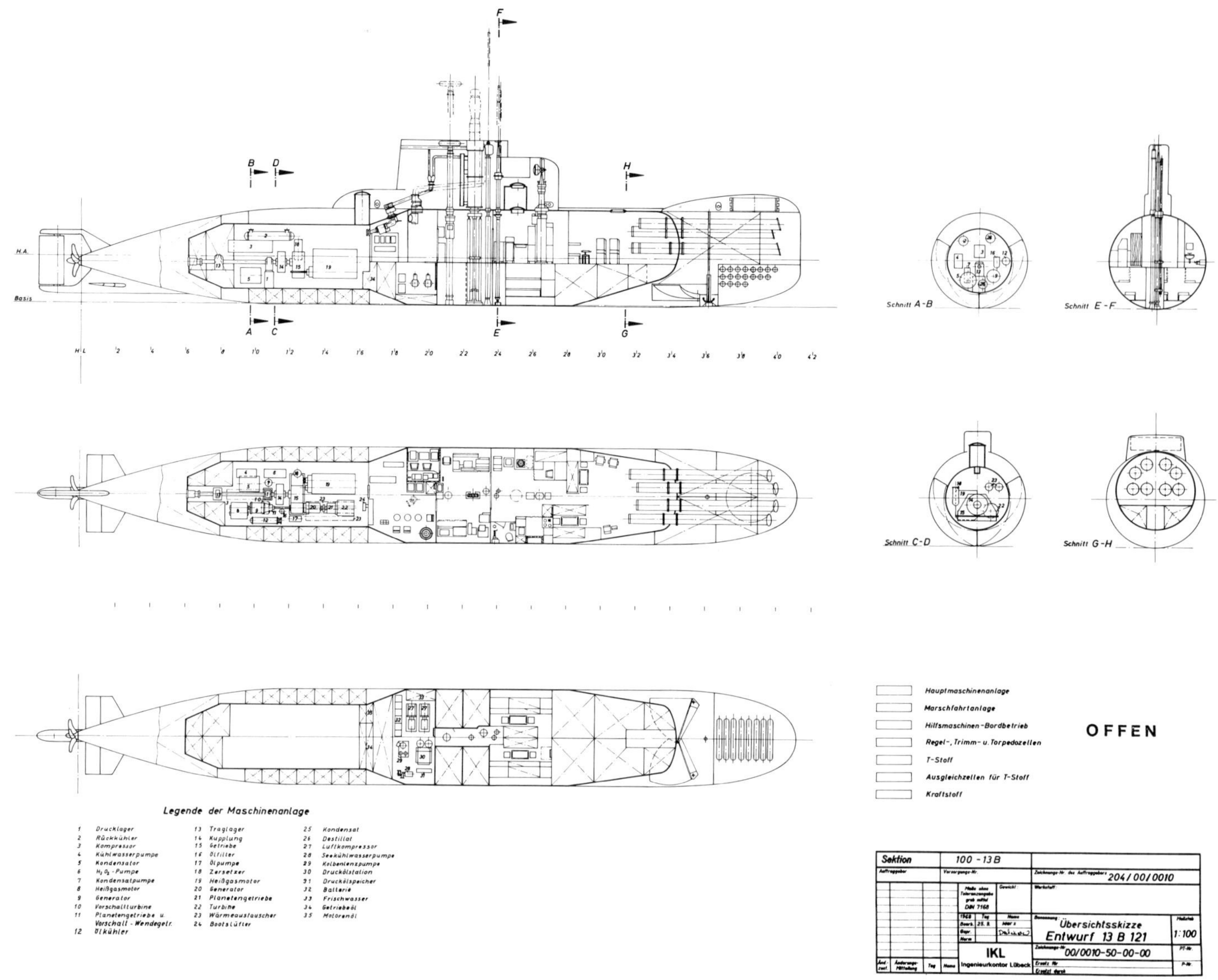

Einer der zahlreichen IKL-Entwürfe für Klasse 204 (IK 13 B) mit außenluftunabhängigem Antrieb, hier speziell mit Walter-Turbine und Stirling-Marschmotor.

One of IKL's numerous designs, in this case for class 204 (IK 13 B) with air-independent propulsion, especially equipped with Walter turbine and Stirling engine for cruising speed.

wicklungen bezogen sich jedoch vorerst nur auf außenluftunabhängige Motoren. Die Geräuscharmut spielte dabei eine besondere Rolle. Für den außenluftunabhängigen Antrieb gab es nur erste Überlegungen. Die Arbeitsgemeinschaft Siemens/VARTA entwickelte für das Verteidigungsministerium eine Brennstoffzelle. Diese auftragsgebundenen Entwicklungen sowie firmeneigene Entwicklungen wurden vom IKL im Auftrage des Verteidigungsministeriums begleitet bzw. zumindest beobachtet.
Nach der Nichtrealisierung der Klassen 204 und 208 war in absehbarer Zeit kein außenluftunabhängiges Unterseeboot der Bundesmarine zu erkennen. Die Firma Siemens, die ohne die Firma VARTA die Brennstoffzellenentwicklung später weiterbetrieben hat, hat dann 1979 den beiden deutschen U-Boot-Werften diese Brennstoffzelle für Exportzwecke angeboten, jedoch unter Vorbehalt der Zustimmung des Bundesministeriums der Verteidigung. Alle militärischen U-Boot-Vorhaben sind nach dem Kriegswaffenkontrollgesetz und dem Außenwirtschaftsgesetz für den Export genehmigungspflichtig. Sollen dabei auch Ergebnisse aus Entwicklungen für das BWB benutzt werden, so hat sich die Industrie, also der Auftragnehmer, nach den »Allgemeinen Bestimmungen für Entwicklungsaufträge der Industrie« (ABEI) mit dem Auftraggeber, also BWB bzw. Bun-

desministerium der Verteidigung, »ins Benehmen zu setzen«. Ungeachtet dieser erforderlichen Genehmigung, wie sie auch für andere Entwicklungsergebnisse notwendig ist, lehnte TNSW das Siemens-Angebot ab.
Die eng zusammenarbeitenden Firmen HDW, Ferrostaal und IKL hatten zu diesem Zeitpunkt schon umfangreiche Erfahrungen im U-Boot-Export. Dabei stellten sie fest, daß mehr und mehr ausländische Marinen bei der Bestellung von U-Booten von den Firmen HDW und IKL verlangten, eine Werft im Kundenland in die Lage zu versetzen, selber U-Boote zu bauen. Hierzu sind erforderlich:

- Ein vollständiger Satz Fertigungsunterlagen einschl. Konstruktionsmodell
- Lizenzen
- Baubelehrung bei HDW
- Unterstützung durch HDW-Spezialisten bei der Kundenwerft

Einige Kunden, wie z. B. Indien, verlangten darüber hinaus auch noch ein Design Training vom IKL. Das IKL sollte also Ingenieure der Kunden-Marine oder der Kunden-Werft in U-Boot-Entwurf und U-Boot-Konstruktion ausbilden.
Heute sind Werften in folgenden Ländern in der Lage, konventionelle U-Boote mit europäischer Unterstützung zu bauen:

Argentinien
Brasilien
Australien
Türkei
Indien
Korea

Um den erfolgreichen U-Boot-Export aus Deutschland fortsetzen zu können, war es deshalb erforderlich, langfristig einen Vorsprung zu bekommen, zumal zu befürchten war, daß die Lizenznehmer zukünftig auch als Konkurrenten mit konventionellen Booten auf dem Weltmarkt erscheinen würden. Bei einem Vorsprung gegenüber anderen ist die Form des Antriebes natürlich von besonderer Bedeutung. Schweden beschäftigte sich seinerzeit schon sehr energisch mit einem außenluftunabhängigen Antrieb, und für eine Vielzahl von Kunden war es klar, daß sie eine Lösung zwischen dem Nuklearantrieb und dem konventionellen Antrieb benötigen würden.

In Fortsetzung der 204- und 208-Arbeiten hat das IKL zur Vorbereitung einer Entscheidung im Laufe des Jahres 1979 die neuesten Firmenentwicklungen für solche Antriebe ausgewertet. Das Ergebnis war auch hier wieder: erster Platz Brennstoffzelle, zweiter Platz Stirlingmotor. In der Zwischenzeit fand die Firma Daimler-Benz aufgrund eigener Entwicklungen und aufgrund von Entwicklungen für das Bundesministerium für Forschung und Technologie eine hochinteressante Lösung für Wasserstoffspeicherung, die vorrangig für einen umweltfreundlichen PKW-Betrieb gedacht war, nämlich das Speichern in Metallhydriden. Man überlegte, wie die beiden Reaktanten Wasserstoff und Sauerstoff im Vorrat zu transportieren seien. Neben dem Metallhydrid für H_2 stand auch gasförmiger bzw. flüssiger Transport von Wasserstoff und Sauerstoff zur Diskussion. Der hohe Gewichtsaufwand für Metallhydrid erschwerte die Entscheidung. Man fand aber Lösungen, wie diese Wasserstoffspeicher für Stabilitäts- und Trimmzwecke sinnvoll zu nutzen sind, zumal zum Teil Batteriegewichte fortfielen. Das Entwurfsergebnis war stark von der gefragten Tauchtiefe, d. h. vom Gewichtsaufwand für den Schiffskörper, abhängig. Auf der anderen Seite wurden die Überlegungen aber dadurch erleichtert, daß die neueren Entwürfe immer wieder Raumprobleme darstellten, da mehr und mehr Raum oder – noch besser gesagt – Flächen für elektronische Geräte und für die Unterbringung der Besatzung notwendig waren und sind. Als beste Lösung stellte sich deshalb heraus: Wasserstoffspeicherung in Metallhydriden und Sauerstoffspeicherung in flüssiger Form.

Nach Abschluß dieser Überlegungen kam es dann am 8.11.1979 zu der für den deutschen Unterseebootbau sehr wichtigen Besprechung im HDW-Werk Ross in Hamburg, auf der die Firmen HDW, Ferrostaal und IKL sich einigten, einen außenluftunabhängigen Antrieb mit eigenen Mitteln zu realisieren. Die wichtigsten Ergebnisse dieser Besprechung waren:

- Eigenmittelbegrenzung auf 25 Mio DM
- Nutzung für Exportzwecke in Form von Hybridlösungen, also als Zusatzantrieb für ein konventionelles Boot
- Interimslösungen für die Bundesmarine in der Hoffnung, daß diese eines Tages den außenluftunabhängigen Antrieb wieder aufgreifen würde. Das setzte natürlich voraus, daß das IKL die bisherigen Arbeiten, die durch das Verteidigungsministerium bezahlt wurden, für die neue Firmengemeinschaft fortsetzen konnte. Dieses wurde dann in den kommenden Monaten in teilweise schwierigen Verhandlungen erreicht. Verhandlungspartner waren dabei neben Ministerialdirigent Otte sein Kollege, der Unterabteilungsleiter Fü M VII, der seinerzeitige Flottillenadmiral und spätere Generalinspekteur Admiral Wellershoff.
- Straffes sechsjähriges Zeitprogramm bis zu positiven Versuchsergebnissen auf einer Landtestanlage.
- Für die Entwicklung sollten weitestgehend vorhandene Bauelemente benutzt werden. Die Einhaltung bestehender Bundesmarinevorschriften wurde dabei nicht gefordert.
- Lösungsergebnisse sollten nicht nur für Neubauten, sondern auch für den Umbau vorhandener Boote, z. B. der Klasse 209, benutzt werden.

Damals ging man davon aus, daß die Brennstoffzelle bei Siemens vorhanden war und daß man die Daimler-Benz-Ergebnisse für die Metallhydridspeicherung übernehmen könne. Tatsächlich waren aber in beiden Fällen noch um-

fangreiche Entwicklungen bei Siemens und für die Speicher bei IKL/MG erforderlich. Noch bedeutender war es aber, alle mehr oder weniger bekannten und vorhandenen Elemente zu einem funktionierenden System zusammenzufügen. Dabei spielten naturgemäß Fragen der Sicherheit und der Zuverlässigkeit eine besondere Rolle. Zweifel gab es bei der Marine bezüglich der Anwendung von Wasserstoff. Eine Vielzahl von Lösungen war zu suchen und zu realisieren. Dieses geschah in enger Zusammenarbeit mit dem Spezialisten auf diesem Gebiet, dem TÜV Rheinland. Das IKL hielt den Skeptikern entgegen, daß alle konventionellen U-Boote seit Jahrzehnten mit dem Problem Wasserstoff und dementsprechend Knallgasexplosion, insbesondere bei Gasladung der Batterie, zu leben hatten, wobei in diesen Fällen sich der Wasserstoff in den Batterie- und zum Teil auch in den Wohn- und Maschinenräumen befindet, dagegen bei einem Brennstoffzellenantrieb aber nur in kleineren geschlossenen und besonders überwachten Systemen. Das IKL erwähnte außerdem, daß in anderen Anwender-Fällen der Umgang mit Wasserstoff einschl. Lagerung und Transport seit Jahrzehnten üblich ist.
Die drei genannten Firmen entschlossen sich, erhebliche Eigenmittel aufzubringen. Dementsprechend traf man mit den Firmen Siemens und Daimler-Benz besondere Kooperationsvereinbarungen. Zu Beginn der Arbeiten war man davon ausgegangen, daß »nur« vorhandene Elemente zu einem System zusammenzufassen und zu erproben sind. Es zeigte sich aber sehr bald, daß eine Reihe von Einzellösungen noch zu finden waren. Trotzdem wurde der Terminplan, der hier besonders erfolgreich mit Netzplantechnik verfolgt wurde, eingehalten. IKL betrat nicht nur in vielen Fällen technisches Neuland, sondern hatte hier in ungewohnter Weise zu arbeiten. Normalerweise liefert das IKL nur Zeichnungen, Stücklisten, Berechnungen, Konstruktionsmodelle und verschiedene Unterlagen auf EDV-Datenträgern. Hier aber mußte die IKL-Mannschaft in enger Zusammenarbeit mit HDW und Siemens die Anlage installieren, erproben, also fahren, und durchmessen und die Ergebnisse auswerten. Ähnlich hatte das IKL bisher nur bei der sogenannten 13. Anlage für die Klasse 206 unter Regie des so früh verstorbenen Abteilungsleiters Dipl.-Ing. Bachmann gearbeitet. Bei den Erprobungen der Brennstoffzellenanlage erwarben sich besondere Verdienste der Abteilungsleiter Dr.-Ing. Klaus Knaack, der Unterabteilungsleiter Dipl.-Ing. Gunter Sattler und »vor Ort« vor allen Dingen Dipl.-Ing. Peter Klemm mit seiner Gruppe.
Am 16.1.1985 war es dann soweit. HDW und IKL stellten dem seinerzeitigen Inspekteur der Bundesmarine Vizeadmiral Bethge und seinen Admirälen die Landtestanlage klar zur Erprobung vor.
Die Erprobungen verliefen programmgemäß und fanden durch einen 350-Stunden-Lauf im Juli 1986 vor Vertretern des BWB ihren Abschluß. Damit waren die eigentlichen Arbeiten des Firmenkonsortiums beendet, und absprachegemäß war jetzt das Verteidigungsministerium wieder »an der Reihe«. Hierfür schloß HDW mit dem BWB am 10.12.1986 einen Vertrag, um nach IKL-Unterlagen das Boot *U 1* umzubauen. Dieses erfolgte später derart, daß das Boot vor dem Zentralaufbau geschnitten wurde. Man schob eine Sektion ein und installierte die Bauelemente der Landtestanlage hier. Der Sauerstofftank kam auf das Oberdeck vor den Zentralaufbau, und die Hydridspeicher erhielten außerhalb

1985 ist die von der Industrie entwickelte und im Werk Kiel-Gaarden aufgebaute Erprobungsanlage für den Brennstoffzellen-/Wasserstoffantrieb klar für die Testläufe. Zuvor wird sie von HDW, IKL, Siemens und Ferrostaal in Gegenwart von Min.-Dirig. K.-H. Otte dem damaligen Inspekteur der Bundesmarine, Vizeadmiral Ansgar Bethge (rechts Mitte), und seinen Admirälen vorgestellt.

1985 the test plant for fuel cell/hydrogen propulsion, developed by the industry and erected at the yard in Kiel-Gaarden, is ready for trial runs. Prior to this it is presented to the inspector of the Federal German Navy, Vizeadmiral Ansgar Bethge (right, centre) and his admirals, by HDW, IKL, Siemens and Ferrostaal in the presence of Min. Dirig. K.-H. Otte.

des Druckkörpers möglichst weit unten hinter einer Verkleidung, also in gleicher Weise wie für spätere Boote vorgesehen, ihren Platz. Auch diese Arbeiten verliefen nach Zeitplan. Im August 1988 konnte *U 1* seine Erprobungen aufnehmen. Dabei fuhr das Boot mit Bundesmarinebesatzung. Die Erprobung des neuen Antriebes leistete jedoch Personal der Firmen IKL, Siemens und HDW. Auch die Ergebnisse dieser Erprobungen waren sehr positiv. U. a. lief das Boot tiefgetaucht, also ohne den Schnorchel herauszustekken, von Helgoland nach Kristiansand. Diese Ereignisse waren zukunftsweisend für den internationalen Unterseebootbau. Endlich war eine Lösung zwischen dem Reaktorantrieb und dem konventionellen Boot verfügbar. Die Erprobungsergebnisse waren von größter Bedeutung für die Arbeiten an der Klasse 212. Nach Abschluß der Erprobungen wurde *U 1* in den alten Zustand zurückversetzt, u. a. damit die Bauelemente des neuen Antriebes für weitere 212er Arbeiten zur Verfügung stehen.

Im Wettlauf zu diesen Entwicklungen und Erprobungen liefen die schwedischen Arbeiten mit einem außenluftunabhängigen Stirlingmotor.

Auch der Kommandeur der Bundeswehr-Führungsakademie in Blankenese, Admiral Wellershoff, besichtigte mit seinen Offizieren in Kiel die 219-Landtest-Anlage. Admiral Wellershoff hatte sich in früheren Jahren als Stabsabteilungsleiter Fü M VII sehr für den außenluftunabhängigen Antrieb eingesetzt. Später wurde Admiral Wellershoff Generalinspekteur der Bundeswehr. Admiral Wellershoff gegenüber sitzt der seinerzeitige (August 1983) HDW-Marine-Vorstand und spätere IKL-Berater Peter Hansen-Wester, links von ihm der HDW-Prokurist Peter Kirschstein, an seiner rechten Seite Lutz Nohse, der sich für die nun bevorstehende Erprobungsphase die Ärmel hochkrempelt!

Also the Commander of the General Armed Forces Command and Staff College in Blankenese, Admiral Wellershoff, paid a visit to the 219 land-based test plant in Kiel together with his officers. In earlier years when he still was head of staff department FÜ M VII, Admiral Wellershoff had much fostered the air-independent propulsion system. Later on Admiral Wellershoff became Chief of the Armed Forces Staff in Germany. Facing Admiral Wellershoff is the then (August 1983) HDW managing director of the Naval Division and later consultant to IKL, Peter Hansen-Wester, on his left, HDW executive secretary Peter Kirschstein, on his right Lutz Nohse, rolling up his sleeves to tackle the phase of trials to come!

10.2 Automatisierung im schiffstechnischen Bereich

Die nach dem Krieg in der Bundesrepublik Deutschland entwickelten leistungsstarken U-Boote der Klasse 201 zeigten im Einsatz, daß die Besatzung das schwächste Glied war. Die höchste Belastung der Besatzung war die Schnorchelfahrt.

Erste Untersuchungen zusammen mit der Marine im Schiffstechnischen Medizinischen Institut Kiel zeigten hohe Belastungen der Besatzung durch

- Umweltbedingungen, wie Raumtemperaturverhalten und Temperaturschichtung (unten kalt und oben warm)
- Bootsbetrieb
- Zuverlässigkeit der Anlagen, Wartung und Reparatur.

Automation, eine Herausforderung für das IKL

Es war für das IKL eine Herausforderung, Wege aufzuzeigen, wie die Besatzung im schiffstechnischen Bereich entlastet werden kann. Insbesondere hat sich der Bereich Elektrotechnik diesen Aufgaben gestellt. Die Konstrukteure des IKL sahen sich vor einer ganz neuen Aufgabe, nämlich, in Form von Studien Wege aufzuzeigen. IKL-Mitarbeiter mußten die Fahrweise des Bootes an Bord kennenlernen. Voraussetzung war eine Tauchretterausbildung im Tauchtopf. An Bord wurden im wesentlichen Zeitstudien erstellt, um den Einsatz der Besatzung zu ermitteln.

Das Boot im Einsatz

Die Auswertung einiger Manöverprotokolle gaben Aufschluß über das Fahrprofil des Bootes und den Einsatz der einzelnen Anlagen. Aus dem Fahrprofil ging z. B. hervor, daß die Dieselanlage aus taktischen Gründen viel häufiger gestartet werden mußte, um kürzere Schnorchelzeiten zu erreichen. Wenn man bedenkt, daß die Dieselmotoren noch von Hand getörnt und die Abgasklappen von Hand eingeschliffen werden mußten, wird klar, daß auch die physische Beanspruchung der Besatzung für diese Arbeiten hoch lag. Durch Mechanisierung und Automatisierung der Dieselstart- und Absetzvorgänge zusammen mit dem Einschleifen der Abgasklappen war eine erhebliche Entlastung erreicht worden. Diese Änderungen wurden bereits bei der Klasse 206 und auch bei der Klasse 209 eingeführt.

Technologiesprung

Parallel hierzu vollzog sich der Technologiesprung vom Relais zur Elektronik und von der festverdrahteten zur freiprogrammierbaren Steuerung. Die IKL-Mitarbeiter lernten es, die geübte Darstellung der elektrischen Steuerungen in Stromlaufplänen nun in Funktionsabläufen und Signalplänen darzustellen.

Mensch im System

Um die Belastung des Menschen im voraus zu kalkulieren, mußte der Mensch in die Systembetrachtung einbezogen werden. Die Forschungsergebnisse der Ergonomie und Anthropotechnik mußten berücksichtigt werden. Eine enge Zusammenarbeit mit Wissenschaftlern, z. B. des Medizinischen Instituts in Kiel und des Forschungsinstituts für Anthropotechnik FAT war vonnöten, um deren Forschungsergebnisse kennenzulernen und anzuwenden. Neue Verfahren, wie Verbindungsanalysen und Arbeitsplatzanalysen, mußten erlernt und beim IKL angewandt werden. Aus vielen Varianten wurde herausgearbeitet, daß für den schiffstechnischen Bereich zwei Arbeitsplätze einzurichten sind:

1. der Lenkstand zum Fahren des Bootes;
2. ein Leitstand zur Kontrolle und Überwachung des gesamten schiffstechnischen Bereiches.

Das IKL entwickelte und konstruierte u. a. auf diesen Grundlagen einen typfreien Lenkstand, einen Steuerstand für die Export-U-Boote und einen Leitstand für die Klasse 210. Seit 1988 entwickelt die Firma Siemens nach einer Aufgabenstellung des IKL für die Klasse 212 ein integriertes Lenk- und Leitsystem.

Schwachstellen in den Anlagen wurden erkannt.

Die Untersuchung an Bord und die Erfahrung im Handelsschiffbau und auch in der Industrie allgemein zeigten, daß die Geber und Stellglieder die schwachen Teile der Anlagen sind. Man beschloß deshalb, Muster und Prototypen in Versuchsanlagen zu testen und zu ertüchtigen. Um die Umweltbedingungen möglichst genau nachzubilden, erstellte das IKL einen U-Boot-Simulator. Der U-Boot-Simulator hatte etwa die Größe der Schiffstechischen Zentrale des Export-U-Bootes der Klasse 209. In dem auf dem MG-Gelände aufgestellten U-Boot-Simulator erprobte man im wesentlichen Geber und Stellglieder für die Wasserecke und den schiffstechnischen Betrieb.

Die Landtestanlage Klasse 206 integrierte und erprobte die Automatiken.

Das FAT erprobte den typfreien Lenkstand.

Mehr Sicherheit für die schiffstechnischen Systeme

Wie die Studien zeigten, verursachten die Ausfälle der einzelnen Bauelemente hohe Belastungen der Besatzung. Die Auswahl geeigneter Bauelemente und Betriebsmittel, Musterprüfung und Typerprobung der Geräte können allein eine hohe Betriebssicherheit nicht gewährleisten. Es mußten darüber hinaus systematische Zuverlässigkeitsbetrachtungen und -berechnungen angestellt werden, mit dem Ziel, eine Erhöhung der Verfügbarkeit der Geräte und der Anlagen zu erreichen.

Die Bewertungskriterien, um die Anlagen nach Wichtigkeit einzustufen, z. B. für das Überleben, waren:

– Schwimmen
– Fahren
– Kämpfen

Man arbeitete ausgewogene Vorschläge für den gesamten schiffstechnischen Bereich hinsichtlich des redundanten und mehrkanaligen Aufbaus der Geräte und Anlagen aus.

Personelle Veränderungen im IKL

Der Initiator für das beschriebene umfangreiche Programm war der derzeitige Gruppenführer und spätere Unterabteilungsleiter Elmar Limberg, der auch später für zahlreiche Aktivitäten verantwortlich war.

Die vielfältigen Aufgaben führten zwangsläufig zu personellen Veränderungen im IKL.

Eine besondere Grafik zeigt die Aktivitäten in dieser Zeit, eine weitere Grafik den Mittelabfluß für die Zeit.

Die Konstruktionsgruppen K9 und K15 sowie die Firma Siemens haben mit den Studien begonnen und die ersten Auswertungen durchgeführt. Die weiteren Arbeiten, die zu den Aufgabenstellungen und zur Beschaffung der Automatiken, Planung der Versuchsanlagen, Entwürfen für die beiden Arbeitsplätze Lenkstand und Leitstand führten, bearbeitete die Gruppe K15 weiter. Die Gruppe K15 hatte sich mit einer Reihe von qualifizierten Fachhochschulingenieuren verstärkt. Der Aufbau der Versuche, Versuchsdurchführungen und Auswertungen nahmen einen großen Umfang an, so daß das IKL eine Gruppe »Automation« (K20) für diese Aufgaben gründete. Zu beachten ist, daß das IKL die Beschaffung der Versuchsmuster und auch der Versuchseinrichtung »Simulator« vornahm.

Diplomingenieure TU stellte man für die Querschnittsaufgaben Regelungstechnik, Anthropotechnik und Sicherheitsfragen ein.
In den Konstruktionsgruppen entstanden neue Aufgabengebiete, wie die Konstruktion von Lenk- und Leitständen und Antrieben und z. B. die Mechanisierung der Abgasklappen.
Die Versuchsabteilung des IKL war über viele Jahre mit dem Testen, Prüfen und Auswerten von Automatisierungskomponenten ausgelastet.

Automatisierung U-Boote
Automation of Submarines

1966
1967
1968
1969
1970
1971
1972
1973
1974
1975
1976
1977
1978
1979
1980
1981
1982
1983
1984
1985
1986
1987
1988
1989
1990
1991
1992

Studien zur Automatisierung des ST-Bereichs:

- **Diesel Start/StopAutomatik**
- **Ladeautomatik**
- **Drehzahlautomatik Prop. Motor**
- **Meßwertverarbeitungsanlage**
- **Trimm- und Regelrechner**
- **Entwicklung und Konstruktion der Dieselautomatik für die Landtestanlage Kl. 206 (1966-1968)**
- **Entwicklung und Bau der Automatiken bzw. Fernsteuerung wie in den Studien beschrieben (s. oben)**
- **Umbau der 13. Fahranlage zwecks Erprobung der Automatiken**
- **Erprobung der Automatiken**
- **Erprobung von Leitstandfrontbestückungen und Gebern**
- **Entwicklung und Inbetriebnahme des typfreien Ubootlenkstandes mit Fa. Tuschka und FAT**
- **Geber, Wächter und Stellgliedererprobung im Klimasimulator**
- **Konstruktion (Mitte 76 - Mitte 78) des Steuerstandes für Kl. 209**
- **Funktionstechnische Erprobung des Lenkstandes beim FAT**
- **Teilerprobungen des Lenkstandes zur Beantwortung spezieller Fragen, wie z. B. "Ist das Boot im E-Mode von einem Bediener fahrbar?" (ja)**
- **Konzeptphase Kl. 211**
- **Konstruktion des Schiffstechnischen Leitstandes für P 6071**
- **Studie: Integriertes Lenk- und Leitsystem Uboote (ILLU)**
- **Konzept- und Definitionsphase Kl. 212**
- **Entwicklung ILLU**

Kosten und Terminplan
der Automatisierung des schifftechnischen Bereichs von U-Booten
Costs and Time Schedule
of the Automation of Ship' Technical Systems on Submarines

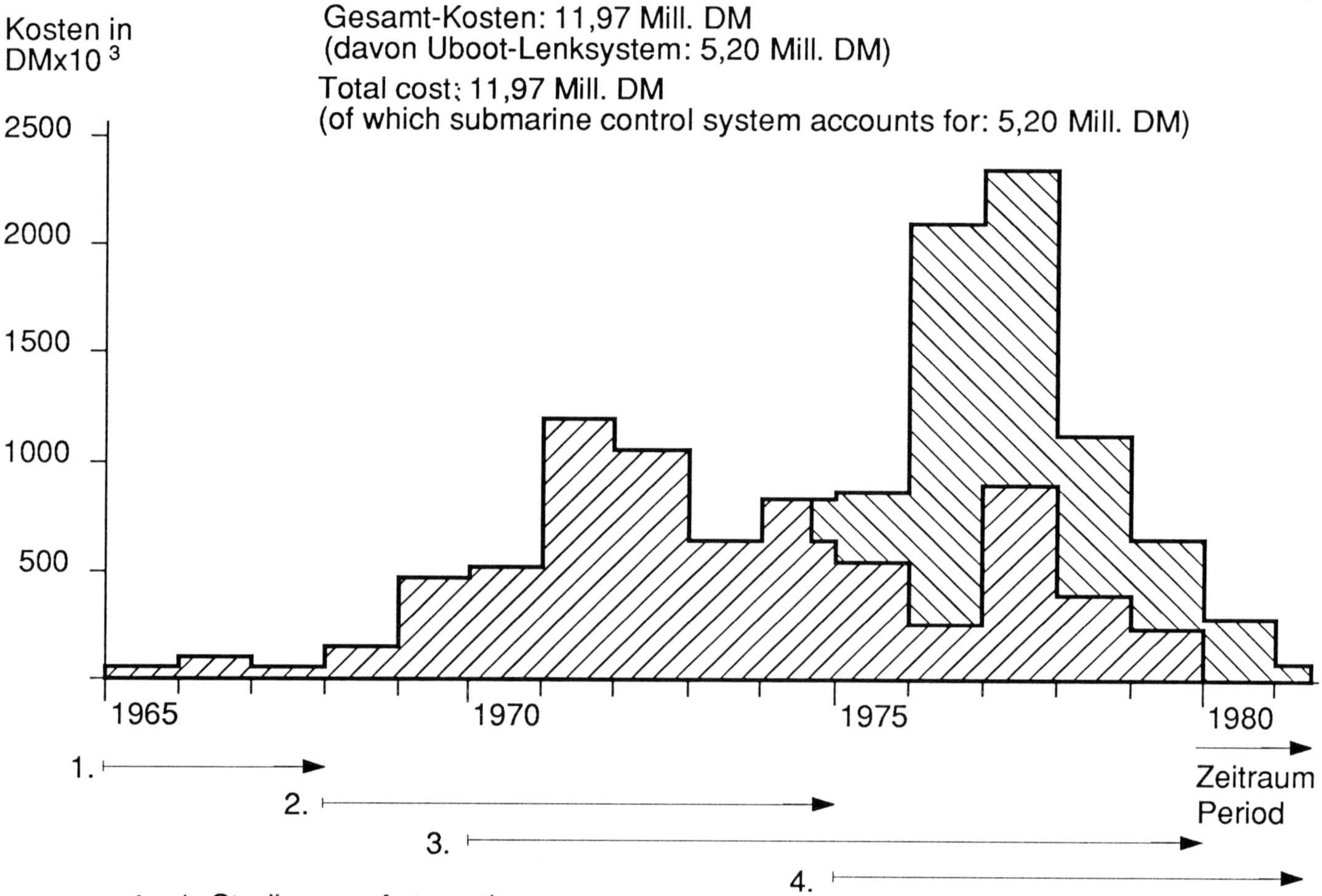

1. Studien zur Automation
   Automation studies
2. Erste Erprobungsphase im Simulator
   First trial phase in the simulator
3. Erprobung von Teilautomatiken, zweite Erprobungsphase im Simulator
   Testing of partial automatics second trial phase in the simulator
4. Entwicklung, Fertigung, Inbetriebnahme und Funktionserprobung des Uboot-Lenksystems (Gesamtkosten der Verträge 101-59, 603-59, 101-159 einschl. 18. Änderungsvertrag, sowie 104-317)
   Development, manufacture, commissioning, and functional test of the submarine control system (Total cost of the contracts 101-59, 603-69, 101-159 incl. 18 th amendment contract, as well as 104-317)

10.3 Theoretische Grundlagen

In der von Dr.-Ing. Siegfried Franitza geführten Abteilung ET Theoretische Grundlagen sind einige Gruppen zusammengefaßt, die projektgebunden der Projektabteilung oder den Konstruktionsabteilungen in einzelnen Phasen zuarbeiten. Daneben führen diese Gruppen aber seit Jahrzehnten schon projektunabhängig verschiedene Entwicklungs- und Studienarbeiten aus, die zum Großteil vom BWB dem IKL in Auftrag gegeben wurden. Dabei handelt es sich im einzelnen um:

10.3.1 Hydrodynamik

Die Entwicklung bei der Formgebung der U-Boote wird beim Vergleich der Modelle von Klasse 206 und U 212 deutlich. Neben dem Bestreben, die Antriebsleistung zu minimieren, waren auch akustische Gründe mit entscheidend, die Form der Boote hydrodynamisch zu verbessern. Dabei war die Reduzierung des Eigenstörpegels wichtiger als die Abstrahlung ins Fernfeld. Ein wichtiger Meilenstein auf dem Gebiet der Formoptimierung war die Studie »Verbesserung U-Boot-Formen«, die in den Jahren 1985 bis 1988 vom IKL gemeinsam mit MBB und der HSVA durchgeführt wurde.

Als mit der Weiterentwicklung der Rechentechnik die Möglichkeit bestand, U-Boot-Bewegungen in beliebiger Weise rechnerisch zu simulieren, wurden im IKL entsprechende Rechenprogramme auf der Grundlage der von M. Gertler und G.R. Hagen hergeleiteten Bewegungsgleichungen entwickelt. Die das Boot beschreibenden Parameter, die sogenannten Koeffizienten der Bewegungsgleichungen, ermittelte man in Modellversuchen. Man fand von Anfang an als störend, daß die Ergebnisse der Modellversuche naturgemäß zu einem Zeitpunkt vorlagen, zu dem grundlegende Änderungen am Projekt praktisch nicht mehr möglich waren. Zwar konnten auf der Grundlage des zunehmenden Datenmaterials der verschiedenen Boote die Koeffizienten für neue Projekte abgeschätzt werden, jedoch waren diese Vorhersagen zu unsicher.

Ein entscheidender Nachteil war es, daß eine Zuordnung von Bootsform und Bewegungsverhalten auf diese Weise nicht möglich war. Deshalb begann man 1985, die Koeffizienten der Bewegungsgleichung auf rein theoretischem Wege herzuleiten. Dabei waren die Kräfte und Momente am Rumpf nach der Theorie schlanker Körper zu bestimmen. Die Kräfte an den Anhängen, wie Ruder und Zentralaufbau, ermittelte man auf der Grundlage von Messungen von L.F. Whicker, D. Eng und L.F. Fehlner unter Berücksichtigung der Ruder-Rumpf-Wechselwirkung nach J.R. Spreiter. Das Berechnungsverfahren ist bisher durch Vergleich mit Messungen an sieben U-Boot-Modellen bestätigt worden.

10.3.2 Druckkörper-Festigkeit

Seit 1960 baute Deutschland amagnetische U-Boote. Das mechanische Verhalten der amagnetischen U-Boot-Stähle ist durch eine niedrige Proportionalitätsgrenze bei starker Verfestigung im teilplastischen Bereich gekennzeichnet. Dadurch wurde es notwendig, bei der Ermittlung des Beulversagensdruckes nicht-elastische Verformungen angemessen zu berücksichtigen. Dem wurde entsprochen, indem die in den USA im David Taylor Model Basin von M.E. Lunchick und T.E. Reynolds erarbeiteten Theorien für das Hautbeulversagen übernommen wurden. Für die Ermittlung des Gesamtinstabilitätsversagens waren gleichwertige Theorien nicht entwickelt worden. Nicht einmal das rein elastische Beulverhalten war ausreichend verstanden worden, sofern zur Stabilisierung des Gesamtverbandes Rahmenspanten verwendet wurden. Mitte der 70er Jahre gelang es im IKL, die wichtigsten Phänomene, die in Modellversuchen von W.F. Blumenberg beobachtet worden waren, zu erklären und daraus einfache Bemessungsregeln für die Rahmenspanten herzuleiten.

Darauf aufbauend begann das IKL 1976 mit der Entwicklung eines Rechenprogrammes, das es ermöglichte, den Versagensdruck von U-Boot-Druckkörpern unter Berücksichtigung von beliebig vorgegebenen Unrundheiten und Spantvorverkippungen zu ermitteln. Dabei wurde auch das typische teilplastische Werkstoffverhalten der amagnetischen Stähle in guter Näherung erfaßt. Im Jahre 1977 stand die erste Fassung dieses Programmes zur Verfügung.

Seitdem man etwa Mitte der 70er Jahre die numerischen Methoden der Festigkeitsberechnung auch für komplizierte Strukturen bei angemessenem Aufwand anwenden konnte, führte das IKL in verschiedenen Studien Untersuchungen durch, die einer analytischen Lösung nicht zugänglich sind. Hervorzuheben sind:

- Untersuchungen zum Einfluß von DK-Durchbrüchen
- Untersuchungen unterschiedlicher Endbodenformen
- Absicherung der Bemessungsregeln für konische Druckkörper
- Einfluß von Einbauten auf das Beulversagen
- Einfluß starker geometrischer Störungen auf das Hautbeulversagen

Die Ergebnisse dieser Studien flossen zu einem erheblichen Teil in die in der »Bauvorschrift für Schiffe der Bundeswehr« festgelegten Bemessungsregeln ein.

10.3.3 Akustik

Die Akustik ist erst 1976 dem Bereich »Theoretische Grundlagen« zugeordnet worden. Vorher nahm dieses wichtige Sachgebiet die Abteilung Schiffbau wahr. In dieser Zeit sah das IKL seine Aufgabe vorwiegend darin, auf der Grundlage guten Verständnisses für die physikalischen Zusammenhänge und mit dem Sinn für das Machbare akustische Belange in der Konstruktion umzusetzen. Als wichtige vom IKL erarbeitete Konstruktionen sind zu erwähnen:

- doppelt elastische Lagerung der Dieselgeneratorenanlagen
- Schalldämmschott als akustische Trennung zwischen Maschinenraum und schiffstechnischer Zentrale oder anderen Arbeitsräumen
- Entwicklung verschiedener Federelemente in Zusammenarbeit mit den Lieferanten

Auf dem Gebiet der Reduzierung des Zielmaßes von U-Booten (ein Maß für die Ortbarkeit des U-Bootes mittels aktiver Ortung) war das IKL schon sehr früh tätig. In Zusammenarbeit mit den Dienststellen des BWB und des BMVg sowie den Firmen Müller BBM und KAE sind insbesondere experimentelle Untersuchungen an Modellen durchgeführt worden, deren Ergebnisse auch heute noch wertvolle Entscheidungshilfen bei der Planung von U-Booten geben.

Die Entscheidung, die Akustik aus dem Schiffbau in die Abteilung »Theoretische Grundlagen« zu verlagern, ist u. a. dadurch begründet, daß aufgrund der dort vorhandenen Rechenmethoden die Möglichkeit bestand, Maßnahmen und Prognosen sicherer theoretisch zu begründen.

10.3.4 Schock

Auch das Arbeitsgebiet Schock war bis 1976 dem Bereich des Schiffbaus zugeordnet. Schon bei den Ansprengversuchen der ersten Nachkriegs-U-Boote war das IKL an der Planung, Durchführung und Auswertung maßgeblich beteiligt. Die Bauvorschriften zur schocksicheren Gestaltung von U-Booten wurden stark vom IKL beeinflußt. Es zeigte sich immer wieder, daß bei der Festlegung von Schockvorschriften die Stellungnahme des Konstrukteurs notwendig ist, um die Auswirkungen von allgemeinen Anforderungen auf das Boot realistisch abzuschätzen.

Zum Nachweis der Schocksicherheit des in Kapitel 10.4 beschriebenen Montageluks konzipierte und konstruierte das IKL ein Ansprengziel. Das Ansprengziel wird danach als Erprobungsträger für Schocksicherheitsnachweise für die verschiedensten Komponenten benutzt. Die vielen Ansprengungen hat dieses »Stück-U-Boot« bisher ohne sichtbare Schäden überstanden.

Die Entwicklung der Rechentechnik führte dazu, daß auch das Arbeitsgebiet Schock 1976 vom Schiffbau zur Abteilung »Theoretische Grundlagen« kam. Dieser Wechsel verlief völlig reibungslos, da bereits lange vorher die Festigkeitsgruppe den für Schock zuständigen Sachbearbeiter unterstützt hatte.

10.4 Montageluke

Die Franzosen hatten in den 50er Jahren eine Montageluke entwickelt und in den Booten der *Aréthuse*- und *Daphne*-Klasse eingebaut, bei der im Gegensatz zu früheren Niet- und Schraubkonstruktionen die Funktion der Festigkeit und Wasserdichte getrennt waren. Das IKL übernahm in Abstimmung mit der norwegischen Marine die Konstruktion für die Boote der Klasse 207 und entwickelte sie weiter. Die Firma Sperrnagel in Rendsburg entwickelte und baute hierfür eine besondere Werkzeugmaschine, die sie an die Rheinstahl Nordseewerke lieferte. Die Luke erhielt solche Abmessungen, daß man komplette Dieselmotoren und die Anker des Propellermotors ausbauen konnte. Diese Luke hat sich bei den Booten der *Kobben*-Klasse sehr bewährt. Der Bau der Klasse 207 zeigte aber, daß die Luke noch verbessert werden konnte, vor allem aber gab es keine Nachweise für die Ansprengfestigkeit. Am 19.12.1973 unterschrieb der BWB einen Vertrag mit dem IKL (IKL Nr. 104-248) bzgl. der Weiterentwicklung dieser Montageluke, die nun so auszuführen war, daß entweder ein Dieselmotor vom Typ MB16V652 oder der Anker des Propellermotors der Exportboote der Klasse 209 ausgebaut werden konnte. Folgende Einzelleistungen enthielt dann dieser Vertrag:

- Verbesserte Neukonstruktion der Montageluke durch das IKL unter besonderer Berücksichtigung der Ansprengfestigkeit
- Neukonstruktion einer Lukenhobelvorrichtung durch das IKL
- Bau der Lukenhobelvorrichtung nach IKL-Zeichnungen durch die Firma MASCHINENBAU GABLER GmbH im Unterauftrag des IKL
- Konstruktion eines Ansprengziels für den Einbau einer Montageluke. Auch diese Konstruktion führte das IKL aus (bzgl. des Ansprengziels selbst siehe Literatur Nohse/Rössler »Moderne Küsten-U-Boote« Seite 75)
- Bau des Ansprengziels durch HDW im Unterauftrag des IKL, wobei die von MASCHINENBAU GABLER gebaute Lukenhobelvorrichtung beigestellt wurde

Für all diese Aufgaben war also das IKL Generalunternehmer, und es war ein entsprechender Management-Aufwand erforderlich. Das Ansprengziel wurde dann an das BWB geliefert, das mit Unterstützung des IKL die Ansprengversuche ausführte. Diese Versuche verliefen erfolgreich. IKL hat im Rahmen des gleichen Auftrages die Versuche ausgewertet. Eine Reihe von späteren Booten erhielt solche Luken, für die MASCHINENBAU GABLER im einzelnen folgende Lukenhobelvorrichtungen lieferte:

- an Mazagon Dock Ltd. in Bombay für die Nachbauten vom Typ 1500
- an TNSW für die neuen U-Boote der *Ula*-Klasse für die norwegische Marine

1974 entwickelte und konstruierte das IKL eine neue Lukenhobelmaschine für das BWB. MG baute im Unterauftrag diese Maschine (s. Foto). Ein weiterer Unterauftrag ging an HDW, um mit Hilfe dieser Maschine und weiteren IKL-Zeichnungen eine Probe-Sektion zu fertigen. Die BWB-Ansprengversuche verliefen positiv.

In 1974 IKL developed and designed a new hatch cutting and shaping machine for the Federal German Office for Military Technology and Procurement (BWB). MG as subcontractor built this machine, HDW was another subcontractor to manufacture a trial section by means of this machine and further IKL drawings. The shock tests performed by the BWB had positive results.

11 INGENIEURKONTOR LÜBECK Prof. Gabler Nachf. GmbH ab 1. Januar 1979

Prof. Gabler wurde am 1. Oktober 1973 60 Jahre alt. Ihm zu Ehren schrieb Prof. Grim in der Fachzeitschrift »Schiff und Hafen« eine Würdigung, und sieben leitende Angestellte des IKL veröffentlichten auf 27 Seiten Arbeiten über die technischen Ergebnisse des IKL der vergangenen Jahre. »Schiff und Hafen« gab Sonderdrucke heraus, die bei Vikkers ins Englische übersetzt wurden. Die deutschen und englischen Sonderdrucke waren in den darauffolgenden Jahren eine gefragte Lektüre im In- und Ausland für diejenigen, die sich mit dem deutschen Unterseeboot-Bau beschäftigen wollten.

Die Ehe von Irmgard und Ulrich Gabler blieb kinderlos. Dementsprechend bereitete Prof. Gabler mit seinen engsten Mitarbeitern und den Wirtschafts- bzw. Steuerberatern sein Ausscheiden aus der Einzelfirma IKL und der MASCHINENBAU GABLER GmbH vor. Dieses sollte kurz nach Erreichen des 65. Lebensjahres stattfinden. Prof. Gablers Wunsch war es, die Unabhängigkeit des IKL zu wahren, und zwar unabhängig im Sinne der Endkunden, insbesondere des Bundesministeriums der Verteidigung, aber auch unabhängig für die interne Weiterarbeit in seinem Sinne. Auch damals gab es eine Reihe von Konzernen, die gern das IKL ganz oder teilweise übernommen hätten. Prof. Gabler und seine Nachfolger waren sich aber einig, daß als Gesellschafter nur solche in Frage kommen sollten, die auch fähig und bereit waren, aktiv im IKL leitend tätig zu sein. Hierfür kamen natürlich vorrangig Mitarbeiter in Frage, die schon seit längerem ähnliche Tätigkeiten im IKL innehatten. Prof. Gabler dachte dabei aber nicht nur an die Kunden, sondern auch an die Sicherung der Arbeitsplätze für Lübeck. Geschäftsführende Gesellschafter und alle Mitarbeiter sollten in gleicher bzw. ähnlicher Form weiterarbeiten wie zu Zeiten des Alleininhabers Prof. Ulrich Gabler.

Als Nachfolger wurden als geschäftsführende Gesellschafter einer GmbH ausgewählt:

- Lutz Nohse mit 50 % Anteil
- Dr. Fritz Abels mit 30 % Anteil
- Peter Kayser mit 20 % Anteil

Alle drei waren schon seit Jahrzehnten im IKL leitend tätig gewesen, Lutz Nohse und Peter Kayser als Geschäftsführer und gleichzeitig als geschäftsführende Gesellschafter bei der MASCHINENBAU GABLER GmbH, Dr. Fritz Abels als Leiter der bedeutenden Abteilung Schiffbau. In einem Anhang dieses Buches ist der Lebensweg dieser drei Herren und der späteren IKL- und MG-Gesellschafter in Stichworten dargestellt.

Das IKL hatte in den vergangenen Jahren einen erheblichen Wert erreicht und obwohl Prof. Gabler das IKL beim Übergang so niedrig bewerten ließ, wie es die Steuergesetzgebung zuließ (Schenkungssteuer!), bot er einen Weg für den Übergang an, den alle Beteiligten als sehr großzügig sahen:

Die drei neuen Gesellschafter hatten eine relativ geringe Anzahlung zu leisten. Der Rest war in 10 gleichen Jahresraten zu tilgen, wobei die Tilgungen und die zugehörigen Zinsen der im Zusammenhang mit der IKL-Umwandlung gegründeten Ulrich-Gabler-Stiftung zufließen sollten. Darüber hinaus gab Prof. Gabler über die Ulrich-Gabler-Stiftung der jungen IKL GmbH ein größeres Darlehen, das ebenfalls in 10 Jahren zu tilgen war. Auch hier sollten vereinbarungsgemäß Tilgungen und Zinserträge der Stiftung zufließen. Dieses Modell hat mit dem Übergang ab 1.1.1979 und in den darauffolgenden 10 Jahren hervorragend funktioniert. Der Übergang erfolgte ohne Probleme. Aus diesen Darstellungen ist zu ersehen, daß der gesamte Verkaufserlös aus dem IKL der Stiftung zugeflossen ist. Satzungsgemäß baute und baut die Ulrich-Gabler-Stiftung in enger Zusammenarbeit mit dem Diakonischen Werk im Kirchenkreis Lübeck Einrichtungen zum Nutzen junger und alter Menschen.

Gleiche Großzügigkeit wählte Prof. Gabler mit seinen Anteilen an der MASCHINENBAU GABLER GmbH. Auch hier flossen die Verkaufserlöse der Stiftung zu (siehe Kapitel 6). Über das Schenkungssteuerproblem hinaus waren auch andere steuerliche Betrachtungen anzustellen, und für einige Monate wurde aus diesen Gründen für den Übergang eine OHG gewählt, die schließlich in eine GmbH mündete.

Die Geschäftsbereiche der drei Nachfolger waren ab 1. Januar 1979 in ungefähr wie folgt:

- Lutz Nohse: Geschäftspolitik; Verwaltung einschließlich Verkauf und Finanzen; Maschinenbau und Elektrotechnik
- Dr. Fritz Abels: Schiffbauliche Projekte; schiffbauliche Entwicklungen und Berechnungen; Schiffbaukonstruktion

- Peter Kayser: Waffen- und Führungstechnik einschließlich Konstruktion der bei MASCHINENBAU GABLER zu bauenden U-Boot-Geräte

Die ersten 10 Jahre der IKL GmbH, also vom 1.1.1979 bis zum 31.12.1988, können wie folgt wiedergegeben werden:

1. Wesentliche öffentliche Aufträge waren die in Kapitel 9 dargestellten Programme 206A, 211 und 212. Zum Export gehörten die großen Vorhaben Chile, Indien, Norwegen, Brasilien, Typ 1400 für die Türkei und Südkorea (siehe Kapitel 4 und 8). Hinzu kamen die Entwicklung IK 800 (siehe Kapitel 12) und das Projekt Australien, das die deutsche Gruppe unglücklicherweise für eine Realisierung nicht gewann (siehe Kapitel 5).
2. Dementsprechend wurden in diesen 10 Jahren ca. 24 % direkt oder indirekt für den öffentlichen Auftraggeber, ca. 45 % für HDW und der Rest für andere Auftraggeber geleistet. Anhang 9 stellt dieses anschaulich dar, zeigt aber auch, mit welchen unterschiedlichen Belastungen das IKL in dieser Zeit ebenso wie davor und danach leben mußte.
3. Die im wesentlichen von den Firmen HDW, Ferrostaal und IKL finanzierte Entwicklung eines außenluftunabhängigen Antriebs mit Brennstoffzellen, wie sie im einzelnen in Kapitel 10.1 dargestellt ist.
4. Um diese Aufträge abwickeln zu können, wurde, wie im Anhang 7.1 wiedergegeben, die Personalstärke des IKL von ca. 250 auf ca. 370 vergrößert.
5. Dementsprechend wurde das Ausgangskapital der GmbH (DM 500 000) 1981 auf DM 1 Mio und 1985 auf DM 2 Mio erhöht, zzgl. der in der Bilanz ausgewiesenen offenen Rücklagen.
6. In diese Zeit fällt auch der für das IKL wesentliche Vorgang IK 97 (siehe Kapitel 12).
7. In die ersten Jahre der GmbH gehört der Einstieg in Computer Aided Design (CAD) und der weitere Ausbau der EDV-Kapazitäten (Kapitel 14). Für die Unterbringung der neuen Mitarbeiter sowie zahlreicher Gäste (Kunden oder Leihkräfte) erfolgten mehrere größere Investitionen, im wesentlichen der Ost- und der Westanbau (siehe Kapitel 13). In diesen 10 Jahren investierte die GmbH ca. DM 15 Mio., also durchschnittlich DM 1,5 Mio pro Jahr, davon alleine von 1985–1987 10 Mio, also ca. 3,3 Mio pro Jahr.

Ein weiterer Höhepunkt in der IKL-Geschichte war der 70. Geburtstag von Prof. Gabler am 1.10.1983, der zwei Tage darauf in der »Schiffergesellschaft« in Lübeck gefeiert wurde. Es erschienen zahlreiche Vertreter der internationalen Kunden und der Firmen und Institute, mit denen IKL partnerschaftlich zusammenarbeitete und -arbeitet. Auf Seite 128 ist das Programm für diese Veranstaltung wiedergegeben. Statt eines Geburtstagsgeschenkes spendeten die IKL- und MG-Gesellschafter für die Renovierung der St. Stephanus-Kirche in Lübeck-Karlshof. In dieser Gemeinde gehörten Prof. Gabler und Lutz Nohse lange Jahre zum Kirchenvorstand.

Prof. Gabler und Ehefrau am 3.10.1983 zur Feier seines 70. Geburtstages in der »Schiffergesellschaft«.

Prof. Gabler and his wife at the restaurant "Schiffergesellschaft" on 3.10.1983 to celebrate his 70th birthday.

Am Nebentisch von links nach rechts: Min. Dirig. Otte, Flottillenadmiral Steindorff, LRBD a. D. Aschmoneit, Dipl.-Ing. Hansen-Wester (HDW), Dipl.-Ing. Krüger (IKL)

At the adjacent table from left to right: Min. Dirig. Otte, Flottillenadmiral Steindorff, LRBD a. D. Aschmoneit, Dipl.-Ing. Hansen-Wester (HDW), Dipl.-Ing. Krüger (IKL)

70. Geburtstag von Prof. Gabler

Programm für Montag, den 3.10.83, in der »Schiffergesellschaft«

9.00 Uhr	Begrüßung durch Herrn Nohse
9.20 Uhr	Ansprache von Ministerialdirigent Otte vom Bundesministerium der Verteidigung
10.00 Uhr	Grußwort des Bürgermeisters der Hansestadt Lübeck, Herrn Dr. Knüppel
10.15 Uhr	Grußwort des Flottillenadmirals Steindorff vom Bundesministerium der Verteidigung, Führungsstab der Marine, als Vertreter des Inspekteurs der Bundesmarine
10.30 Uhr	Grußwort von Herrn Hansen-Wester, Mitglied des Vorstandes HDW, im Namen der U-Boot-Bauenden Werften
10.45 Uhr	Grußwort von Capt. Rønning als Vertreter des Leiters des Royal Norwegian Navy Material Command
11.00 Uhr	Kaffee-Pause
11.30 Uhr	Grußwort des Ministers für Wirtschaft und Verkehr des Landes Schleswig-Holstein, Herrn Dr. Westphal
11.45 Uhr	Grußwort von Rear Admiral Georgiadis vom Hellenic Navy General Staff
12.00 Uhr	Grußwort von Flottillenadmiral rtd. Dror als Vertreter des Oberbefehlshabers der israelischen Marine
12.15 Uhr	Vortrag von Dr.-Ing. Knaack vom IKL über das Thema »Neue Entwicklungen auf dem Gebiet des außenluftunabhängigen Antriebes«
13.15 Uhr	Mittagessen
ca. 14.30 Uhr	Ende der Veranstaltung

Zwei Männer, die den Nachkriegs-U-Boot-Bau in Deutschland und damit auch die Arbeiten im IKL stark beeinflußt haben: Christoph Aschmoneit und Ulrich Gabler. Das Foto zeigt beide bei LRBD a. D. Aschmoneits 80. Geburtstagsfeier am 24.3.1981 im Kieler Schloß. Im Hintergrund Commodore Egers, der nach Tiltnes in Christoph Aschmoneits Dienststelle in Kiel norwegischer Verbindungsoffizier für das Kobben-Klasse-Bauprogramm (IK 29) war.

Two men who strongly influenced post-war submarine construction in Germany and thus also the works performed at IKL: Christoph Aschmoneit and Ulrich Gabler. The picture shows the two of them at the Kieler Schloß on the occasion of the celebration of LRBD a. D. Aschmoneit's 80th birthday on 24.3.1981. In the background Commodore Egers, who succeeded to Commodore Tiltnes in Christoph Aschmoneit's department in Kiel to be the Norwegian liaison officer for the Kobben Class construction programme (IK 29).

1987/88 bereitete die Firma das Ausscheiden von Lutz Nohse vor. Man wählte hier das gleiche bzw. ein ähnliches Modell wie beim Übergang der Einzelfirma zur GmbH. In Anbetracht der erheblichen Vergrößerung des Unternehmens und des damit verbundenen höheren Kaufpreises machte man jetzt die fünf Prokuristen mit je 3 % Geschäftsanteilen zu Anteilseignern. Es wurde mit Wirkung zum 1.1.1989 die Barbara und Lutz Nohse-Stiftung ins Leben gerufen, mit der eine gleiche Finanzierung wie seinerzeit für den Übergang angeboten wurde. Auch Lutz Nohse hat den gesamten Verkaufserlös aus seinen IKL-Anteilen dieser Stiftung zukommen lassen. Die Stiftung soll das Leben, insbesondere das ungeborene Leben, schützen, und zwar in der Form, daß junge Familien und insbesondere alleinerziehende Frauen nach der Geburt eines Kindes unterstützt werden. Die Stiftung arbeitet auf ökumenischer Basis.

Als vierten Geschäftsführer berief man zum 1.4.1988 Dr. Klaus Knaack, bisher Abteilungsleiter Maschinenbau, der unter anderem für die Entwicklung des neuen Antriebes verantwortlich war. Lutz Nohse schied zum Jahresende 1988 als Gesellschafter aus, und die Verteilung der Geschäftsanteile betrug nunmehr:

- Dr. Fritz Abels: 50,1 %
- Peter Kayser: 25,1 %
- Dr. Klaus Knaack: 9,8 %
- je 3 % die Prokuristen Ursula Galka, Horst Schnoor, Dr. Jürgen Ritterhoff, Klaus Evers und Günter Büttner.

Dr. Abels übernahm von Lutz Nohse die Geschäftsbereiche Firmenpolitik und Verwaltung einschließlich Verkauf und Finanzen. Die Geschäftsbereiche Maschinenbau und Elektrotechnik kamen zu Dr. Klaus Knaack. Lutz Nohse war bis zum 31.3.1991 Geschäftsführer, um einige Abwicklungen vorzunehmen, insbesondere den Vorgang IK 97.

Diese Darstellungen zeigen, daß auch bei einer starken Expansion des IKL die Unabhängigkeit gewahrt werden konnte; alle Gesellschafter hatten sich seit langem im IKL in leitender Tätigkeit bewährt. Über Ursula Galka und Peter Kayser, die in beiden Unternehmen Gesellschafter waren und sind, blieb die bewährte Verbindung erhalten. Zu diesen Verbindungen gehören auch gemeinsame Abteilungen und Einrichtungen der allgemeinen Verwaltung: Finanzen, Personal, Sekretariate, Archiv, Pauserei, Registratur, Fuhrpark und Hausmeisterei.

Der Übergang selbst verlief genauso reibungslos wie vor 10 Jahren. Beide Unternehmen konnten im gleichen Geist und mit gleichen Zielen weiterarbeiten.

Am 30.10.1984 wurde Prof. Gabler zum Ehrenbürger der Fachhochschule Lübeck ernannt. Das Foto zeigt ihn nach der Feierstunde mit Lutz Nohse im Lübecker Rathaus.

On 30.10.1984 Prof. Gabler became honorary member of the Fachhochschule Lübeck. The picture shows him together with Lutz Nohse after the ceremony in the Lübeck town hall.

12 Die Bedarfsfälle IK 80, IK 800 und IK 97

12.1 IK 80, Typ 540 für Israel

Die junge israelische Marine bemühte sich nach dem Zweiten Weltkrieg, in Westeuropa Unterseeboote zu kaufen. Erste Verbindungen wurden zu Frankreich aufgenommen. Aus Frankreich kamen später Schnellboote. Die Bemühungen um Unterseeboote waren jedoch erfolglos. Das gleiche gilt für Kontakte zwischen Israel und der Bundesrepublik Deutschland zu einer Zeit, als sich das IKL mit den Entwürfen für Klasse 201 (IK 10) beschäftigte. Aus dieser Zeit stammte noch die IKL-Arbeitsnummer IK 8 für den Bedarfsfall Israel. Schließlich erwarb Israel im Oktober 1958 zwei englische ca. 800-t-Boote (Überwasserverdrängung) der S-Klasse, die 1945 für die Royal Navy in Dienst gestellt worden waren. Beide Boote wurden in geringem Umfang modernisiert und 1959/1960 ausgeliefert. Da Israel laufend von seinen Nachbarn bedroht wurde und die beiden Boote nicht mehr dem neuesten Stand der Technik entsprachen, war der Erwerb modernerer Boote dringend erforderlich. Die Gespräche mit der sozial-liberalen Regierung der Bundesrepublik Deutschland und parallele Kontakte zum IKL führten 1970 endlich zu positiven Ergebnissen. Zu dieser Zeit war das erste HDW/IKL-Exportboot für Griechenland (später Klasse 209) kurz vor der Fertigstellung. Israel wünschte aber kleinere Boote, und IKL arbeitete in der zweiten Hälfte 1970 spezielle Entwürfe aus, die unter der Nr. IK 80 zum Typ 540 führten. Der Typ 540 ist ein magnetisches Boot, das auf die Klassen 206 und 207 zurückzuführen ist, aber insbesondere auf dem Waffen- und Führungssektor eine Ausrüstung erhielt, die den Kundenwünschen besonders entsprach. 1971 folgten die Definitionsarbeiten, die am 26.11.1971 abgeschlossen wurden. Zwischen Israel, England und der Bundesrepublik Deutschland war vereinbart worden, daß die Boote nach IKL-Zeichnungen auf der Vickers-Werft in Barrow gebaut werden sollten. Die Zusammenarbeit für dieses Vorhaben IK 80 zwischen der Bundes-

Im Sommer 1970 führten Prof. Gabler und L. Nohse erste Gespräche für das IK 80-Vorhaben in Israel. Das Bild zeigt beide am 25.6.1970 in Caesarea.

In the summer of 1970 Prof. Gabler and L. Nohse held first talks in Israel relating to the IK 80 project. The picture shows the two of them in Caesarea on 25.6.1970.

regierung (Bundesministerium der Verteidigung und Bundeswirtschaftsministerium) einerseits und dem IKL andererseits wurde in Zusammenhang mit dem Vorgang IK 97 zum Jahreswechsel 1986/1987 in den deutschen Medien veröffentlicht und braucht an dieser Stelle nicht wiederholt zu werden. Bei den Überlegungen in Bonn und Lübeck wurden folgende Gesichtspunkte berücksichtigt:

1. besondere deutsche Verpflichtungen,
2. die schon erwähnte Bedrohung des Staates Israel,
3. die Beschäftigung des IKL und der deutschen Zulieferindustrie und
4. der spätere Erfahrungsrückfluß aus Israel nach Deutschland aufgrund der besonderen Ausrüstung dieser Boote.

Am 30. März 1972 wurde schließlich in London der Bauvertrag zwischen dem israelischen Verteidigungsministerium und Vickers einerseits und der Konstruktionsvertrag zwischen Vickers und dem IKL andererseits zu Ende verhandelt und unterschrieben. Als Folge hiervon lieferte dann das IKL einen vollständigen Satz von Fertigungsunterlagen mit zugehörigem Konstruktionsmodell. Zum ersten Mal wurden im Vereinigten Königreich nach deutschen Zeichnungen Unterseeboote gebaut. Vickers nahm dieses Bauvorhaben zum Anlaß, die Werft vom Zoll- auf das Metersystem umzustellen. IKL-Mitarbeiter konnten dann Anfang der 70er Jahre auf der Bauwerft Portraits von attraktiven Engländerinnen mit entsprechenden Oberweiten und Zentimetermaß bewundern, und zwar unter dem Motto »Think Metric«! Die Zusammenarbeit zwischen Bauwerft, Kunden und IKL war fruchtbar und harmonisch. Routine-»Progress-Meetings« fanden anfänglich in Lübeck und später in Barrow statt. Da Barrow relativ abgelegen ist, waren die Reisen der englischen Freunde nach Lübeck besonders beliebt, vor allem dann, wenn man Kerzen und Taschenlampenbatterien mit nach Hause brachte, weil in England wieder einmal die Stromversorgung streikte. Eine Reihe von Freundschaften zwischen Israelis, Engländern und Deutschen sind in dieser Zeit entstanden. Ein Brief aus Barrow, der nach Öffnung der deutsch-deutschen Grenze geschrieben wurde, mag dieses am besten illustrieren (s. S. 131). Projektführer war für IK 80 Dipl.-Ing. Horst Schnoor. Die Boote wurden im »Boiler Shop« parallel zu dem Royal-Navy-Programm gebaut. Zu Beginn des IK-80-Programms wurden auch drei Boote der Oberon-Klasse von Vickers, Barrow, nach Brasilien geliefert. Von englischer Seite sind aus dieser Zeit besonders zu erwähnen:
der Chairman Leonard Redshaw, der während dieser Zeit zum Sir Leonard geschlagen wurde,
der für dieses Vorhaben anfänglich zuständige Maschinenbau-Direktor Harper,
der Schiffbau-Direktor Jimmy Glasgow,
der spätere Maschinenbauchef Tony Peak,
der Group Naval Architect Roy Turner und
der für dieses Projekt zuständige Elektriker Brian Everard.

Barrow-in-Furness Cumbria LA14 1AF England
Telephone 0229 23366
Telex 65411 VSEL G Facsimile 0229 23366

Direct Telephone 0229 87

Direct Facsimile 0229

VSEL
Vickers Shipbuilding
& Engineering Limited

Dr.-Ing. Fritz Abels,
Ingenieurkontor Lubeck,
2400 Lubeck 1,
Niels-Bohr-Ring 5,
Postfach 1690.

Our reference JG/BE/SN/2

Your reference

Date 15th November, 1989

Dear Dr. Abels,

We have watched with great interest and delight the changes that are occurring in the DDR and especially the opening of their borders.

We were always conscious of the impact of the border on our friends at IKL, both in a physical sense and especially, for many, in a personal and family way.

Present events therefore cause us to remember with increased affection our past relationship and to offer our good wishes at this memorable time.

Yours sincerely

James Glasgow   Brian Everard

JAMES GLASGOW   BRIAN EVERARD

Registered in London Number 229770 Registered Office Barrow-in-Furness Cumbria LA14 1AF

In dieser Zeit entstand besonders von englischer Seite der Wunsch und Wille für eine weitere Zusammenarbeit für andere Exportprojekte. Dieses führte zum Abschluß des sogenannten Dreiervertrages (s. Kapitel 5) und als Folge davon zu Routinegesprächen zwischen Vickers, HDW und IKL in Barrow bzw. Heathrow, in Kiel bzw. Hamburg und Lübeck. Naturgemäß wurden in Lübeck und später in Barrow besondere Schutzmaßnahmen für die israelischen Kunden getroffen, in Lübeck insbesondere nach dem schrecklichen Anschlag am 5. September 1972 anläßlich der Münchner Olympiade. Deutsche und englische Behörden haben die Industrie bei diesen Schutzmaßnahmen besonders unterstützt.
Die drei IK-80-Boote wurden wie folgt in Dienst gestellt:
Gal am 19.9.1976,
Tanin am 20.4.1977 und
Rahav am 3.10.1977.
Die Lieferung erfolgte pünktlich. Die Preise waren auskömmlich. Endkunde, Bauwerft und Konstrukteur waren mit dem Ergebnis zufrieden.

Das U-Boot Gal wurde von Tamara Dror, der Ehefrau von Captain (später Commodore) Dror getauft. Das Bild zeigt das Endkunden-Ehepaar, eingerahmt von VSG-Chairman Sir Leonard Redshaw und Lady Redshaw. Im Hintergrund Gablers, die mit Nohses zu den Tauffeierlichkeiten eingeladen waren.

The submarine "Gal" was christened by Tamara Dror, the wife of Captain (later Commodore) Dror. The picture shows the couple from the final customer's country, surrounded by the VSG Chairman Sir Leonard Redshaw and Lady Redshaw. In the background the Gablers, who, together with the Nohses, were invited to the christening ceremony.

Die Folgen dieses Auftrages waren nicht nur die schon erwähnten persönlichen Freundschaften, sondern ständige technische und wirtschaftliche Kontakte zwischen der israelischen Marine (IN) und dem IKL. Die Boote konnten so in enger Zusammenarbeit ständig auf dem neuesten Stand der Technik gehalten werden, z. B. durch den Einbau von Hydrazin-Generatoren zum Notanblasen der Tauchzellen. Beim IKL gab es einen Erfahrungsrückfluß zum Nutzen der Bundesmarine und besonderer Exportvorhaben. Schließlich wurden die Boote 1988/1989 einem gründlichen »Refit«, insbesondere auf dem Gebiet Waffen- und Führungssektor, unterzogen. Dieses erfolgte nach IKL-Unterlagen auf der Marinewerft in Haifa. Der Umfang dieser Arbeiten ist mit dem Vorhaben Klasse 206 A zu vergleichen.

12.2 IK 800, DOLPHIN-Klasse für Israel

Mit den drei kleinen Booten der *Gal*-Klasse waren und sind aber nicht die Verteidigungsaufgaben der IN zu erfüllen. Als Folge der Gespräche zwischen der IN, den USA, den deutschen Behörden und dem IKL ergab sich das neue Vorhaben IK 800 für ein größeres Boot. In Israel war man sich aber nicht darüber im klaren, ob die IKL-Lösung die bestmögliche sein würde, und man vergab deshalb Aufträge für eine erste Phase parallel nach Holland und an das IKL. In diesem Wettbewerb wurde das IKL Sieger, und als Folge davon wurde am 22.11.1984 ein umfangreicher Vertrag für die jetzt erforderlichen Konzepte und Definitionsarbeiten abgeschlossen, der jedoch erst am 15.7.1985 effektiv wurde. Erneut begann eine sehr enge und wirkungsvolle Zusammenarbeit. Die Ansprüche waren bei diesem Vorhaben aber wesentlich größer. Die US-amerikanische Ausbildung jüngerer israelischer Offiziere wirkte sich hier sehr stark aus. Besondere Komplikationen entstanden dadurch, daß ein US-amerikanisches Waffen- und Führungssystem eingebaut werden sollte, da die Boote im wesentlichen mit öffentlichen US-amerikanischen Geldern gebaut werden sollten. Projektführer für dieses Vorhaben war der Schiffbau-Ing. Horst Gerwald, der sich bei dem »Refit« der *Gal*-Boote schon bewährt hatte und beim Kunden hohes Vertrauen genoß.
Das IKL erhielt den Auftrag, die Arbeiten in 3 Phasen abzuwickeln: 1. Concept Design, 2. Preliminary Design und 3. Contract Design. Die IKL-Arbeit bezog sich jedoch nur auf die Schiffstechnik, das sog. »Platform Design«. Parallel dazu erhielt Rockwell International (R.I.) in Anaheim, California, den Auftrag für das Combat System Design.
Um eine Koordinierung der Arbeiten zu gewährleisten, war vom IKL Dipl.-Ing. Jens Urthel 9 Monate als Verbindungsingenieur in Anaheim tätig. Trotz vieler gemeinsamer Arbeits-

sitzungen (IKL-R.I.-IN) war als Definitionsergebnis für das Combat System am Ende nur eine Budget-Liste verfügbar, die im Februar 1987 als Basis für die endgültige Bauanweisung eingefroren wurde.
Die Arbeiten der DOLPHIN-Definition wurden mit geringen Verzögerungen durchgeführt. Die Termine waren: Concept Design abgeschlossen im Oktober 1985, Preliminary Design abgeschlossen im August 1987 und Contract Design, abgeschlossen im Juni 1988.

Bedingt durch Zusatzforderungen erhöhten sich Aufwand und Preis für die Definition um etwa ein Drittel.
Parallel zu den letzten Definitions-Arbeiten suchten die IN bzw. die israelische Regierung nach ein bzw. mehreren Bauwerften. Dabei war zu berücksichtigen, daß die USA den größten Teil der Baukosten übernehmen würden. Da die US-amerikanischen Werften seit Jahrzehnten keine konventionellen U-Boote mehr gebaut hatten, kam ein Bau dort nicht in Frage. Die einzige Werft in Israel hatte noch nie

Der 2.12.1975 war für das IKL ein erfreulicher Tag. Erstmalig lief ein nach deutschen Zeichnungen in Großbritannien gebautes U-Boot vom Stapel, und zwar die *Gal* für die israelische Marine bei Vickers in Barrow.

2 December 1975 was a good day vor IKL. It was the first time ever that a submarine built in Great Britain following German design was launched. The submarine named "Gal" was built for the Israeli Navy at Vickers in Barrow.

U-Boote gebaut, strebte aber eine Beteiligung am Bau an. Die beiden deutschen Werften HDW und TNSW waren natürlich an diesem Auftrag stark interessiert, schlossen sich zusammen und machten wunschgemäß auf der Basis der technischen IKL-Ausarbeitungen ein Angebot. Als Folge des Dollarkursverfalls und der Preissteigerungen während der langen Definitions-Phase konnte jedoch am 25.8.89 ein Vertrag mit HDW/TNSW für den Bau von nur zwei U-Booten – mit Option für ein drittes Boot – geschlossen werden. Dieser Vertrag wurde am 28.2.1990 wirksam.

Während der Verhandlungen mit den Werften führte das IKL auftragsgemäß für die IN eine »Nachdefinition« durch. Dieses war vor allem auf das magere Ergebnis der Combat-System-Definition zurückzuführen.

Der größte Teil der Konstruktionsarbeiten, also die Bearbeitung der Fertigungsunterlagen, sollte wieder beim IKL erfolgen. Hierfür erhielt das IKL vom Konsortium HDW/TNSW am 2.7.1990 einen Vorabauftrag. HDW wollte nur in schon üblicher Weise die Einrichtung, TNSW jedoch den Maschinenraum bearbeiten. Dieses fand in Lübeck nun aus zwei Gründen volle Zustimmung:

1. Neue Formen der Zusammenarbeit zwischen den Firmen HDW, TNSW und IKL waren zu berücksichtigen, und
2. die veränderte weltpolitische Lage machte den verstärkten Einsatz des IKL auf nichtmilitärischem Gebiet erforderlich.

Das IKL hatte nun für über zwei Jahre den beiden Werften einen Großteil seiner Konstruktions-Kapazität zugesagt und hatte die Arbeiten aufgenommen. Der Bauvertrag gab der IN jedoch bis zum 30.11.1990 eine Rücktritts-Möglichkeit. Praktisch in letzter Minute, also am 30.11.1990, machte der Kunde sehr zum Erschrecken der beiden Werften, vor allem aber des IKL, davon Gebrauch. Die sich am Persischen Golf zuspitzende Lage erforderte die Verwendung der US-amerikanischen und der israelischen Gelder für andere Waffen.

Das IKL befand sich nun in einer schwierigen Lage. Zwar konnte man kurzfristig einige andere Aufträge hereinnehmen, diese stellten aber natürlich keinen Ersatz für den verlorenen Auftrag mit mehreren hunderttausend Stunden dar. Erst recht nicht konnte innerhalb von wenigen Tagen oder Wochen die erwähnte weitgehende Umstellung auf nichtmilitärische Gebiete erreicht werden. Dieses Programm war zwar angelaufen, mehrere Jahre waren aber hierfür – wie auch in anderen Unternehmen – erforderlich. Umfangreiche Entlassungen, Kurzarbeit, Schulungen, Umorganisationen schienen nun neben der verstärkten Akquisition und Diversifikation nötig zu sein.

Glücklicherweise gab es dann Anfang des Jahres 1991 die ebenso überraschende, für das IKL aber erfreuliche Meldung, daß Deutschland die gesamten Kosten in Höhe von 880 Mio. DM zum Bau der beiden Boote übernehmen würde. Am 16. Januar 1991 war der Golfkrieg ausgebrochen, und diese finanzielle Unterstützung gehörte zu den deutschen Maßnahmen, um Israel zu schützen. Wieder erhielt das IKL einen Konstruktions-Vorauftrag und nahm seine Arbeiten für IK 800 nach 2 ½ Monaten wieder auf. Selbstverständlich wurde nun aber nicht nachgelassen, neue Produkte und neue Partner für das IKL zu finden. Hierauf wird im Kapitel 17 noch eingegangen.

Die Termine für das DOLPHIN (IK-800-)Programm waren beim Schreiben dieser Zeilen:

- Abschluß einer deutsch-israelischen Regierungs-Vereinbarung (MOU): 25.2.1991
- Erneuter Bauvertrags-Beginn und damit
- 2. Konstruktions-Vertrag des Konsortiums HDW/TNSW mit dem IKL: 1.7.91
- Geplante Lieferung des 1. Bootes: 1997

12.3 IK 97, das besondere Projekt

Auch zwischen Südafrika und dem IKL gab es schon frühe Kontakte bezüglich der Beschaffung von Unterseebooten. Die Stülcken-Werft und das IKL legten 1965 einen Entwurf für ein Boot vor, aus dem, wie in Kap. 5 dargestellt, später die Klasse 209 entstand. Frankreich verfügte aber offensichtlich über bessere politische Möglichkeiten, und es kam dann in den Jahren 1970 bis 1972 zur Lieferung von drei Unterseebooten vom Typ *Daphné,* die auf der Dubigeon-Werft in Nantes gebaut wurden. Die dann später noch zusätzlich bestellten beiden Boote vom Typ *Agosta* wurden jedoch nicht mehr nach Südafrika ausgeliefert. Sie wurden schließlich nach Pakistan verkauft. 1980 wurde von südafrikanischer Seite erneut Verbindung zum IKL aufgenommen, jedoch mit dem ausdrücklichen Verlangen, aufgrund der für Südafrika inzwischen verschlechterten außenpolitischen Situation die Boote in Südafrika selbst zu bauen. Eine IKL-Delegation stellte 1983 fest, daß Südafrika technisch in der Lage sein müßte, die Boote im Lande zu bauen. Daraus ergab sich dann zu Beginn 1984 folgendes Konzept:

- Erwerb von einem Satz Fertigungsunterlagen eines bewährten europäischen Typs und Erwerb der zugehörigen Dokumentationsunterlagen, um sich mit dieser Technik vertraut zu machen.
- Umkonstruktion aufgrund der speziellen Forderungen des Kunden einschließlich Bau eines zugehörigen Konstruktionsmodells.
- Bei dieser Umkonstruktion war insbesondere zu beachten, daß das Waffen- und Führungssystem im Kundenland selbst hergestellt werden sollte.
- Hilfestellung beim Einkauf der Komponenten für die

Am 21. 12. 76 traf *Gal* als erstes IK 80-Boot in seinem Stützpunkt Haifa ein. Er wurde von der Marine, den Angehörigen der Besatzung, Teilen der Bevölkerung und auch von Prof. Gabler und L. Nohse mit Freude, aber auch Erleichterung begrüßt.

On 21.12.1976, "Gal" as the first IK 80-submarine arrived at the naval base in Haifa. It was welcomed with pleasure but also with relief by the Navy, the families of the crew, numbers of the public as well as by Prof. Gabler and L. Nohse.

Plattform, soweit diese nicht im Kundenland selbst hergestellt werden konnte.
- Hilfestellung beim Bau auf einer Kundenwerft.

Der Kunde, die HDW und das IKL stellten in den folgenden Verhandlungen fest, daß für diese Zwecke als Basis der Typ 1500, geeignet wäre, zumal alle Rechte an den Unterlagen für diesen Typ bei HDW und IKL liegen. Es bestand jedoch Übereinstimmung, daß dieser Typ so nicht gebaut werden sollte.

Die beiden Firmen, insbesondere aber das IKL, nahmen mit der Bundesregierung Verbindung auf (inzwischen CDU/FDP-Koalition). Dabei verwies das IKL auf den IK 80-Vorgang der sozial-liberalen Koalition. Darüber hinaus spielten die Beschäftigungslage der Schiffbauindustrie sowie Verzögerungen beim Bundesmarine-U-Boot-Neubauprogramm eine Rolle. Hinzu kam die strategische Bedeutung des Kaps der Guten Hoffnung und die nicht vorhandene Präsenz der NATO im Südatlantik. Diskutiert wurden eine kleine und eine mittlere Lösung. Unter der kleinen Lösung verstand man die ausschließliche Lieferung von Software und Bauunterstützung. Bei der mittleren sollte außerdem noch die Lieferung von Komponenten hinzukommen. Eine große Lösung hätte die Lieferung von Booten ergeben. Daran war aber – wie erwähnt – der Kunde nicht interessiert.

Im Mai 1984 handelte das IKL im Namen beider Firmen in Pretoria den Vertrag aus, der am 14. Juni 1984 in Lübeck von Kundenvertretern und Vertretern beider Firmen unterschrieben wurde. Das war ein Vertrag für eine kleine Lösung, jedoch war die mittlere Lösung schon als Vertragserweiterung eingebaut. Der Vertrag wurde unter dem Vorbehalt einer Genehmigung durch die Bundesregierung geschlossen. Für die Genehmigung war im Vertrag ein Termin festgeschrieben. Die beiden Firmen waren aufgrund der dann folgenden Gespräche der Meinung, daß sie über eine vorläufige Genehmigung verfügten, und ließen den Vertrag termingerecht effektiv werden. Ein Telefonanruf am 31.7.1984 von Prof. Schreckenberger, dem damaligen Staatssekretär im Bundeskanzleramt, zuerst im IKL und anschließend auf Wunsch von L. Nohse auch beim HDW-Vorstand, war dabei von großer Bedeutung. Erste Auslieferungen von nicht genehmigungspflichtigen Unterlagen erfolgten zum Jahresende 1984. Weitere Lieferungen wurden von der Industrieseite verzögert. Am 18.6.1985 führte das IKL

L. Nohse mit G. Ingwersen und H. Gerwald bei der Diskussion von Zentralaufbau-Varianten.
Links: Gal-Kl. (IK 80)
Mitte: Kl. 206 (IK 34)
Rechts: Typ 1500 (IK 70)
Aufnahme: 25.7.1988

L. Nohse together with G. Ingwersen and H. Gerwald during the discussion of bridge fin variants.
Left: Gal Class (IK 80)
Centre: Class 206 (IK 34)
Right: Type 1500 (IK 70)
Picture taken on 25.7.1988

ein Gespräch mit dem seinerzeitigen Bundeswirtschaftsminister Bangemann und seinem Staatssekretär v. Würzen. Die Lage in Südafrika hatte sich in der Zwischenzeit erheblich verschlechtert. Dieses hatte Auswirkungen auf die Wirtschaftsbeziehungen zwischen Europa und Südafrika. HDW und IKL mußten zur Kenntnis nehmen, daß mit einer endgültigen Genehmigung durch die Bundesregierung nicht mehr gerechnet werden konnte. Die Lieferung von weiteren Vertrags-Unterlagen wurde sofort eingestellt.

Die Folge davon war eine Reihe von schwierigen Verhandlungen mit dem Kunden. Bis zu diesem Zeitpunkt waren Lieferungen im Wert von DM 42,6 Mio. vorgenommen worden. Der Vertrag für die kleine Lösung sah ein Volumen von ca. DM 116 Mio. und für die mittlere Lösung ca. DM 475 Mio. vor, d. h. es wurden nur Lieferungen und Leistungen von weniger als 9 % gegenüber dem vorgesehenen Volumen vorgenommen. IKL und HDW hatten außerdem bei den Lieferungen von Ende 1984 bis Sommer 1985 strikt auf folgendes geachtet:

1. keine Lieferungen, die der Geheimhaltung aus Bundesmarine- oder aus Exportvorhaben unterliegen
2. keine Lieferungen, mit denen ein militärisches Unterseeboot gebaut werden könnte, d. h. also keine Verletzung des Außenwirtschaftsgesetzes (AWG) und der Außenwirtschaftsverordnung (AWV)

Am 12.8.1985 haben die beiden Firmen diesen Sachverhalt im Prinzip dem Bundeswirtschaftsministerium nochmals in einem Schreiben dargestellt.

Aufgrund dieser Ereignisse begann am 19.2.1986 die Oberfinanzdirektion eine Außenwirtschaftsprüfung beim IKL und eröffnete gegen den Geschäftsführer Nohse ein Ermittlungsverfahren wegen des Verdachts einer Ordnungswidrigkeit. Gleiches erfolgte später bzgl. HDW-Vorstand.

Ende November 1986 wurde der Vorgang IK 97 in der Öffentlichkeit bekannt und beschäftigte in den darauffolgenden Jahren wiederholt die Medien, und zwar zu einem Großteil in wenig sachkundiger und zum großen Teil entstellender Form. HDW und IKL stellten gleich zu Beginn in einer Presseerklärung fest, daß sie ihrer Meinung nach keine Gesetze verletzt hätten.

Als weitere Folge wurden durch den Bundestag nacheinander zwei Untersuchungsausschüsse eingesetzt, die sich jahrelang mit diesem Problem beschäftigten. Damit war der Vorgang IK 97 zu einem erheblichen Streitpunkt zwischen Regierungskoalition einerseits und Opposition andererseits geworden. Die Vorstandsmitglieder bzw. Geschäftsführer der beiden Firmen wurden von den beiden Untersuchungsausschüssen als Zeugen geladen. Unter Verweis auf die laufenden Bußgeldverfahren wurden die Aussagen verweigert. Man verlangte von HDW und IKL die Auslieferung der Akten. Auch dieses wurde von den Firmen mit dem

gleichen Argument abgelehnt. HDW und IKL verwiesen unter anderem darauf, daß sie in dem Vertrag mit Südafrika Geheimhaltung zugesichert hatten. Der parlamentarische Untersuchungsausschuß sagte den Firmenanwälten zu, daß die zur Verfügung gestellten Akten deutschen Geheimhaltungsvorschriften unterliegen sollten, also gleichen Vorschriften, wie sie seit Jahrzehnten bei den Firmen für Bundesmarine- und Exportvorhaben angewandt werden. Die Firmen verließen sich auf diese Zusagen, lieferten zahlreiche Akten aus – wenige Stunden später wurden sie in den Medien veröffentlicht! Auf Betreiben der Opposition verlangte dann der zweite Untersuchungsausschuß per Beschluß des Amtsgerichts Bonn die Auslieferung der Firmenakten. Dieses wurde von dem zuständigen Amtsrichter abgelehnt. Später hat dann die Staatsanwaltschaft Hamburg gegen die Fernsehsendung »Panorama« Anklage erhoben, und gegen die Abgeordneten Eid und Beer der GRÜNEN und Gansel von der SPD wurde wegen Geheimnisverrats ermittelt.
Ca. zwei Jahre lang haben sich dann alle in der Bundesrepublik Deutschland sach- und fachkundigen und zuständigen Behörden und Ministerien (7 insgesamt!) mit der schwierigen Materie beschäftigt, ob die von den Firmen an Südafrika gelieferten Unterlagen nach dem Außenwirtschaftsgesetz genehmigungspflichtig für den Export waren oder nicht. Schließlich wurde diese Frage verneint, und das OFD-Verfahren wurde am 11. Januar 1988 zur großen Erleichterung von IKL und HDW eingestellt.

Damit war die Angelegenheit für einige Mitglieder der SPD und der GRÜNEN aber immer noch nicht erledigt. Neben den umfangreichen Diskussionen im parlamentarischen Untersuchungsausschuß mit entsprechender Medienbegleitung mußten die Firmen weitere Prüfungen und Vorermittlungen über sich ergehen lassen. Auch hierzu sollen die Ergebnisse genannt werden:

1. Das Auswärtige Amt stellte zeitlich viermal nacheinander fest, daß der § 7 des Außenwirtschaftsgesetzes (»Schutz der Sicherheit und der auswärtigen Interessen«) nicht verletzt wurde.
2. Vorgezogene Betriebsprüfungen bei den beiden Firmen ergaben, daß die Firmen sich auch steuerlich korrekt verhalten haben.
3. Gleich nach Bekanntwerden des IK 97-Vorganges in der Öffentlichkeit, also zum Jahreswechsel 1986/87, ergaben zwei Prüfungen durch Spezialisten des Bundesministeriums der Verteidigung und des Bundeswirtschaftsministeriums, daß IKL und HDW keine Verschlußsachen ausgeliefert hätten. Auch die Staatsanwaltschaft Kiel kam nach jahrelangen Vorermittlungen zu dem Ergebnis, daß bzgl. Geheimnisverrats kein »ausreichender Anfangsverdacht« bestünde und stellte die Vorermittlungen am 10.5.1988 ein. Der nach dem Regierungswechsel in Kiel eingesetzte Schleswiger Generalstaatsanwalt Prof. Ostendorf entschied jedoch am 10.3.1989, daß trotzdem ermittelt werden sollte. Hierzu wäre aber eine Ermächtigung durch die Bundesregierung erforderlich gewesen (§ 353 b des Strafgesetzbuches, Geheimhaltungspflicht). Am 1.8.1989 wurde diese Ermächtigung verweigert, da »es sich offensichtlich weder um Landesverrat noch um illegale Waffenlieferungen, sondern lediglich um die Verletzung formeller Geheimhaltungspflichten handele«. Das zuständige Bundeswirtschaftsministerium stellte außerdem fest, daß »langwierige staatsanwaltschaftliche Ermittlungen die Fähigkeit der Bundesrepublik Deutschland zur Rüstungskooperation, insbesondere mit NATO-Partnern, beeinträchtigen könnte«.

Der Wortführer der SPD-Bundestagsfraktion in Sachen U-Boot-Export, Norbert Gansel, mußte einsehen, daß sich aufgrund der Rechtsentscheidungen alle seine bisherigen Vorwürfe als haltlos erwiesen hatten. Als letzte Möglichkeit, hier noch einmal eine andere Rechtsentscheidung zu erzwingen, reist er nach New York, um unter Inkaufnahme von außenpolitischem Schaden für die Bundesrepublik Deutschland den U-Boot-Vorgang in der UNO hochzuspielen, um auf diese Weise künstlich den Straftatbestand, wie er im Außenwirtschaftsrecht festgelegt ist, nämlich »die auswärtigen Beziehungen der Bundesrepublik Deutschland erheblich zu stören«, zu Lasten der Unternehmen zu konstruieren. Dies hat ihm schwerste Vorwürfe im Plenum des Deutschen Bundestages eingebracht, u. a. wurde laut amtlichem Protokoll ausgeführt:
»Durch den unsäglichen Auftritt von Norbert Gansel bei den Vereinten Nationen sollten die Voraussetzungen für eine Strafverfolgung nach bundesdeutschem Recht willkürlich herbeigeführt werden . . .«
Die teilweise falschen Beschuldigungen von Norbert Gansel führten dann zu einer Resolution der UNO, in der die Firmen IKL und HDW gerügt wurden.
Die Rüge der UNO veranlaßte die Staatsanwaltschaft Kiel, weisungsgebunden, Ende 1989 mit großem Aufwand Ermittlungsverfahren einzuleiten, obwohl das zuständige Außenministerium auch nach der Resolution mehrfach bestätigte, daß »die auswärtigen Beziehungen der Bundesrepublik Deutschland nicht erheblich gestört wurden«. Damit lagen die Voraussetzungen für die Annahme eines Anfangsverdachts einer Straftat, der erst zur Einleitung von Ermittlungsverfahren berechtigt, nicht vor. Dies hat das Landgericht Kiel in seiner späteren Entscheidung hierzu eindeutig bestätigt.
Wenn gleichwohl die Staatsanwaltschaft am Rande des gerade noch vertretbaren Rahmens Durchsuchungs- und Beschlagnahmebeschlüsse gegen IKL/HDW erwirkt hat, so kann man das nur so erklären, daß politisch motivierte Einflüsse aus der Weisungsspitze hier eine entscheidende Rolle gespielt haben müssen.

Gegen die Durchsuchungen und Beschlagnahmen legten IKL und HDW sofort Beschwerde ein. Am 4.7.1990 entschied dann die 3. Große Wirtschaftsstrafkammer des Landgerichts Kiel, daß eine strafbare Handlung der Geschäftsführer bzw. Vorstände oder anderer Mitarbeiter der Unternehmen nicht vorliegt. Das nicht weisungsgebundene und politisch unabhängige Landgericht stellte im einzelnen für die Personen fest:

1. Es wurde kein Geheimnisverrat begangen.
2. Die »außenpolitischen Beziehungen der Bundesrepublik Deutschland wurden nicht erheblich gestört« (§ 7 AWG).
3. Steuerhinterziehungen liegen nicht vor.
4. Es wurde keine Untreue begangen. (Die Firmen hatten Gelder nach Südafrika zurückgezahlt.)
5. Die Entscheidung der OFD vom 11.1.1988, das Ermittlungsverfahren einzustellen, war richtig.

Dieser Beschluß des Landgerichts Kiel war der größte juristische Erfolg der Unternehmen in der Angelegenheit »IK 97«. Die Staatsanwaltschaft Kiel stellte sämtliche Ermittlungsverfahren gegen IKL- und HDW-Mitarbeiter ein und gab den Vorgang im Sommer 1990 an die OFD Kiel zur nochmaligen Prüfung zurück. Geprüft werden sollte, ob durch spätere Lieferungen gegen das AWG verstoßen wurde. Nach langem Zögern nahm die OFD wegen Verdachts einer Ordnungswidrigkeit ihre Ermittlungen erneut auf.

In umfangreichen Schriftsätzen erläuterten die Firmen, daß es sich bei nachträglichen Lieferungen um keine Fertigungsunterlagen gehandelt hat. Sie erklärten ferner, daß solche zusätzlichen Leistungen erforderlich waren, um mit dem Kunden eine einwandfreie kaufmännische und juristische Endabwicklung zu erreichen. Der oben unter Position 4 erwähnte Vorwurf einer Veruntreuung von Geldern zeigte, wie schwierig es für IKL und HDW war, hier den richtigen Weg zu finden. Die inzwischen in Südafrika eingetretene Entwicklung zeigt darüber hinaus, daß auch die Werften in Zukunft in Südafrika einen ernstzunehmenden Kunden sehen können und sehen müssen.

Von der OFD erneut eingeholte Gutachten erhärteten den IKL-/HDW-Standpunkt: Mit den zusätzlichen Lieferungen konnte weder der südafrikanische Kunde noch irgendeine andere Werft auf der Welt Unterseeboote bauen. Letzteres war im Sinne des AWG von großer Bedeutung.

Diese Sätze werden im September 1992 geschrieben. Zu diesem Zeitpunkt lief das zweite Ermittlungsverfahren der OFD schon über zwei Jahre, ohne daß eine Entscheidung vorlag. Der Autor dieses Kapitels, L. Nohse, hätte gern aus verständlichen Gründen die zweite OFD-Entscheidung – und damit wohl die endgültige Entscheidung in dieser »unendlichen Geschichte« – aufgenommen, andererseits sollte das Erscheinen dieses Buches nicht noch länger verzögert werden.

Am 10.4.1991 erhält das IKL in der Südafrika-Angelegenheit (IK 97) endlich Akteneinsicht. Die Oberfinanzdirektion Kiel (OFD) händigt dazu dem Anwalt des IKL, Dr. Zoglmann, 100 Aktenordner aus, die sie seit der Jahreswende 1985/86, also innerhalb von 5 ¼ Jahren, in dieser Angelegenheit gefüllt hat. Das Foto wurde am 11.4.1991 im großen Besprechungszimmer gemacht. Lutz Nohse und Dr. Abels mit Anwalt Dr. Zoglmann in der Mitte sowie Peter Hansen-Wester im Vordergrund beschäftigen sich mit den fast 9 m langen Akten-Reihen.

On 10.4.1991, IKL finally obtains access to the files in the matter concerning South Africa (IK 97). The Oberfinanzdirektion Kiel (OFD), the cognizant fiscal authority, hands over 100 files to Dr. Zoglmann, IKL's attorney. These files had been filled since the end of 1985, i. e. over a stretch of 5¼ years. The photo was taken in IKL's main conference room on 11.4.1991. Lutz Nohse and Dr. Abels, together with their attorney Dr. Zoglmann in the middle, as well as Peter Hansen-Wester are going through the series of files which is almost 9 m long.

»Die unendliche Geschichte IK 97«

19.2.1986	Erstes OFD-Ordnungswidrigkeitsverfahren gegen L. Nohse, verbunden mit einer Außenwirtschaftsprüfung beim IKL
Sommer 1986	Vorgezogene »große steuerliche Betriebsprüfung« (auch Provisionen) beim IKL **Ergebnis: keine Verfehlungen**
18.12.1986 – Februar 1987 (Ende der Legislaturperiode)	Erster Parlamentarischer Untersuchungs-Ausschuß (PUA) in dieser Angelegenheit. IKL und HDW erklären sich zur Auslieferung von Akten an den PUA erst bereit, nachdem ihren Anwälten vom Bundestag zugesichert wird, daß diese Unterlagen auf »Amtliche Veranlassung geheim gehalten« werden. **Wenige Stunden nach Auslieferung erscheinen die wichtigsten Papiere in den Medien!** Ein Abschlußbericht wird nicht erstellt. Regierungsparteien und Opposition bewerten die Vorgänge unterschiedlich.
Dezember 1986 – Januar 1987	Zwei Geheimhaltungs-Prüfungen bei IKL und HDW durch Bundesministerien. **Ergebnis: keine Verletzungen**
11.1.1988	**Einstellung des OFD-Verfahrens** (7 Ministerien bzw. Behörden wirkten mit)
1988/89	Auswärtiges Amt stellt viermal fest: »Die auswärtigen Beziehungen der Bundesrepublik Deutschland sind nicht erheblich gestört worden« (§ 7 AWG).
20.5.1987 – 26.10.1990	Zweiter PUA in dieser Angelegenheit. Erneut verlangt PUA von den Firmen Akten-Auslieferung. Nach den schlechten Erfahrungen mit dem 1. PUA weigern sich IKL und HDW. **Der zuständige Bonner Amtsrichter gibt den Firmen Recht.** Abschlußbericht mit wiederum unterschiedlicher Bewertung von Koalition und Opposition.
21.11.1989	Auf Drängen des MdB Norbert Gansel rügt die UNO. Obwohl das Auswärtige Amt seine obige Aussage wiederholt, beginnt die Kieler Staatsanwaltschaft erst jetzt mit Ermittlungen. IKL und HDW legen Beschwerde ein.
4.7.1990	3. Große Wirtschaftsstrafkammer in Kiel beschließt wie unter Punkt 1–5 auf S. 138 aufgezählt. **Entscheidender Erfolg der Firmen.**
30.8.1990	Beginn des zweiten OFD-Verfahrens
Frühjahr 1991	Sachverständige: **Weltweit kann keine Werft nach den Unterlagen Unterseeboote bauen.**
September 1992	Immer noch kein Ende!

»The never ending story IK 97«

19.2.1986	First administrative offence proceedings of the Regional Finance Office (OFD) directed against L. Nohse; simultaneously, a foreign trade investigation at IKL.
Summer 1986	Advanced "extensive revenue audit", Including commissions paid, at IKL **Result: no offences**
14,1 18.12.1986 – February 1987 (end of legislative period)	First Investigation Committee (PUA) in this affair. Only after the German Bundestag assures their lawyers that documents shall be treated "SECRET, classified by government regulations", IKL and HDW declare their readiness to deliver documents to the PUA. **The most important documents appear in the media a few hours after delivery of the documents!** A final report of the PUA is not issued. The government parties and opposition evaluate the case differently.
December 1986 – January 1987	Two secrecy investigations at IKL and HDW by Federal Ministries. **Result: no offences**
11.1.1988	**Abatement of action by the OFD** (seven ministries/authorities were engaged).
1988/89	The Department of Foreign Affairs declares on four occasions: "The foreign relations of the Federal Republic of Germany are not substantially disturbed" (§ 7 Foreign Trade and Payments Law (AWG)).
20.5.1987 – 26.10.1990	Second PUA in this affair. Repeatedly the PUA demands delivery of additional documents by the companies. After the unfavorable experience with the first PUA, IKL and HDW refuse delivery. **The competent judge in Bonn agrees with the companies.** In the final report of the PUA the different evaluation of coalition and opposition reappears.
21.11.1989	Urged by the Member of the Bundestag Norbert Gansel, the UNO censures the companies. Although the Department of Foreign Affairs repeats its former declaration, only at this time the Public Prosecutor's Office commences its investigations. IKL and HDW appeal the action.
4.7.1990	The Third Superior Chamber for Criminal Economic Offences in Kiel decides: 1. No secrets were disclosed. 2. The foreign relations of the Federal Republic of Germany were not substantially disturbed (§ 7 AWG). 3. No tax evasions. 4. No fraud (the companies hat repaid monies to South Africa). 5. The decision of the OFD, dd. 11.1.1988, to abate the case was correct. **Decisive success of the companies.**
30.8.1990	Commencement of the 2nd OFD-proceedings.
Spring of 1991	The experts: **No shipyard worldwide can possibly construct submarines according to the drawings delivered.**
September 1992	Still no end to the affair!

13 Büro- und Fertigungsneubauten bei IKL und MG

Bei der Gründung befand sich das IKL 1946 in den gemieteten Räumen der Schwartauer Allee 109 im 2. Stock. Während der Trave-Werft-Tätigkeit von Ulrich Gabler arbeitete das IKL 1949–1956 auf der Teerhofinsel in den Räumen der Trave-Werft und mit dieser eng zusammen. Nach Wiederaufnahme von U-Boot-Entwurf und U-Boot-Konstruktion in der Bundesrepublik Deutschland mietete 1956 das IKL im Hause der Spedition Lüders & Stange, Untertrave 17, Räume, die sehr bald im Hinterhaus erweitert werden mußten. Hier an der Untertrave und an der Petersiliengasse entstanden die Grundlagen für die Klassen 201 und 202. Sehr bald zeigte sich aber, daß die Räume vollkommen unzureichend waren, da das IKL auch die vollständigen Fertigungsunterlagen für diese Boote zu liefern hatte. Die Personalentwicklungsgraphik im Anhang zeigt sehr deutlich, wie groß die Einstellungen in den Jahren 1959–1963 im IKL waren und daß hierfür Büroflächen geschaffen werden mußten. Dieses erfolgte durch den Umzug des IKL im Januar 1959 in den Glashüttenweg 29–35. Hier stand seit Kriegsende das Verwaltungsgebäude der Berlin-Lübecker-Maschinenfabrik (BLM) leer. Die BLM war ursprünglich ein Rüstungsbetrieb und arbeitete nach dem Krieg nur noch mit sehr reduziertem Volumen. Zunächst baute man die auf der Nordseite gemieteten Räume aus. Später folgten die Räume der Südseite. Das Büro war in den 30er Jahren sehr großzügig gebaut worden und für die IKL-Verhältnisse sehr unwirtschaftlich (erhebliche Nebenflächen, die nicht genutzt werden konnten; große Geschoßhöhen; große Fensterflächen ohne Isolierung).

Lediglich die günstigen Mietbedingungen schufen einen Ausgleich, und außerdem konnte in den hohen Büroräumen das seinerzeit noch übliche 1 : 1 Modell in unmittelbarer Nähe der Büros von der Firma Hannemann nach IKL-Anweisungen gebaut werden. In Fortsetzung der Arbeiten aus den 30er und 40er Jahren stellte man jetzt 1 : 1-Modelle des Druckkörper-Bereichs der Klassen 201 und 202 auf. Diese Technik ist später zugunsten der Plexiglas-Modelle im Maßstab 1 : 5 aufgegeben worden (siehe Kapitel 6).

Für die Aufnahme der MASCHINENBAU GABLER GmbH-Fertigung kaufte die Firma am 21.5.1963 das bebaute Grundstück Glashüttenweg 50 (siehe Kapitel 6). Hier handelte es sich also um das erste eigene Grundstück der beiden Gabler-Firmen, das sie am 9.7.1982 an eine Kfz-Werkstatt verkauften.

IKL und MG expandierten, wie an anderer Stelle dargestellt, in diesen Jahren erheblich. Insbesondere bestand

Lübeck, Glashüttenweg 29–35. In diesem ehemaligen Verwaltungsgebäude eines Rüstungsbetriebes des Zweiten Weltkrieges (BLM) war das IKL vom Januar 1959 bis September 1965 untergebracht. Nach und nach wurden alle Etagen gemietet. In den Räumen links oben befanden sich Holzmodelle im Maßstab 1 : 1. Die Fenster waren deshalb weiß gestrichen.

Lübeck, Glashüttenweg 29–35 This former administration building of a World War II armaments factory (BLM) accommodated IKL from January 1959 to September 1965. Gradually all floors were rented by IKL. The rooms at the top left housed wooden full-scale models. Thus the windows were painted white.

Glashüttenweg 50 war das erste eigene Grundstück. Es war mit der im Hintergrund zu sehenden kleinen Halle bei der Übernahme (21.5.63) bebaut, und diese wurde bald nach vorn hin erweitert. Hier entstanden die ersten MG-Ausfahrgeräte. Links der im Bau befindliche 1. Prüfstand. Das Foto wurde im September 1963 gemacht.

Glashüttenweg 50 was first own site, on which the small hall in the background was standing when the site was taken over (21.5.63). Soon the hall was extended towards the front. Here MG's first hoistable masts were manufactured. On the left the 1st test bench under construction. The picture was taken in September 1963.

aber bei MG ein großer Flächenbedarf zur Aufstellung von Werkzeugmaschinen und zur Montage der Ausfahrgeräte. Hinzu kam der Wunsch, beide Firmen möglichst auf einem Grundstück arbeiten zu lassen. Die früheren Produktionsräume der BLM wurden vom Schmalbach-Lubeca-Verpakkungskonzern gekauft und ausgebaut. Bei IKL und MG bestand Unsicherheit bezüglich der langfristigen Verwendung des BLM-Bürogebäudes durch Schmalbach-Lubeca. Zu

1964/65 baute IKL sein erstes eigenes Büro, das heutige »Hauptgebäude«. Im September 1965 zog in die 1. Etage die IKL- und MG-Verwaltung, darunter befanden sich die Kantine und das Archiv (auch heute noch), darüber die einzelnen Konstruktions-Büros, und zwar:
2. Etage Ost: Gruppe K 9 (Büttner)
West: Gruppen K 8 (Popp) und K 13 (Buchholz)
3. Etage Ost: Gruppe K 15 (Limberg)
West: Gruppen K 11 (Heckel) und K 12 (Laaser)
4. Etage Ost: Gruppen K 6 (Dr. Abels) und K 7 (Hahn)
West: Gruppen K 1 – K 5 (Schiffbau)
Die Tätigkeit der einzelnen Gruppen ist aus dem damaligen Geschäftsverteilungsplan (Anhang 6.1) zu ersehen.

1964/65 IKL's first office was built, today's "main building". In September 1965 IKL's and MG's administrative department moved on the 1. floor, below which the canteen and the archives have been situated (still today); above the 1. floor there were the design offices:
2. floor east: group K 9 (Büttner)
west: groups K 8 (Popp) and K 13 (Buchholz)
3. floor east: group K 15 (Limberg)
west: groups K 11 (Heckel) and K 12 (Laaser)
4. floor east: groups K 6 (Dr. Abels) and K 7 (Hahn)
west: groups K 1 – K 5 (Shipbuilding)

The activities of the separate groups can be seen from the organization chart valid at that time (Annex 6.1).

dieser Zeit erschloß die Hansestadt Lübeck das Gelände am Ende des Glashüttenwegs zu einem Gewerbegebiet. Bis zu diesem Zeitpunkt befanden sich hier Felder, und im Zweiten Weltkrieg stand auf diesen Feldern zum Teil Flak, um die Rüstungsindustrie am Glashüttenweg zu schützen. IKL und MG nutzten diese Gelegenheit und kauften von der Hansestadt Lübeck 1963 ein Grundstück mit einer Größe von ca. 10.900 m^2 (IKL ca. 4.300 m^2, MG ca. 6.600 m^2), um hier Büros und die zugehörige Maschinenfabrik zu bauen. Alle Startbedingungen waren optimal. Ungünstig war nur, wie sich bei der späteren Bebauung im einzelnen noch herausstellte, die ringförmige Straße (Niels-Bohr-Ring). Rechteckige Straßenführungen, wie in Gewerbegebieten üblich und später auch von der Hansestadt Lübeck in anderen Stadtteilen angewandt, hätten manches erleichtert. Eine Reihe von Hoch- und Tiefbaufirmen ließen sich ab 1964 am Niels-Bohr-Ring nieder. Die späteren Schwierigkeiten dieser Branche führten in den 70er und 80er Jahren zur Auflösung oder zum Konkurs oder zumindest zu einer Verkleinerung dieser Firmen. IKL und MG konnten freiwerdendes Gebiet, wie im einzelnen noch darzustellen, für Erweiterungen nutzen.

Im November 1964 bezog MG die ca. 800 m^2 große Halle 1 am Niels-Bohr-Ring 5 a, im September 1965 folgte das IKL und verfügte nun am Niels-Bohr-Ring 5 über das fünfgeschossige Bürogebäude mit einer Nutzfläche von 2.050 m^2. Dieser Bau wurde später dann als Hauptgebäude bezeichnet.

Die Zahl der IKL-Mitarbeiter wuchs in den darauffolgenden Jahren, es waren pro Mitarbeiter größere Flächen erforderlich, unter anderem weil für eine Vielzahl von ihnen mehr Schreibtische und größere Ablagen notwendig waren. Außerdem stellte sich heraus, daß der ursprüngliche Gedanke, auf 10 m Gebäudebreite 3 Zeichenmaschinen unterzubringen, sich in vielen Fällen nicht durchführen ließ. Als Folge davon entstand schon ein Jahr später, also 1966, ein erster Anbau, und zwar nach Norden. Dieser war ein erstes Obergeschoß auf Stelzen. 1968 folgten die weiteren Obergeschosse 2–4 und das sogenannte »Teehaus«, ein Besprechungszimmer, das an der Verbindungsstelle vom Nordanbau zum Hauptgebäude auf das Hauptgebäude selbst gesetzt wurde. Schließlich nutzte man 1970 auch den Stelzenbereich durch den Einbau eines Erdgeschosses und darunter befindliche Keller. Auf diese Weise war durch den Nordanbau eine weitere Nutzfläche von ca. 1.250 m^2 gewonnen worden. Zwei Etagen dieses Nordanbaus nutzte man über mehrere Jahre für den Modellbau. Auf diese Weise hatte der Konstruktionsmodellbau eine zentrale Lage für alle Konstruktionsgruppen.

Aber schon 1972 reichte dieser Anbau nicht mehr, und man errichtete deshalb im gleichen Jahr auf dem Hof zwischen Hauptgebäude, Nordanbau und MG-Halle 1 eine provisorische Baracke für den Modellbau. 1974 ließ man diese Baracke demontieren und durch einen festen Bau als Modellbausaal ersetzen. Auch dieser Bereich wurde unterkellert, wie überhaupt bei den folgenden IKL- und MG-Bauten in weiten Bereichen Unterkellerungen vorgenommen wurden, um das vorhandene Gelände besser nutzen zu können.

In der Zwischenzeit waren in der Maschinenfabrik Erweiterungen notwendig. Vor allem für das Wemas-Programm wurde die Halle 2 gebaut, die im April 1970 bezogen wurde. Hiermit gewann man 980 m^2 Halle, 300 m^2 Keller und 350 m^2 Büro- und Sozialräume. Diese 55 m lange und 20 m breite Halle erhielt 1977 eine Verlängerung von 15 m (Bezug im September 1977.)

Die größten Investitionen für Neubauten mußte aber die junge IKL-GmbH vornehmen, und zwar durch zwei Bauschritte:

Schon 1966 mußte das IKL-Hauptgebäude um 1 Etage nach Norden zu erweitert werden. Später wurden dann auf diesen Saal noch 3 weitere Etagen gesetzt und 2 darunter gebaut.
Rechts die 1. MG-Halle, die ebenfalls mehrfach erweitert wurde, davor wird gerade eine vom IKL konstruierte HATRA-Rüttelwalze erprobt (s. Kapitel 7.4)

As early as in 1966, IKL's main building had to be extended by one floor northward. Later on 3 further floors were mounted on top of this floor, and 2 floors were mounted below. On the right MG's first hall which had also to be extended several times; in front, a HATRA jolter, designed by IKL, is tested.

1968 wurden die Etagen 2–4 des Nordflügels an das IKL-Hauptgebäude angeschlossen. Auf Anregung von Prof. Gabler wurde nach Plänen von Hermann Böbs gleichzeitig auf die Verbindungsstelle ein weiteres Besprechungszimmer, das »Teehaus«, gesetzt. H. Böbs war über lange Jahre der Architekt für alle IKL- und MG-Bauten. Das im August 1978 gemachte Foto zeigt Prof. Gabler mit seinen Nachfolgern, Dr. Abels (links), P. Kayser und L. Nohse, während einer Besprechung im »Teehaus«.

In 1968 the floors 2–4 of the northern wing were connected to the main IKL building. On Prof. Gabler's suggestion and following the plans of Hermann Böbs, another conference room, the "Teehaus", was erected where the two buildings were connected. For many years H. Böbs was the architect in charge of all IKL and MG construction works. The picture taken in August 1978 shows Prof. Gabler with his successors, Dr. Abels (left), P. Kayser, and L. Nohse during a meeting in the "Teehaus".

1. 1980 ließ man den Haupteingang zum IKL-Büro abreißen, um an der Ostseite einen Anbau in voller Höhe vorzunehmen, bei gleichzeitigem Umbau eines Untergeschosses und eines Tiefkellers. Dieser Anbau wurde am 2.12.1981 eingeweiht. IKL und MG nutzten die Gelegenheit, um sich Repräsentanten aus dem Land Schleswig-Holstein und der Stadt Lübeck zu zeigen. Zusammen mit dem Untergeschoß waren 6 Etagen mit ca. 1.030 m^2 Nutzfläche gewonnen worden. Das Untergeschoß ent-

Die 1. Baumaßnahme der IKL GmbH war der Ostanbau. Dieser wurde am 2.12.1981 einigen Gästen vorgestellt. Hier sieht man im »Teehaus« Prof. Gabler und L. Nohse mit u. a. Bürgermeister Dr. Knüppel und Staatssekretär Nebel (Kiel).

The first building measure taken by IKL GmbH was the east extensible. This was presented to some guests on 2.12.1981. The picture shows Prof. Gabler and Lutz Nohse and, among others, Dr. Knüppel, Mayor of Lübeck, and Staatssekretär Mr. Nebel (Kiel) in the "Teehaus".

1985 folgten 3 Neu- bzw. Total-Umbauten auf der Westseite. IKL und MG kauften das ex-Grafitti-Gelände von der Firma Golan. MG baute die Fertigungshalle zur Halle 4 um. IKL machte mit großem Aufwand aus der Lager-Halle, wie auf diesem Foto zu sehen ist, 2 übereinanderliegende Modellbau-Säle. Dieser Modellbau-Bereich wurde durch den sogenannten »Westanbau« mit dem Hauptgebäude verbunden.

In 1985 three new constructions, resp. complete rebuildings, followed on the west side. IKL and MG bought the former Grafitti site from Messrs. Golan. MG converted the production hall into hall 4. IKL spared no effort to convert the warehouse into 2 model building rooms, as can be seen in the picture. This model building section was connected to the main building via the so-called "west extension".

hielt die erweiterte Kantine und Konstruktionsräume. In letzteren erhielten ca. 12 Monate bis zu 30 indische Herren ein Design-Training.

2. 1985 kauften die beiden Firmen das westliche Nachbargrundstück. Dieses war ursprünglich von Herrn Grafitti zur Fertigung von Kunststeinplatten bebaut worden. Später übernahm die Firma Lüder und nach dessen Konkurs Golan das Grundstück. 2.000 m^2 des Grundstückes kaufte IKL, den Rest, und zwar ca. 3.200 m^2, MG. IKL baute die langen, schmalen Grafitti-Räume um. In 2 Etagen entstanden sehr moderne Modellbauräume und nach Westen dazu Büros und 2 Hausmeisterwohnungen. Die Neubauten wurden mit dem Hauptgebäude durch einen sogenannten Zwischenbau in voller Höhe verbunden. Dieser Zwischenbau wurde als Westanbau in gleicher Weise wie der Ostanbau für Büros genutzt. In

Am 22.10.1985 konnte der U-Boot-Bereich des Modellbaus seine beiden neuen Säle beziehen. Die Abmessungen dieser Räume sind so groß, daß nun 2 komplette Modelle gebaut werden konnten. Der Handelsschiffbau-Bereich blieb im 3. Modellbau-Saal im Hofanbau.

On 22.10.1985 the department for submarine design model building moved in its 2 new rooms. The dimensions of these rooms are such that now 2 complete models can be built. The sector for merchant vessels remained in the 3. model building room in the yard extension.

Die ständigen IKL- und MG-Erweiterungen erforderten oft den vorübergehenden Einsatz von Containern. So waren in den 80er Jahren in diesen Büros parterre das IK 800-Verbindungsbüro und in der 1. Etage die Zeichnungskontrolle und die Lehrlingsausbildung untergebracht. Heute steht an dieser Stelle das MG-Verwaltungs-Gebäude.

The constant enlargement of IKL and MG often required the temporary utilization of containers. In the 80ies e. g. these offices accommodated on the ground floor the IK-800 liaison office and on the first floor the design control and standardization group and the trainees. Today MG's administrative building is situated in this place.

die jetzt frei gewordene Hausmeisterwohnung im Untergeschoß zogen Pauserei, Geheimarchiv und Fotolabor. Auf diese Weise konnte endlich das Archiv erweitert und modernisiert werden. Durch die Anbauten an der Westseite gewann das IKL insgesamt über 1.800 m^2 Nutzfläche. All diese Einrichtungen haben sich in den folgenden Jahren sehr bewährt, jedoch zeigte es sich, daß die neuen Modellräume zwar in sich sehr gut eingerichtet waren, aber die zentrale Lage, bezogen auf die anderen Büros, fehlte. Eine sinnvolle Nutzung der ehemaligen Grafitti-Räume war nur durch lange, schmale Modellbauräume vertretbar.

MASCHINENBAU GABLER baute die ursprüngliche Grafitti-Produktionshalle zur Halle 4 um und schloß sie durch einen Zwischenbau an die Halle 2 an. Hierdurch entstand eine zusätzliche Nutzfläche von 1.315 m^2. Vor dem Umbau war die leerstehende Golan-Halle schon von IKL/MG gemietet worden, um hier die H_2-Rohre für den neuen Antrieb zu aktivieren (siehe Kapitel 10.1).

Die ständigen Vergrößerungen bei IKL und MG erforderten immer mehr Parkflächen für Firmen-, Kunden- und Mitarbeiterfahrzeuge. Hierfür kaufte man verschiedene Nachbargrundstücke auf, und zwar im einzelnen:

1. Am 10.7.1975 von der früheren Tiefbaufirma Amter das 1.700 m^2 große Grundstück Niels-Bohr-Ring 12b (IKL). Dieses Grundstück erhielt jedoch am 1.8.1990 im Tausch (siehe Punkt 4) die Firma Wiek für ein anderes Grundstück.
2. 1981 erwarb man am Lenardweg 6a von der benachbarten Baufirma Schott & Sohn ca. 2.050 m^2 Fläche, die von dieser nicht mehr benötigt wurden (MG).
3. 1986 wurde die bisher ungenutzte ca. 3.700 m^2 große Fläche an der Hülshorst 9 erworben und von IKL und MG als Parkfläche hergerichtet. Aber auch diese Fläche reichte nicht aus, und man traf mit dem daneben liegenden Sportzentrum eine Vereinbarung derart, daß IKL- und MG-Mitarbeiter am Tage die Parkfläche des Sportzentrums (ehemaliger Ceconetto-Supermarkt) und die Sportler andererseits abends und am Wochenende den IKL-/MG-Parkplatz benutzen dürfen (MG).
4. Westlich des Grafitti-Geländes hatte das Busunternehmen »Ostsee-Kurier« das Grundstück Niels-Bohr-Ring 1a erworben und mit einer 450 m^2 großen Halle bebaut. Später erwarb der Nachbar Wiek Halle und Gelände und tauschte diese mit Wirkung vom 1.8.1990 mit dem unter Punkt 1 genannten Parkplatz. Dadurch erhielt das IKL eine weitere Parkfläche mit 1.626 m^2. Die restlichen 821 m^2 erhielt MG, einschließlich der erwähnten Halle, in welcher sich seitdem die MG-Malerei befindet.

Auf diese Weise schuf man insgesamt ca. 450 Parkplätze. Zum Kauf der Grundstücke und zur Herrichtung als Parkflächen mußten erhebliche Beträge investiert werden, die im eigentlichen Sinne nicht produktiv genutzt werden können. Darüber hinaus können die Beschaffungskosten für die Grundstücke nicht einmal abgeschrieben werden!

Die Produktion von Thermoform-Maschinen und zugehörigen Werkzeugen erforderte immer mehr Hallenflächen, zumal solche Maschinen in kleinen Losen wirtschaftlich gebaut werden müssen. Den Anfang machte die Halle 3, die im Dezember 1982 bezogen wurde (700 m^2 Halle, 516 m^2 Hallenkeller, 250 m^2 Büro- und Sozialräume). Diese Halle wurde im Oktober 1985 um 25 m und im September 1987 um weitere 40 m verlängert. In beiden Fällen handelt es sich um die Einzugsdaten. 1986 stockte man die Büros an der Ostseite der Halle um weitere 83 m^2 auf (Einzug: 10/86). Damit hat die Thermoform-Maschinenbauhalle 3 jetzt ca. 2.000 m^2 Nutzfläche, 516 m^2 Keller, 330 m^2 Büro- und Sozialräume.

Auf der Nordseite der Halle 3 kaufte MG schließlich 1987 das Gelände der ehemaligen Tiefbaufirma Stieper und baute anschließend das Wohn- und Bürogebäude als Büro der Arbeitsgemeinschaft der Klasse 212 der beiden deutschen U-Boot-Werften um und erweiterte es mit einem Anbau für einen Besprechungsraum. Im Sommer 1988 zog das Management der ARGE 212 in diese Räume ein. Die Räume bildeten eine wesentliche Grundlage für die zügige Abwicklung der Konzept- und Definitionsphasen Klasse 212 in enger Zusammenarbeit der beiden U-Boot-Werften mit dem IKL.

Neben den geschilderten Büro- und Produktionsräumen beider Firmen richtete man vorübergehend oder auch längerfristig in größerem Umfang Containerbüros ein, die zum Teil mehrfach ihren Platz wechselten. Teilweise dienten diese Büros zur Aufnahme von Kundenvertretern für die Begleitung umfangreicher Entwicklungen oder für Design-Training. Für die Programme IK 80 und IK 800 waren längere Zeit Israelis unterzubringen, für ein Design-Training außer den schon erwähnten Indern mehrfach Brasilianer. 1986 wurde auf dem ehemaligen Grafitti- und jetzt MG-Gelände eine ca. 260 m^2 große Baracke aufgestellt, die zu Beginn den Namen »Australia House« trug, denn in diesem Gebäude waren 1986 die australischen Herren untergebracht, die seinerzeit die Entwicklung in Lübeck begleiteten, sowie das Management für dieses Vorhaben. Nach Abschluß dieser Arbeiten zog die Logistik-Abteilung in dieses Gebäude. Im Frühjahr 1989 mußten schließlich weitere Container gekauft werden, um spanische Herren für mehrere Wochen in Lübeck aufzunehmen. Neben den beiden schon erwähnten Baracken (Modellbau und Australia House) kauften beide Firmen insgesamt 30 Containerbüros. Die ersten 1979 erworbenen 5 Container dienten ursprünglich dem Modellbau. Für einige Jahre befand sich in diesen Räumen die Finanzabteilung von IKL und MG.

1989/1990 nahm MG weitere Investitionen vor, und zwar erweiterte sie zu Beginn des Jahres 1989 die Halle 1 an der Ostseite zur Aufnahme einer größeren Schweißerei. Es folgte ein weiterer Hallenanbau und außerdem an der Ostseite ein Bürotrakt für die zentrale MG-Verwaltung einschließlich Verkauf. Beide Gebäude erhielten, wie schon früher bei Hallenerweiterungen, einen Keller. Somit ist also jetzt für die Halle 1 das gesamte Gelände zwischen Halle 4 und der Grundstücksgrenze am Niels-Bohr-Ring ausgenutzt. Beim Schreiben dieser Zeilen sind weitere Produktionsflächenerweiterungen für MG, und zwar für zivile Fertigungen, vorgesehen. Am 22.2.1991 erwarb man hierfür das Grundstück Lenardweg 8.

14 Neue Arbeitsmethoden (EDV und CAD)

Kapitel 11 nennt die erheblichen Investitionen des IKL, zum einen für neue zusätzliche Gebäude und zum anderen für EDV-Kapazitäten. Im letzteren Falle ist dieses auf die Einführung der Datenverarbeitung in Dienstleistungsbetrieben, und hier speziell auf die Einführung von CAD (Computer Aided Design), zurückzuführen. Bei der elektronischen Datenverarbeitung (EDV) ist im IKL im wesentlichen zwischen 4 Bereichen zu unterscheiden:

1. technisch-wissenschaftliche Rechner
2. kaufmännische EDV-Anlage
3. Computer Aided Design
4. Textverarbeitung

Der erste technisch-wissenschaftliche Rechner wurde im Oktober 1969 angeschafft, und zwar ein DEC-Rechner vom Typ PDP-8/I. Im Mai 1977 folgte ein zweiter Rechner vom Typ PDP-11/34, der 1984 verkauft wurde. Diese beiden Rechner nutzte man vorrangig für Festigkeitsrechnungen einerseits und andererseits für die im Unterseeboot-Bau sehr umfangreichen Gewichts- und Volumenrechnungen (einschließlich Trimm- und Stabilitätsnachweise). Im Februar 1982 folgte als zentraler Rechner eine VAX 11/750. Dieser Rechner wird seitdem auch für das Stücklistenwesen in Zusammenarbeit mit HDW eingesetzt. Jede Konstruktionsgruppe erhielt hierfür einen Bildschirmarbeitsplatz, an dem die Konstrukteure über eine Standleitung Zugriff zu dem HDW-Rechner haben, um festzustellen, welche Halbzeuge und Werkstoffe bei HDW verfügbar sind. Über die Standleitungen werden auch die Stücklisten vom IKL zu HDW durchgegeben. Dieses Verfahren fand bei den Indien-Booten, also IK 70, in den Jahren 1982/1983 erstmalig Anwendung.

Im Mai 1988 folgte ein weiterer DEC-Rechner, und zwar eine MICRO-VAX II, und im gleichen Jahr erwarb man 5 Personal-Computer.

Dem Trend der Hardwarehersteller, immer mehr Intelligenz vor Ort zur Verfügung zu stellen, ist das IKL im Jahre 1990 gefolgt. Es wurde eine spezielle Rechnergruppe für die Stücklistenbearbeitung zu HDW in Form einer DEMSA-BOX (PDP 11) und einer MICRO-VAX 3100 installiert. Eine weitere MICRO-VAX 3100 zur Entlastung der VAX 11/750

In den ersten Jahren wurde CAD (Computer Aided Design) ausschließlich in einem zentralen Saal betrieben, wie das Foto zeigt. Nach und nach erfolgt nun die Installation von CAD-Arbeitsplätzen in den verschiedenen Entwurfs- und Konstruktions-Gruppen.

In the first years CAD (Computer Aided Design) was performed in one room only as shown in the picture. Step by step CAD workstations are now installed in the various design groups.

folgte. Die VAX 11/750 tauschte man 1991 gegen eine VAX 4000/Modell 300 aus. Die Anzahl der Personal-Computer stieg in den folgenden Jahren auf über 30 an.
Nach langen Vorbereitungen entschloß sich das IKL im Februar 1987, mit der Einrichtung einer Datenbank zu beginnen. Hierfür wurde die Software INGRES gekauft. Seit dieser Zeit wird die zentrale VAX 11/750 zu einem sehr großen Teil für INGRES benutzt.
Der kaufmännische Bereich arbeitete schon seit Mitte der 60er Jahre mit einer externen Lohnbuchhaltung. Im August 1969 wurde dann ein erster kleiner Kienzle-Buchungsautomat gekauft, der im Februar 1974 durch einen Kienzle-Magnet-Konten-Computer ersetzt wurde. Ein Brand zerstörte diesen im Mai 1977, weswegen man ihn durch ein neues Kienzle-Computer-System, und zwar eine Display-Anlage, ersetzte.
Die Arbeit mit den aufgezählten DEC-Rechnern war zufriedenstellend. 1985 begann man, auch den kaufmännischen Bereich auf DEC-Rechner umzustellen, zumal in der Betriebsabrechnung sich der technische und der kaufmännische Bereich berühren. Nach einem Jahr mußte dieser Versuch aber abgebrochen werden, da die Software für die kaufmännischen Belange unausgereift war. Daraufhin kehrte das IKL im kaufmännischen Bereich wieder zur Firma Kienzle zurück, und es wurde im Oktober 1986 ein Kienzle-Dialog-Computer vom Modell 9188 angeschafft, der im Juni 1987 um 2 Plattentürme und im März 1989 um einen zweiten Rechner erweitert wurde.
Im Dezember 1982 startete das IKL die CAD-Arbeit durch Einrichtung von 2 HP-Arbeitsplätzen für zweidimensionale Bearbeitung. Im November 1983 folgte ein dritter und 2 weitere im März 1985. Diese 5 »zweidimensionalen« Arbeitsplätze nutzte man vorrangig für schematische Rohrpläne, Kabelpläne und Betriebsführungspläne. Ab Oktober 1985 folgte der große Schritt durch Einführung des »dreidimensionalen« Applicon-Systems mit einem weiteren DEC-Großrechner vom Typ VAX 11/785. Zusammen mit dieser VAX wurden 1985 die ersten 6 Arbeitsplätze eingerichtet. 1986 folgten 4 weitere, 1988 6 Arbeitsplätze und 1989 nochmals 2 Arbeitsplätze für dieses System. Zu Beginn lief dieses System für sogenannte Vorphasen-Arbeiten, und zwar für die Klassen 211, 212, IK 800 und das Australien-Projekt IK 83, ab 1988 dann für Konstruktionsarbeiten, und zwar für die 209er Boote für Korea (IK 76) und die Klasse 209/1400 für die Türkei, also für Arbeiten, für welche dieses System vorrangig gedacht ist. Schließlich erhielt im Juli 1989 das STEERBEAR-System noch einen weiteren CAD-Arbeitsplatz, und einer der vorhandenen Arbeitsplätze wurde eingesetzt. Für die umfangreichen Stahlschiffbauarbeiten mußte Mitte '90 und Anfang '91 die CAD-Anlage um 2 weitere STEERBEAR-Arbeitsplätze erweitert werden, so daß auf 4 Arbeitsplätzen Stahlschiffbauarbeiten durchgeführt werden können. 1991 modernisierte man 7 alte CAD-Arbeitsplätze und schaffte 2 weitere CAD-Arbeitsplätze an. Somit verfügte das IKL zum Jahresende 1991 über 28 CAD-Arbeitsplätze.
Aus diesen kurzen Angaben ist zu ersehen, daß das IKL in mehrjähriger Arbeit über ausreichende Erfahrungen im CAD-Bereich verfügt. IKL kann für sich in Anspruch nehmen, in Schleswig-Holstein einerseits und in der deutschen Schiffbauindustrie andererseits Pionierarbeit für CAD geleistet zu haben. Andere Werften, wie HDW, TNSW, Lürssen und Blohm & Voss, haben sich dem IKL angeschlossen, und inzwischen ist das IKL in der Lage, mit den beiden U-Boot-Werften im Verbund zu arbeiten, zumindest sind beim Schreiben dieses Buches die Anfänge dafür gemacht. Die Einführung von CAD war in personeller und technischer Hinsicht unproblematischer als beim Beginn gedacht. Bei den Mitarbeitern bestand von Anfang an hierfür ein großes Interesse. Die Schulung erfolgt im eigenen Haus. Durch externe Schulung wurden einige wenige IKL-Spezialisten ausgebildet, die ihr Wissen dann im Hause weitergeben.

Die 3D-CAD-Technik ermöglicht auch das Herausholen von Details (Zoom-Technik), wie hier an einem Maschinenraum gezeigt.

CAD technology enables also details to be zoomed, as shown by the example of an engine room.

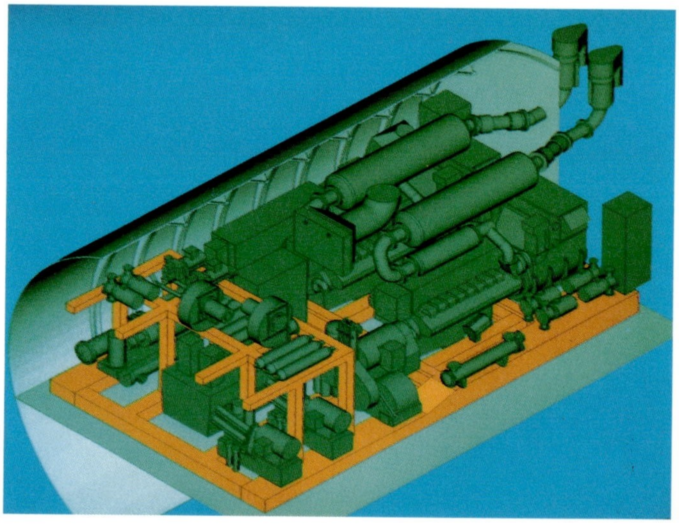

CAD ist für die Vorphasen-Arbeit, und hier insbesondere für Entwurfsarbeiten, eine große Hilfe und gibt mehr Flexibilität. Bei den Konstruktionsarbeiten, also bei der Anfertigung von Fertigungsunterlagen für die U-Boot-Werften, versetzt CAD das IKL in die Lage, in den vorgegebenen Zeiten (2–3 Jahre für eine vollkommene Neukonstruktion) solche Unterlagen in immer größerer Tiefe, wie für moderne Fertigungen notwendig, liefern zu können. In Zusammenarbeit zwischen CAD einerseits und Dokumentation/Logistik andererseits werden außerdem noch große Rationalisierungseffekte erwartet (siehe Kapitel 7.6). Bei dem Auftrag IK 76

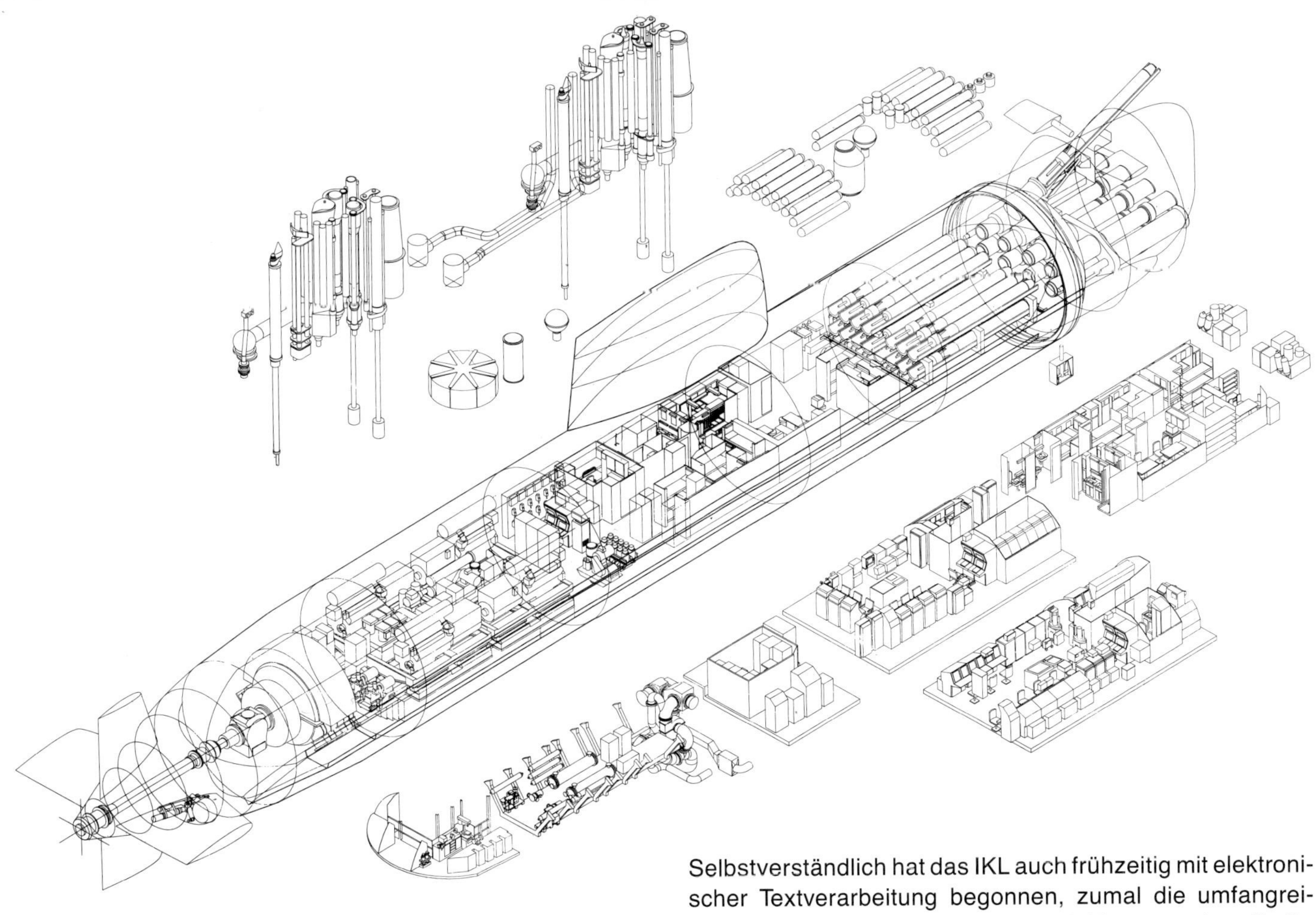

Diese Zeichnung zeigt eine besondere Möglichkeit der CAD-Technik, wie sie im IKL schon seit Jahren benutzt wird, die 3D-Darstellung. Solche Zeichnungen sind vor allem für folgende Aufgaben wichtig:

1. Frühe Diskussion mit dem Auftraggeber, hier z. B. über Varianten beim Waffen- und Führungs-System.
2. Fertigungsplanungen, hier z. B. für Modulbauweise.
3. Spätere Logistik-Unterlagen.

This drawing shows a sophisticated possibility of utilizing CAD technology, which has been applied at IKL for many years – 3D-representation. Such drawings are important first and foremost for the following tasks:

1. *Discussions with the customer already early on, e. g. on variantes relating to the command and weapon control system.*
2. *Manufacturing plannings, e.g. for module construction.*
3. *Logistic documents to be drawn up later on.*

(Klasse 209 für Südkorea) wird außerdem CAD erstmalig im HDW-U-Boot-Bau nicht nur für isometrische Zeichnungen zur Vorfertigung von Rohrleitungen, sondern auch zur Erstellung von Datensätzen für das Biegen der Rohre angewandt, d. h. hier wurde der Anfang für CAM (Computer Aided Manufacturing) gemacht. Die umfangreichen CAD-Investitionen geben dem IKL außerdem die Möglichkeit, in der Zukunft noch enger mit den beiden U-Boot-Werften zusammenarbeiten zu können.

Selbstverständlich hat das IKL auch frühzeitig mit elektronischer Textverarbeitung begonnen, zumal die umfangreichen und anspruchsvollen Neuentwicklungen, wie z. B. die Klassen 206 A, 211, 212, IK 800 und die Eigenentwicklung 219, neben den Zeichnungen und Berechnungen immer mehr Textverarbeitung erforderten.

Dementsprechend schaffte das IKL schon im August 1978 einen ersten Redactron-Textcomputer an, der im Februar 1980 und im November 1981 jeweils erweitert wurde. Im August 1984 schaltete das IKL auf eine Eritron-Textverarbeitungsanlage um, die ein Jahr später erweitert wurde. Den vorläufigen Abschluß bildete aber im Mai 1986 noch eine sehr aufwendige Eritron-Textverarbeitungsanlage, für die allein DM 350.000,– ausgegeben werden mußten.

Die geschilderten EDV-Investitionen haben schließlich im Sommer 1986 einen Umfang angenommen, der mit einem Aufwand von ca. DM 250.000,– eine Ethernet-Verkabelung in den IKL-Büros erforderte.

Seit 1991 ist das Ethernetnetz auch auf die Schwesterfirma MASCHINENBAU GABLER ausgedehnt, so daß eine reibungslose Kommunikation zwischen den Rechnern beider Firmen stattfindet.

Bis Ende 1989 investierte das IKL für alle 4 EDV-Bereiche ca. DM 9 Mio., davon ungefähr die Hälfte allein für CAD. In diesen Zahlen sind nicht enthalten: die IKL-Eigenleistung für Software, die Schulungs- und die Anlaufkosten, jedoch ca. 150 Bildschirm-Arbeitsplätze. Das bedeutet, daß fast alle IKL-Mitarbeiter ständig oder zumindest zeitweise am Bildschirm eingesetzt werden.

15 Vorlesungen, Vorträge, Fortbildung

Von 1958–1977 hielt U. Gabler im Rahmen eines Lehrauftrages an der Universität Hamburg Vorlesungen über den Unterseeboot-Bau einerseits und den Überwasserkriegsschiffbau andererseits. Im Rahmen dieses Auftrages ernannte die Universität U. Gabler 1963 zum Honorarprofessor. Beide Vorlesungen führte seit 1977 Dr. Abels weiter.
Folgende IKL-Mitarbeiter hielten an den Fachhochschulen Kiel und Lübeck Vorlesungen:

K.-H. Windler
Fachhochschule Lübeck:
1982–1984 »Regelungstechnik«
1985–1987 »Elektrische Antriebe«
Fachhochschule Kiel:
1983–1984 »Grundlagen der Elektrotechnik«

H. Angenendt
Fachhochschule Lübeck:
erstmalig Sommersemester 1990 »Elektrotechnik in Anlagen und Systemen«

Dr. H. J. Bohlmann
Fachhochschule Lübeck:
1983–1989 »Nachrichtentechnik für Studenten der Energietechnik« (6. Semester)
1990 »Übungen zu Grundlagen der Elektrotechnik« (2. und 3. Semester)

U. Benthien
Fachhochschule Lübeck:
seit Sommersemester 1990 »Grundlagen der Anlagentechnik unter Berücksichtigung der heutigen und zukünftigen Energiewirtschaft«

Das IKL unterstützt seit Jahrzehnten die U-Lehrgruppe (früher in Neustadt, seit 1989 in Eckernförde) der Unterseeboot-Flottille der Bundesmarine bei der Ausbildung von Kommandanten und Schiffstechnischen Offizieren. Dieses geschah über lange Zeit dadurch, daß befähigte IKL-Mitarbeiter mehrwöchigen Unterricht in Neustadt gaben, und zwar in verschiedenen Fächern des Unterseeboot-Entwurfs und der U-Boot-Konstruktion. Zu diesem Unterricht gehörte auch das Schreiben von Klassenarbeiten! Später schränkte man bei den Lehrgängen den theoretischen Teil zugunsten der Praxis ein. Dies führte dazu, daß die angehenden Kommandanten bzw. STOs während ihres Lehrganges an einem vollen Tag in Lübeck Vorträge hören. Unten ist als Beispiel das Programm aus dem Jahre 1989 wiedergegeben.
IKL-Fachkräfte (Spezialisten) halten ebenfalls seit Jahren U-Boot-technische Vorträge an folgenden Stellen: Bundeswehrakademie Mannheim, Führungsakademie Blankenese und Technische Marineschule Kiel. Zu den Vorträgen in Mannheim gehörten über mehrere Jahre Grundlageninformationen über die neuen außenluftunabhängigen Antriebe. In Blankenese wird vor angehenden Stabsoffizieren der Bundesmarine sowie vor ausländischen Marinen vorgetragen. In diesem Zusammenhang ist darauf zu verweisen, daß das Verteidigungsministerium wiederholt mit den in Bonn akkreditierten ausländischen Wehrattachés das IKL besuchte.
Selbstverständlich haben auch IKL-Mitarbeiter stets auf den Hauptversammlungen der Schiffbautechnischen Gesellschaft oder auf anderen Veranstaltungen der STG Vorträge gehalten. Im November 1989 gab es zum Thema U-Boot-Bau einen ganzen Block von Vorträgen. Aus dem im folgenden wiedergegebenen Programm ist zu ersehen, daß das IKL auch hier in enger Zusammenarbeit mit den beiden Werften gearbeitet hat. In ähnlicher Weise haben IKL, HDW und TNSW wiederholt auf den Tagungen der RINA (Royal Institute of Naval Architects) über ihre Arbeiten berichtet. Gerade auf diesen Tagungen treffen sich praktisch aus allen Teilen der Welt U-Boot-Konstrukteure, U-Boot-Bauer und U-Boot-Fahrer.

PROGRAMMABLAUF
für den Besuch der Lehrgangsteilnehmer der U-Lehrgruppe im IKL

8.15 Uhr	Ankunft/Begrüßung	Hr. Hartmann
8.20 Uhr	Präsentation der Firmen INGENIEURKONTOR LÜBECK (IKL) und MASCHINENBAU GABLER (MG)	Hr. Hartmann
8.45 Uhr	Entwicklung und Konstruktion von konventionellen U-Booten/ Neue U-Boot-Entwürfe	Hr. Ingwersen
10.00 Uhr	Maßnahmen zur Verbesserung der Signaturen	Hr. Dr. Franitza
11.00 Uhr	Außenluftunabhängige Antriebssysteme (Schwerpunkt: Brennstoffzelle)	Hr. Benthien
12.15 Uhr	Entwicklungen im Bereich Fahranlage/ E-Anlage	Hr. Jensen
13.00 Uhr	Mittagessen	

13.30 Uhr	Rundgang im IKL	
	– Modellbau	Hr. Sennert
	– CAD	Hr. Cordts
14.30 Uhr	Logistik	Hr. Lohrke
14.45 Uhr	Abschließende Fragen/Diskussion	
15.15 Uhr	Veranstaltungsende	

FACHVORTRÄGE
vor der Schiffbautechnischen Gesellschaft am 24.11.1989 in Hamburg

Unterwasserfahrzeuge
Leitung: Min.-Dirig. R. Beck

10.30 Uhr	Entwicklungen bei bemannten Unterwasserfahrzeugen Dr.-Ing. F. Abels, Ingenieurkontor Lübeck Dipl.-Ing. D. Rathjens, Howaldtswerke-Deutsche Werft AG, Kiel Dipl.-Ing. H. v. Nitzsch, Thyssen Nordseewerke, Emden
11.10 Uhr	Außenluftunabhängige Antriebe Dipl.-Ing. E. Gruhl, Thyssen Nordseewerke, Emden Dr.-Ing. K. Knaack, Ingenieurkontor Lübeck Dipl.-Ing. K. Winkler, Howaldtswerke-Deutsche Werft AG, Kiel
11.40 Uhr	Signaturanforderungen an U-Boote Dr.-Ing. S. Franitza, Ingenieurkontor Lübeck Dipl.-Ing. W. Neigenfind, Howaldtswerke-Deutsche Werft AG, Kiel Dipl.-Ing. D. Wittekind, Thyssen Nordseewerke, Emden

Entsprechend seiner Aufgaben und Strukturen gibt es zumindest seit den 60er Jahren ein umfangreiches Fortbildungsprogramm im IKL. Ein hauptamtlicher Bibliothekar verwaltet ca. 1.500 Bücher und ca. 300 regelmäßig erscheinende Zeitschriften. Bücher und Zeitschriften stehen allen IKL- und MG-Mitarbeitern zur Verfügung. Neben der Fortbildung werden sie natürlich auch für einige Arbeiten direkt benutzt.
Im Winterhalbjahr finden regelmäßig an einem Wochentag in Abständen von 14 Tagen am Spätnachmittag sogenannte »Kantinenvorträge« statt. Mitarbeiter aus beiden Firmen tragen aus ihren Arbeitsgebieten vor oder berichten über allgemein interessierende Probleme der Fortbildung. Diese Vorträge sind so angelegt, daß ausreichend Zeit für Diskussionen vorhanden ist. Darüber hinaus können die Mitarbeiter bestimmte Kurse besuchen. Hier sind zu unterscheiden:
Sprachkurse:
Seit ca. 20 Jahren bietet das IKL in den eigenen Räumen unentgeltlich für alle Mitarbeiter englische Sprachkurse an, darüber hinaus auch in kleinerem Umfang spanische Kurse. Dieser Unterricht erfolgt ebenso wie die Kantinenvorträge außerhalb der Arbeitszeit. Das IKL trägt die Kosten der Lehrkräfte, die von Fachinstituten kommen.
Kurse, die der allgemeinen Weiterbildung dienen:
Mitarbeiter können auf eigenen formlosen Antrag hin oder auf Veranlassung ihrer Vorgesetzten zu solchen Kursen geschickt werden. Das Ergebnis dieser Kurse soll langfristig den Mitarbeitern selbst und der Firma dienen. Für solche Kurse nehmen die Mitarbeiter Urlaub, oder sie nutzen hierfür ihre Gleitzeit. IKL oder MG tragen sämtliche Nebenkosten, wie Kursuskosten, Reisekosten einschl. Übernachtung und Tagesspesen, so daß also die Mitarbeiter keine besonderen Aufwendungen haben.
Spezielle Kurse:
Hier geht es um Themen, die in direkter Verbindung zu laufenden Aufträgen stehen. In solchen Fällen können die Mitarbeiter die Kurse auch innerhalb der Arbeitszeit besuchen.
Darüber hinaus fahren IKL- und MG-Mitarbeiter auf Kosten der Firmen innerhalb ihrer Freizeit in großem Umfang seit Jahren zu Messen, wie z. B. nach Hannover und nach Hamburg zur Ausstellung »Schiff und Maschine«.

In den 70er Jahren hatte das IKL in enger Zusammenarbeit mit dem Werk Lübeck der Orenstein & Koppel und der damals noch bestehenden Schlichting-Werft sowie der Fachhochschule Lübeck ein sogenanntes »Kontakt-Studium« ins Leben gerufen. Dieses sollte vorrangig der Weiterbildung von Diplom-Ingenieuren dienen. Hier handelte es sich um Abendvorlesungen in den Räumen der Fachhochschule, gehalten von Dozenten der Fachhochschule oder Firmenkräften. Gedacht war unter anderem an die Weiterbildung von FH-Maschinenbau- und Elektrotechnik-Ingenieuren zu Fachleuten für Schiffsmaschinenbau und Schiffselektronik. Die Firmen haben dieses Kontakt-Studium ins Leben gerufen in der Hoffnung, daß ein öffentlicher Träger dieses weiterführen würde, leider ohne Erfolg. Die Deutsche Angestellten Gewerkschaft Lübeck hat sich bemüht, den besonderen Vorlesungsbetrieb noch eine Zeitlang aufrechtzuerhalten. Leider mußte das Kontakt-Studium aufgegeben werden, da kein anderer öffentlicher Träger sich fand und die Kosten für die DAG oder für die Firmen zu hoch wurden, zumal die Aufwendungen bei IKL und MG selbst für die oben beschriebenen Programme ohnehin schon erheblich sind.
Besonders große finanzielle und personelle Anstrengungen mußten bei der Einführung der verschiedenen EDV-Einrichtungen, und hier wiederum insbesondere von CAD, getroffen werden. Hierüber wurde in Kapitel 14.1 berichtet.

16 Berufsständische Vereinigungen, Lehrlingsausbildung

Von ca. 130 promovierten und diplomierten Ingenieuren sind naturgemäß viele Mitglied der Schiffbautechnischen Gesellschaft (STG) und/oder des Vereins Deutscher Ingenieure (VDI). Für die STG gilt dieses um so mehr, da ein großer Teil der Schiffbau- und Schiffsmaschinenbau-Absolventen der Technischen Universitäten Berlin, Hannover und Hamburg im IKL tätig sind.

Außerdem ist Dr. Abels – gewissermaßen als Nachfolger von Prof. Gabler – seit Jahren im Vorstandsrat der STG und ab 1.1.1990 einer der beiden Stellvertreter des Vorsitzenden.

An weiteren wichtigen, langjährigen Funktionen von IKL-Mitarbeitern innerhalb der STG sind zu nennen:

Dr. Knaack – Leiter des Fachausschusses »Schiffsmaschinenbau« und Fachausschußmitglied »Automation«

Dr. Ritterhoff – Fachausschußmitglied »Schiffsmaschinenbau und Automation«

L. Nohse und als Nachfolger K.-H. Windler – Fachausschußmitglied »Elektrotechnik«. Dr. Knaack ist außerdem langjähriger 2. und später 1. Vorsitzender des Ortsvereins Lübeck des VDI.

An dieser Stelle soll auch über die wichtige Funktion des IKL innerhalb der Normstelle Marine berichtet werden:

Die Normung erfolgt in Deutschland durch das Deutsche Institut für Normung (DIN). Dieses ist ein eingetragener Verein. Mitglied dieses Vereins ist die Normstelle Marine (NM), die wiederum seit einigen Jahren mit dem Handelsschiffbau Normausschuß (HNA) vereint ist. Die Normstelle Marine wird von ihren Mitgliedern getragen. Mitglieder sind das BWB und alle Firmen, die sich in Deutschland mit Kriegsschiffbau beschäftigen, also Werften, Konstruktionsbüros und Zulieferanten. Das IKL ist seit der Gründung der Normstelle Marine Mitglied. Es wurde über lange Zeit im Beirat und in der Fördererversammlung durch L. Nohse vertreten. Die eigentliche Arbeit erfolgt in Fachbereichen und selbständigen Arbeitsausschüssen. Dabei gehört die U-Boot-Normung zum Arbeitsausschuß »Schiffstechnische Sonderanlagen (STS)«. Obmann von STS waren bzw. sind nacheinander: L. Nohse, K. Stülpner und jetzt P. Krüger. Dieser Arbeitsausschuß verfügt wiederum über Unterausschüsse:

- STS 2: Rohrleitungsanlagen, Bauelemente
- STS 3: Hydraulikanlagen
- STS 4: Schiffstechnische Sonderanlagen, Elektrotechnik

Anzahl der Einstellungen von Auszubildenden beim IKL
Number of Appventices employed by IKL

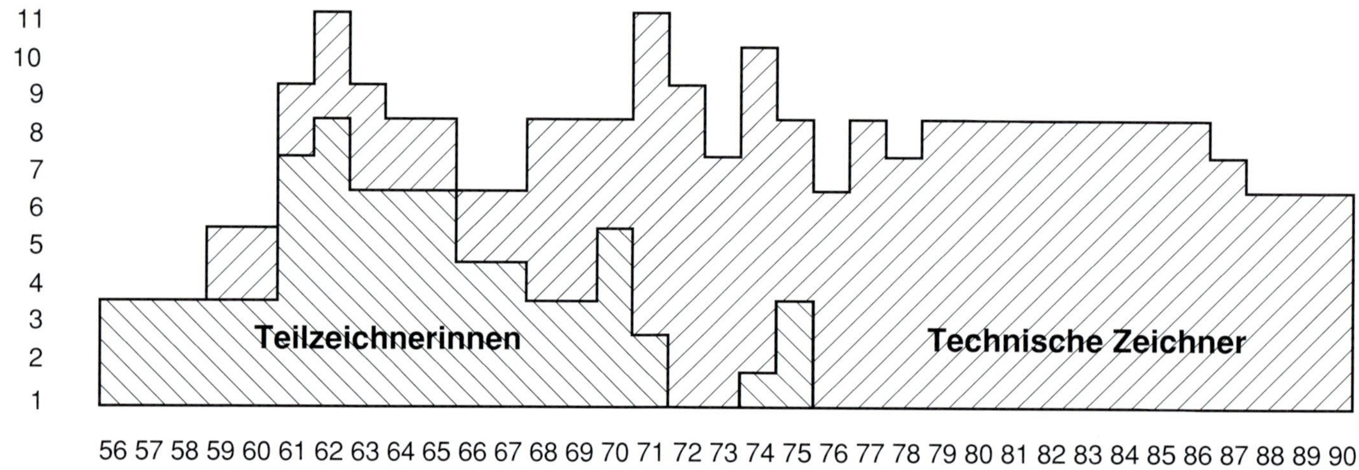

Auch diese Unterausschüsse werden seit Jahrzehnten von IKL-Spezialisten geleitet, und die Arbeit erfolgt in enger Zusammenarbeit mit Vertretern der Werften und der Zulieferanten.

Nach Wiederaufnahme des Unterseeboot-Baus bzw. der Unterseeboot-Konstruktion in Westdeutschland hat das IKL eine Vielzahl von Werksnormen herausgegeben, die zu benutzen waren, wenn aus technischen Gründen die Normen von DIN und HNA nicht ausreichten. Im Laufe der Zeit sind diese IKL-Normen zu einem großen Teil in Marinenormen umgewandelt worden. Normungsarbeiten sind seit langer Zeit im IKL in der Gruppe K16 mit der Zeichnungskontrolle und der Ausbildung von Lehrlingen verbunden. Langjähriger Gruppenführer von K16 war L. Loppenthien, sein Vertreter M. Wawersig. Das IKL bildet vor allem technische Zeichner aus, seit einigen Jahren aber auch Industrie- und Bürokaufleute. Die technischen Zeichner erhalten die praktische Ausbildung bei MASCHINENBAU GABLER. In den vergangenen 35 Jahren wurden im IKL ca. 250 junge Menschen erfolgreich ausgebildet, davon ca. 150 mit besonders guten Ergebnissen (siehe Grafik auf Seite 152). Im Juni 1984 sprach der Bundespräsident dem IKL für beispielhafte Leistungen in der Berufsausbildung junger Menschen seine besondere Anerkennung aus. 1988 stellte das IKL durch Peter Riede (Sohn des MG-Modellbau-Konstrukteurs Burkhard Riede) den »Landesbesten« als Technischen Zeichner. L. Loppenthien war über lange Zeit Mitglied des Prüfungsausschusses bei der Industrie- und Handelskammer Lübeck. Ein sehr großer Teil derjenigen, die im IKL den Beruf des Technischen Zeichners gelernt haben, hat sich durch Abend- oder Fernkurse weitergebildet, wurde so später Teilkonstrukteur oder Konstrukteur. Darüber hinaus haben viele von ihnen erfolgreich eine Fachhochschule besucht und kehrten als Diplom-Ingenieure zurück.

17 Blick in die Zukunft

Dieses Kapitel wurde fast zwei Jahre nach der sogenannten »Wende« mit allen ihren nationalen und internationalen Folgen geschrieben. Die Veränderungen in Deutschland und vor allem die Verbesserungen im Ost-West-Verhältnis – und hier wiederum speziell im Verhältnis der beiden Supermächte – werden einen großen Einfluß auf die Entwicklung der deutschen Rüstungsbetriebe und dementsprechend auch auf die Entwicklung von IKL und MG haben. Die Erkenntnisse des Jahres 1990 führten Geschäftsführung und Gesellschafter beider Firmen zu einem klaren Konzept, das wie folgt zu sehen ist:

Das IKL war in der Vergangenheit überwiegend mit U-Boot-Entwurf und U-Boot-Konstruktion beschäftigt. Darüber hinaus gab es aber eine Vielzahl von Diversifikationserfolgen, wie sie im einzelnen in Kapitel 7 beschrieben sind. Das zweite U-Boot-Bauprogramm der Bundesmarine (die Klassen 206 A, 211 und 212) führte zu einem besonderen Engagement im U-Boot-Geschäft, denn parallel zu den Behördenaufträgen durfte und konnte im Export nicht nachgelassen werden. Das IKL war sich zusammen mit seinen Partnern HDW, TNSW und Ferrostaal einig, daß die deutsche Führungsposition auf dem internationalen Markt gehalten werden mußte. Dieses führte logischerweise zu starken Kapazitätsbindungen in Lübeck.

Das offensichtliche Ende des die Weltpolitik jahrzehntelang bestimmenden Ost-West-Konfliktes hat leider die Versuche autoritär regierter Staaten, ihre Machtpositionen mit kriegerischen Mitteln auszuweiten, nicht verringert. Der Zerfall der großen Herrschaftsstrukturen hat neue Auseinandersetzungen durch nationalistische, religiöse oder Stammesansprüche ausgelöst. Die eigentlich zur Erhaltung der »Balance of Power« und somit einer globalen Friedenssicherung in der Dritten Welt angesammelten Rüstungsgüter haben dort mit der Abnahme der Einflußmöglichkeiten zu einer unkalkulierbaren Macht des Militärs geführt.

In dieser Situation würde eine bedingungslose Abrüstung der demokratisch regierten westlichen Industrienationen Kriegsrisiken nicht mindern, sondern wegen der dadurch erhöhten wirtschaftlichen Erpreßbarkeit eher erhöhen.

Aus dieser Erkenntnis heraus ist davon auszugehen, daß es auch in der Zukunft eine angemessene deutsche Rüstung geben wird. Beim Schreiben dieses Kapitels ist bereits zu erkennen, daß die Vorstellungen über eine neue Bundeswehr im Rahmen der NATO und anderer supranationaler Aufgaben konkreter werden.

Zu den Waffen, die eine starke defensive Wirkung besitzen, zählen seit ihrer Einführung die Unterseeboote. Mehrfach wurde die große Bedeutung bereits weniger U-Boote für die Küstenverteidigung hervorgehoben und auch unter Beweis gestellt. Auch eine reduzierte U-Boot-Flottille der Bundesmarine mit 12 bis 18 Booten hat somit in Zukunft ihre Berechtigung. Hieraus wird sich ein gewisses, wenn auch reduziertes Behördengeschäft für das IKL ergeben, und diese Arbeiten werden auch in Zukunft eine gute Voraussetzung für einen erfolgreichen Export bedeuten.

Auch in anderen Staaten werden sich obengenannte Erkenntnisse durchsetzen, und daraus wird sich ein gewisser Export aus Deutschland, aber auch hier in reduziertem Umfang, ergeben.

Auf der anderen Seite muß auf die zunehmende Bedeutung des Unterseebootes seit den 50er Jahren verwiesen werden, die sich weniger in großen Stückzahlen bei den Großmächten ausdrückt, sondern vielmehr darin, daß auch kleinere Marinen, wie z. B. in Südamerika, erstmalig über U-Boote verfügen.

Die meisten dieser Unterseeboote – und hier wiederum speziell die der südamerikanischen Marinen – werden mit Sicherheit in großem Umfange modernisiert werden müssen, vor allem auf dem Waffen- und Führungssektor (s. auch Kapitel 4.6). Mit großer Wahrscheinlichkeit wird in Afrika und im Nahen Osten ein ähnlicher Bedarf wie seinerzeit in Südamerika für U-Boote entstehen.

Interessant sind in diesem Zusammenhang auch Aussagen aus der US Navy: Man rechnet mit anderen Konflikten (s. Golf-Krieg) und setzt u. a. nach wie vor auf das große nuklear getriebene Boot in der eigenen Marine, weist aber auf die zunehmende Bedeutung des außenluftunabhängigen U-Bootes in anderen Marinen hin (also nicht mit Reaktor!). Die Eindrücke auf der »Royal Navy Equipment Exhibition« im September 1991 haben dieses bestätigt.

Die bei den Werften und beim IKL angestellten Marktanalysen ergeben deshalb immer wieder – auch nach der »Wende« – mittel- und langfristig eine Vielzahl von Bedarfsfällen. Für die somit verbleibenden internationalen Beschaffungen werden nicht nur die HDW-/IKL-Erfolge der Vergangenheit von Bedeutung sein, sondern auch die nun endlich wirksam gewordene Kooperation von HDW und Thyssen.

Zusammenfassend kann festgestellt werden, daß das IKL auch in Zukunft sowohl für die Bundesmarine als auch für

den Export große Entwurfs- und Konstruktionsaufträge erwarten kann, jedoch wird der prozentuale Anteil am Umsatz geringer sein als in der Vergangenheit. Dabei ist schon berücksichtigt, daß der Ingenieuraufwand in allen vier Phasen (s. Anhang 1) immer größer wird. Die Endkunden erwarten insbesondere bei Neuentwicklungen in Anbetracht der diffizilen Technik und der großen Beschaffungskosten umfangreiche Voruntersuchungen. Für eine moderne Fertigung werden mehr und mehr Zeichnungen, Berechnungen, Arbeitspapiere und andere Software benötigt.
Trotz dieser Erkenntnisse und Erwartungen bemüht sich das IKL seit 1989 um andere Arbeitsgebiete. Einerseits besann man sich auf die breiten Kenntnisse der vergangenen Jahre, insbesondere auf den Gebieten Schiffbau und Maschinenbau.
Auf der anderen Seite ist umfangreiches neues Know-how, im wesentlichen auf dem Gebiet der elektronischen Datenverarbeitung – und hier wiederum speziell bei Computer Aided Design –, entstanden, welches zu nutzen ist. Es ist zu erwarten, daß das IKL ähnlich wie in den 60er und 70er Jahren nichtmilitärische Aufträge bekommen wird. Zu verweisen ist ferner auf die starke Expansion des IKL auf dem Logistiksektor – und hier sowohl militärisch als auch zivil.

Die starken Kapazitätsbindungen des IKL bei dem erwähnten Nebeneinander von zweitem Bundesmarineprogramm und Export ergaben sich ganz wesentlich durch die Vorkonzept-, Konzept- und Definitionsarbeiten für das BWB, die z. B. im Falle Klasse 211 nicht zu einer Realisierung führten. Probleme dieser Art hatte MASCHINENBAU GABLER nicht. Dementsprechend konnte der zivile Anteil systematisch ausgebaut werden. Schon 1989 wurden über 50 % der Fertigungsstunden bei MG für den Bau von Thermoformgeräten aufgewandt. Darüber hinaus arbeitet MG seit dem Sommer 1990 an einem dritten Standbein, und zwar auf dem Gebiet der Krankenhaus-Müllentsorgung.
Soweit der Versuch einer Marktbetrachtung für beide Firmen aus der Sicht des Jahres 1991. Darüber hinaus sind auch auf anderen Gebieten beide Firmen hervorragend für die Zukunft gerüstet:

1. IKL und MG verfügen über ein Management und über Fachkräfte mit langer Firmenzugehörigkeit und entsprechendem Know-how.
2. In beiden Unternehmen wurden in den letzten Jahren erhebliche Investitionen vorgenommen. Überall entstanden moderne Arbeitsplätze. MG besitzt einen großen Park modernster Werkzeugmaschinen. In beiden Firmen wird auf der Basis solcher Investitionen seit Jahren erfolgreich mit EDV und CAD gearbeitet. Für solche Investitionen wurden die gesetzlichen Möglichkeiten von vorgezogenen Abschreibungen genutzt.
3. Beide Unternehmen verfügen über eine gute Kapitalausstattung mit niedriger Verschuldung.
4. Die vor allem seit 1967 bewährten Partnerschaften des IKL werden eine immer größere Rolle spielen.

INGENIEURKONTOR LÜBECK und MASCHINENBAU GABLER werden auch in Zukunft sowohl für den Standort Lübeck als auch in der Kooperation mit anderen Unternehmen für Schleswig-Holstein und Deutschland insgesamt wirtschaftlich eine bedeutende Rolle spielen, insbesondere das IKL, da es Ideen- und Software-Lieferant für andere sein will und sein wird.

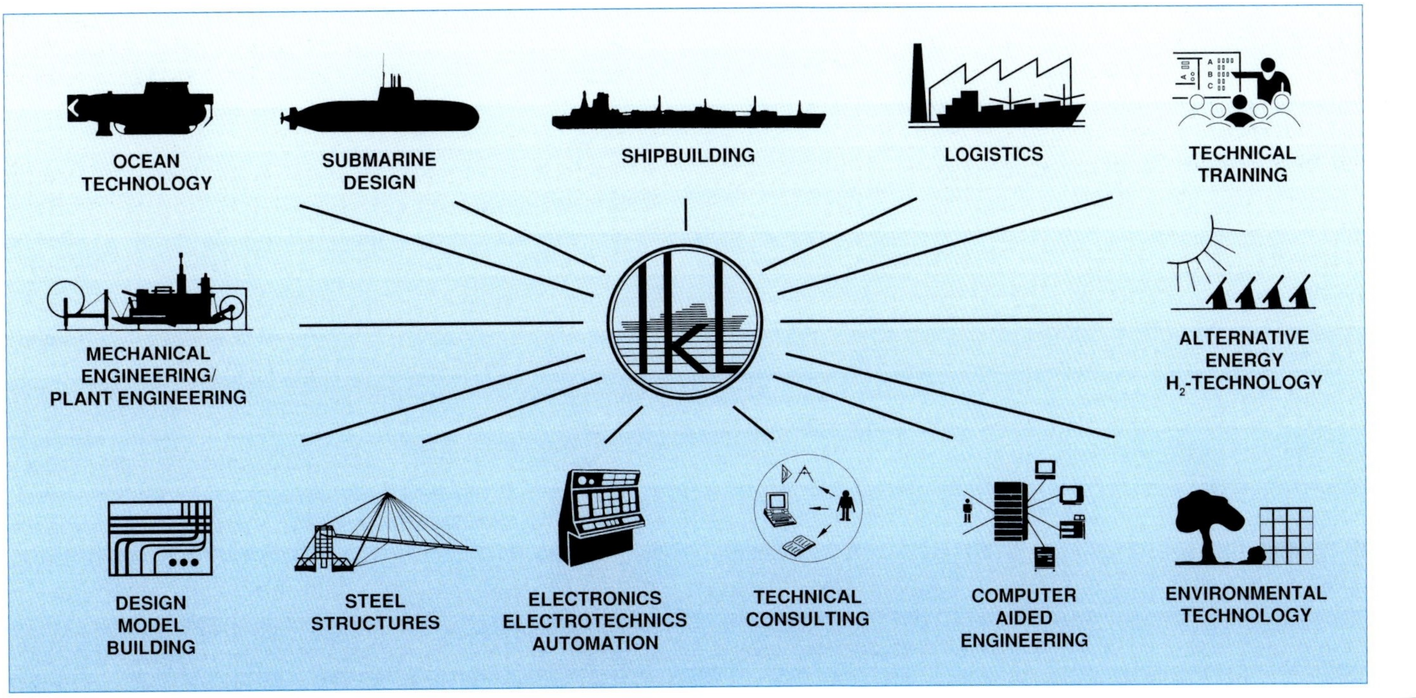

18 Anhang

ANHANG 1
Appendix 1
Entwicklungs- und Konstruktionsphasen im deutschen Unterseebootbau

Im deutschen **U-Boot-Export** werden überwiegend von der deutschen Industrie (HDW, IKL und TNSW) selbstentwickelte Typen angeboten. Technische Grundlage für den Bauvertrag ist die Bauanweisung.

Für die Entwicklung von **Bundesmarine**-Wehrmaterial und damit auch für U-Boote gilt der sogenannte Rahmenrüstungserlaß (Durchführungsbestimmung zu den Rahmenbestimmungen für die Entwicklung und Beschaffung von Wehrmaterial vom 6.3.1973 einschl. Änderung und Ergänzung vom 26.6.74). Dieser Rahmenrüstungserlaß und seine Ausführung ist in der 2. Auflage des Buches von Joachim Anspach und Hubert F. Walitschek »Die Bundeswehr als Auftraggeber«, erschienen 1986 im Bernard & Graefe Verlag, im einzelnen beschrieben und kommentiert, und zwar in Kapitel 27 »Der Entstehungsgang von Waffensystem und Geräten«.

Einzelne ausländische Marinen haben vom IKL besondere U-Boot-Typen entwickeln lassen. Hier sind zu nennen die beiden Norwegen-Vorhaben IK 29 (*Kobben*-Klasse) und IK 69 (*Ula*-Klasse), das australische Vorhaben IK 83 und die beiden israelischen Vorhaben IK 80 und IK 800. Bei diesen Vorhaben ging man **ähnlich** wie bei der Bundesmarine vor. Man kann deshalb bei der **auftragsbezogenen** Entwicklung in **ungefähr** von 4 Phasen ausgehen:

- Vorkonzept bzw. Phasenvorlauf
- Konzept
- Definition
- Konstruktion/Fertigung

Im Rahmenrüstungserlaß gibt es noch zwischen der Definition und der Fertigungsphase die Entwicklungsphase. Diese hat jedoch nur bei der Entwicklung von Wehrmaterial, das später in größerer Stückzahl zu bauen ist, eine besondere Bedeutung, da hier Prototypen zu entwikkeln und zu erproben sind. Erst nach Abschluß dieser Erprobungen wird das Wehrmaterial in größerer Zahl für die Truppe beschafft. Der Rahmenrüstungserlaß bezeichnet dementsprechend auch die Konstruktions-/Fertigungsphase als »Beschaffungsphase«. Aufgrund der kleinen Stückzahlen bei der Beschaffung von Kriegsschiffen gibt es also diese Entwicklungsphasen nicht.

Nachstehend werden jetzt in Stichworten die 4 Phasen beschrieben, wie sie im IKL in den letzten Jahren üblich geworden sind, wobei es natürlich Abweichungen von Fall zu Fall aufgrund der besonderen Kundenforderungen geben kann.

Vorkonzept

Aufgrund von Kundenforderungen (Requirements) werden in der Regel mehrere Entwürfe angefertigt und vorgestellt und mit dem Kunden diskutiert. Spezielle Studienarbeiten sind erforderlich, zum Teil werden auch OR-(Operation Research-)Studien durchgespielt.

Abzuliefern sind meistens:

- Kurzbeschreibung
- Hauptdaten
- Generalpläne mit Nummernerklärung
- Fahrbereichsberechnung, jedoch mit sehr groben Annahmen
- Gewichts- und Volumenrechnung, auch hier mit vorerst nur groben Annahmen

Der Kunde hat diese Unterlagen durchzusehen und mit seinen Entscheidungen und Änderungswünschen an das Entwicklungsbüro (IKL) zurückzugeben. In der Regel wählt er einen der ausgelieferten Entwürfe aus, meistens gibt es aber auch hierfür eine Vielzahl von Änderungsforderungen bzw. Änderungswünschen.

Für die nächste Phase ist normalerweise ein besonderer kaufmännischer Auftrag erforderlich. Manchmal wird dieser nächste, also der Konzeptauftrag, auch mit dem Definitionsauftrag in einem Vertrag zusammengefaßt (z. B. IK 800 und Klasse 212).

Konzeptphase

Grundlage für diese 2. Phase sind die genannten Unterlagen und zum Teil die berichtigten Forderungen (Requirements) und manchmal auch bestimmte Entwurfsvorgaben in einem sogenannten »Guideline Review«.

Das IKL hat jetzt den ausgewählten Entwurf aufgrund der Forderungen bzw. Wünsche zu überarbeiten und ggf. auch Alternativvorschläge zu machen. Erfahrungsgemäß spielen bei diesen Arbeiten Fragen der Realisierbarkeit bezüglich des Preises und der Bootsgröße eine besondere Rolle.

Als Resultat dieser Arbeiten wurde z. B. bei dem Vorhaben IK 800 ein »Concept Data Package« an den Kunden abgeliefert und in einem 1. Design Review vorgestellt und diskutiert. Zu diesem Konzept »Data Package« gehören:

- Kurzbeschreibung
- Abweichungen von den Requirements
- Neue Fahrbereichsberechnung
- Generalplan
- Linienentwurf
- Gewichts-/Volumen- und Trimmrechnung
- Beschreibungen bestimmter Konzepte, wie z. B. der Antriebsanlage
- Geräuschabschätzungen (Signaturen)

Bei IK 800 hat es außerdem noch ein »Preliminary Design« gegeben, und zwar hat man auf der Grundlage des Konzeptentwurfes Einzelsysteme näher untersucht und konzipiert, z. B. für die Trimmanlage, das Lenz- und Regelsystem, die Beladeeinrichtung, die Antriebsanlage und das Besatzungskonzept. Dabei wurden etwa 80 Einzelaufgaben bearbeitet (Arbeitspakete). Zu jedem Arbeitspaket faßte man die Entwurfsergebnisse zusammen und stellte sie dem Kunden in einem »3. Design Review« vor, diskutierte sie und »fror« sie letztendlich ein.

Als Ergebnis dieses »Preliminary Design« wurden abgeliefert:

- kurze Beschreibung
- Entwurfsrechnung
- Entwurfszeichnungen, wie z. B. schematische Pläne und Anordnungen
- Leistungsdaten

Das endgültige Ergebnis der Konzeptphase ist schließlich der endgültige Entwurf, der »eingefroren« wird und nicht weiter verbessert bzw. geändert werden sollte!

Definitionsphase
Bei IK 800 wurde diese Phase als »Contract Design« bezeichnet. Der jetzt eingefrorene Entwurf wird in Bauanweisungen festgeschrieben (z. T. andere Bezeichnung: Spezifikationen; dabei gibt es bei der Bundesmarine noch wieder die »vorläufige« und die »endgültige« Spezifikation). Anhand dieser Bauanweisung bzw. Spezifikationen haben die anbietenden Werften jetzt zu kalkulieren, und diese Bauanweisungen sind dann technische Grundlage für den Bauvertrag. Diese Definitionsergebnisse bzw. Bauanweisungen oder Spezifikationen enthalten also **keine** technischen Unterlagen, nach denen gefertigt werden kann. Festgelegt ist in diesen Papieren lediglich, **wie** zu konstruieren und zu bauen ist. Abgeliefert werden:
- die Bauanweisungen, aufgeteilt nach Baugruppensystemen (für die Bundesmarine Hauptbauabschnitt 0 bis 9)
- Anlagezeichnungen (bei IKL wurden ca. 2500 Seiten Text und ca. 400 Anlagen geliefert).

Einige Kunden lassen schon in der Konzept- und/oder Definitionsphase ein sog. »**Basis-Modell**« anfertigen. Dieses wird im Maßstab 1:5 ausgeführt. Es soll in Ergänzung zu den zeichnerischen Untersuchungen genutzt werden, also z. B. um die optimale Anordnung von Geräten zu finden. Dieses Basis-Modell enthält lediglich die Komponenten und nur einige wenige Rohrleitungen, Armaturen, Kabelbahnen und Lüftungskanäle, sofern letztere besondere Probleme bei den Konzept- und Definitionsarbeiten darstellen. Auch nach solch einem Basis-Modell kann nicht gefertigt werden. Das Modell wird nach Möglichkeit so ausgeführt, daß es schließlich in der nächsten Phase als Konstruktionsmodell weiter benutzt werden kann.

Konstruktions/Fertigungsphase
Anhand der erwähnten Bauanweisungen wird das Schiff kontrahiert, und das IKL hat im Unterauftrag der Bauwerft Fertigungsunterlagen zu liefern. Diese Unterlagen müssen so vollständig sein, daß die Bauwerft danach möglichst ohne Ergänzungen fertigen kann. Hierzu gehören:
- Konstruktions- bzw. Werkstatt- bzw. Fertigungszeichnungen
- zugehörige Stücklisten
- Konstruktionsmodelle
- Berechnungen
- Modellversuchsergebnisse
- Spezifikationen für die zu bestellenden Bauteile
- Vorschriften, Normen und Richtlinien
- Arbeitspläne
- Gütesicherungsunterlagen
- Protokolle über die verschiedenen Abnahmen bei den Herstellern (Factory Acceptance Tests)
- Pier-Erprobungen (Harbour Acceptance Tests)
- und Abnahme des Schiffes selbst (Sea Acceptance Tests)

Das Konstruktionsmodell enthält sämtliche von der Werft einzubauenden Komponenten, sämtliche Rohrleitungen mit Armaturen bis zum kleinsten Durchmesser je nach Bauwerft-Anforderung, alle Lüftungskanäle und weitestgehend auch die Kabelverbindungen, zumindest aber die großen Kabelbahnen. Für die Anfertigung des Konstruktionsmodells wird versucht, das obengenannte Basis-Modell weiterzubenutzen. Eine wesentliche Aufgabe dieses Konstruktionsmodells ist die Durchführung der Verrohrung bei der Bauwerft. Hier handelt es sich um einen besonders wichtigen und besonders umfangreichen Teil der Werftleistungen.
Der Aufwand für die Anfertigung der Konstruktionsunterlagen für ein neues U-Boot liegt bei mehreren 100.000 Stunden, davon alleine für das Konstruktionsmodell ca. 50.000 Stunden.

Design-Training
Einige HDW-/IKL-Lizenznehmer verlangten zusätzlich zu dem Bau-Training auch ein Design-Training, wobei hier wiederum zu unterscheiden ist zwischen einem Training für Entwurfs- und einem für Konstruktionsarbeiten. Im einzelnen hat das IKL bisher folgende Aufträge abgewickelt:
- Für IK 70 (Indien), wie schon in Kapitel 1.5 geschildert, Ausbildung von bis zu 30 indischen Offizieren und Ingenieuren in den Jahren 1982/1983 sowohl für Entwurf wie für Konstruktion, einschließlich Bau einer Modellsektion im Maßstab 1 : 5. Die Arbeiten endeten in einem eigenen indischen Entwurf. Dem Vernehmen nach war dieser Auftrag für Indien aber langfristig nicht erfolgreich, da die indischen Herren nach Rückkehr in ihr Heimatland sich anderen Aufgaben zuwandten und man außerdem versäumt hatte, Werftingenieure nach Lübeck zu schicken.
- Für IK 67 (Brasilien) für Entwurfs- und Konstruktionsarbeiten, jedoch in geringerem Umfang gegenüber IK 70. Auch hier entstand eine Modellsektion in Lübeck. Das Training wurde durch IKL-Mitarbeiter in Brasilien fortgesetzt und ging schließlich in eine beratende Tätigkeit von IKL-Mitarbeitern bei dem nationalen brasilianischen Programm NAC1 über.
- Für das Vorhaben IK 76 (Südkorea) wurden im Gegensatz zu dem beschriebenen Design-Training nur von IKL-Mitarbeitern während der Bauphase in Kiel vor koreanischen Offizieren und Ingenieuren allgemeine U-Boot-technische Vorträge gehalten (lectures).

ANHANG 2
APPENDIX 2
Aufstellung der nach I.v.S.- und I.f.S.-Zeichnungen gebauten Kriegsschiffe
List of war ships built according to I.v.S.- and I.f.s.-drawings

Typ Type	Zahl Number	Land Country	Jahr der Ablieferung Year of delivery	t↗ t↗
KÜSTENPANZERSCHIFF	2	FINNLAND	1932/33	3900
UNTERSEEBOOT	1	FINNLAND	1930	99
UNTERSEEBOOT	3	FINNLAND	1930/31	493
UNTERSEEBOOT	1	FINNLAND	1936	250
KREUZER	1	HOLLAND	1936	6470
UNTERSEEBOOT	2	TÜRKEI	1928	502
UNTERSEEBOOT	1	TÜRKEI	1935	755
UNTERSEEBOOT	4	TÜRKEI	1939/40	934
UNTERSEEBOOT	48	RUSSLAND	1936/48	828
UNTERSEEBOOT	3	SCHWEDEN	1936/37	540
MINENLEGER	2	RUMÄNIEN	1939	812
UNTERSEEBOOT	2	RUMÄNIEN	1944	645
U-BOOT-MUTTERSCHIFF	1	CHINA	1939	2620
UNTERSEEBOOT	2	CHINA	1939	250
TENDER	1	CHINA	1939	372

ANHANG 3

APPENDIX 3

Aufstellung der nach IKL-Zeichnungen bis Ende 1990 gebauten bzw. kontrahierten U-Boote

List of submarines built, resp. contracted, according to IKL-drawings

Klasse Class	Zahl Number	Land Country	Verdrängung Displacement	Ablieferung Delivery	Werft Yard
201	3	BR DEUTSCHLAND	350 TS	1962	HDW
202	2	BR DEUTSCHLAND	130 TS	1965–66	ATLAS
205	5	BR DEUTSCHLAND	420 TS	1962–64	HDW
205 MOD	6	BR DEUTSCHLAND	420 TS	1966–69	HDW
206	18	BR DEUTSCHLAND	450 TS	1972–75	HDW/RNSW
207	15	NORWEGEN	435 TS	1964–67	RNSW
NARHVALEN	2	DÄNEMARK	420 TS	1970–71	STV KOPHGN
TYP 540	3	ISRAEL	540 TS	1976–77	VSG
P 6071	6	NORWEGEN	940 TS	1989–92	TNSW
209/1100	4	GRIECHENLAND	1100 T	1971–72	HDW/TANDANOR
209/1200	2	ARGENTINIEN	1200 T	1974	HDW/B.AIRES
209/1200	2	PERU	1200 T	1974–75	HDW
209/1200	2	KOLUMBIEN	1200 T	1975	HDW
209/1200	2	TÜRKEI	1200 T	1975	HDW
209/1300	2	VENEZUELA	1300 T	1976–77	HDW
209/1300	2	EKUADOR	1300 T	1977–78	HDW
209/1200	2	TÜRKEI	1200 T	1978/1981	HDW/GÖLCÜK
209/1200	4	GRIECHENLAND	1200 T	1979–80	HDW
209/1200	4	PERU	1200 T	1980–82	HDW
209/1300	2	INDONESIEN	1300 T	1981	HDW
209/1200	1	TÜRKEI	1200 T	1983	HDW/GÖLCÜK
209/1400	2	CHILE	1400 T	1983–84	HDW
209/1400	4	BRASILIEN	1400 T	1988–	HDW/AMRI
209/1200	1	TÜRKEI	1200 T		HDW/GÖLCÜK
TYP 1500	4	INDIEN	1650 T	1986–	HDW/MAZAGON
209/1200	6	SÜDKOREA	1200 T	1991–93	HDW/NACHBAUWERFT
209/1400	2	TÜRKEI	1400 T	1992–93	HDW/GÖLCÜK
TYP 800	2	ISRAEL	1500 T	1995	HDW/TNSW

110 U-Boote für 16 Länder

110 submarines for 16 countries

Stand: 31.12.1990

ANHANG 4
APPENDIX 4

Von Maschinenbau Gabler gelieferte und bestellte Geräte
Delivered and ordered equipments by Maschinen Gabler

Für folgende Bootstypen For Types of Vessels	Antennen-ausfahrmaste Antenna Hoisting Device	Schnorchel Snorkel	Radar-Maste Radar Hoisting Device	Sehrohr-geräteträger Periscope Hoisting Device	Land- und Lade-anschlüsse Shore Supply and Charging Connections
Klasse 202, 205, 206 Class 202, 205, 206	23	18		2	23
Toti-Klasse Toti-class		4			
U-»Wilhelm Bauer«		2			
Klasse 207 Class 207	34				
Klasse 209 Class 209	70	48	32	10	48
IK 80, Type 540	8	4	4		3
TR 1700	12				12
Seadragon	6		2	4	
Klasse 206A Class 206A	19	13			
ULA-Klasse ULA-Class	12	6		12	6
Insgesamt: **total:**	**184**	**95**	**38**	**28**	**92**

Stand: August 90
State as per: August 90

IKL- und MG-Gesellschafter
Managing Partners of IKL and MG

Ulrich Gabler wurde am 1.10.1913 in Berlin geboren. Seine Jugend verlebte er in Oldenburg/Oldenburg, wo er 1932 das Abitur am Humanistischen Gymnasium ablegte. Danach studierte er Schiffbau (mit Maschinenbau als Nebenfach) an der Technischen Hochschule Berlin-Charlottenburg, unterbrochen durch eine einjährige Dienstzeit in der technischen Laufbahn der Reichsmarine. Nach der Diplomprüfung 1938 trat er nach kurzer Assistentenzeit bei Prof. Schnadel in die Firma Ingenieurkontor für Schiffbau in Lübeck ein. Drei Monate vor dem Kriegsbeginn 1939 wurde er in das Oberkommando der Kriegsmarine als wissenschaftlicher Hilfsarbeiter dienstverpflichtet.
Im Kriege diente er zunächst als Leitender Ingenieur auf Unterseebooten und wurde dann in maßgeblicher Weise bei der Entwicklung neuer U-Boots-Typen eingesetzt, insbesondere der *Walter*-Boote.
1946 gründete er die Firma INGENIEURKONTOR LÜBECK (zunächst mit Ebschner als stillem Teilhaber, Ebschner starb 1954).
1949 gründete er mit Ebschner die Firma Travewerft Ebschner & Gabler, die er nach einem Vergleichsverfahren 1953 verließ.
Die Firma Ingenieurkontor Lübeck wandte sich nach anfänglicher Tätigkeit auf dem Gebiet der Entwicklung und Konstruktion von landwirtschaftlichen Maschinen und Stahlkonstruktionen für die Hochfrequenztechnik seit 1956 dem Entwurf und der Konstruktion von Unterseebooten zu. Seither wurden fast alle in Deutschland gebauten Unterseeboote von dieser Firma entworfen und konstruiert. 1962 gründete er mit H. Lehmann und L. Nohse die Firma MASCHINENBAU GABLER GmbH, die mit dem Bau von Konstruktionsmodellen, der Herstellung von Ausfahrgeräten für Unterseeboote und mit der Fertigung von Thermoformmaschinen befaßt ist.
Im Jahre 1958 erhielt er einen Lehrauftrag an der Universität Hamburg für Sonderschiffbau, den er 19 Jahre lang ausübte. Im Jahre 1963 wurde er zum Honorarprofessor der Universität Hamburg ernannt. Im Jahre 1978 schied er aus der verantwortlichen Leitung der beiden genannten Firmen aus.
Aus dem Verkaufserlös errichtete er die gemeinnützige »Ulrich-Gabler-Stiftung«. Ihr Stiftungszweck ist die Errichtung und/oder Ausstattung förderungswürdiger Bauten in der Hansestadt Lübeck und ihrer Umgebung, die den Zielsetzungen des gemeinnützigen Vereins Diakonisches Werk Lübeck e. V. oder einer Nachfolgeeinrichtung entsprechen, und zwar insbesondere der Bau von Einrichtungen für Kinder, Jugendliche und alte Menschen, ferner auch für Resozialisierungsbedürftige. Prof. Gabler war viele Jahre im Vorstand des Diakonischen Werkes Lübeck. Auch hier wurde L. Nohse sein Nachfolger.
Seit 1978 ist Prof. Gabler als Berater der beiden Firmen tätig.

Lutz Nohse wurde am 2.3.1928 in Hameln an der Weser geboren und verlebte seine Jugendjahre in Belgard in Ostpommern. Von 1950 bis 1955 studierte er an der Technischen Hochschule Hannover allgemeinen Maschinenbau und Schiffsmaschinenbau und war anschließend 1½ Jahre als Konstrukteur und Entwurfsingenieur bei den Lübecker Flender-Werken tätig. Am 1. Oktober 1957 ging N. zum IKL und bearbeitete die Maschinenanlagen für die Entwürfe Klasse 201 und 202. 1958 wurde N. Nachfolger der Herren Wagner und Lammers und übernahm damit die Büros für Entwurf und Konstruktion für den U-Boot-Bau. Am 17.7.1962 gründete N. zusammen mit Professor Gabler und Heinz Lehmann die MASCHINENBAU GABLER GmbH und war bis zum 30.9.1988 Geschäftsführer dieser Firma. Sein Hauptarbeitsgebiet war dabei der Konstruktionsmodellbau. Nach dem Unfalltod von Heinz Lehmann am 29.12.1962 war N. IKL-Geschäftsführer, zuerst mit Kurt Gemmecke und später, nach dessen Ausscheiden, mit Peter Kayser. Wie in Kapitel 11 beschrieben, übernahm N. zusammen mit Dr. Fritz Abels und Peter Kayser von Professor Gabler das IKL zum 1.1.1979 und schied aus Altersgründen zum 31.12.1988 als Gesellschafter und zum 30.3.1991 auch als Geschäftsführer aus. N. gründete zum 1.1.1989 die »Barbara und Lutz Nohse-Stiftung«, deren Zweck es ist, »das Leben zu schützen, insbesondere das ungeborene Leben. Dieses soll in der Art erfolgen, daß bedürftige junge Familien, vor allem aber bedürftige alleinstehende Frauen, nach der Geburt eines Kindes in den ersten Lebensjahren regelmäßige Zuwendungen erhalten«. Diese Stiftung arbeitet auf ökumenischer Basis.
N. schied zum 1.10.1988 bei MASCHINENBAU GABLER GmbH als Geschäftsführer und zum Jahresende 1990 als Gesellschafter aus.
N. ist im Vorstand mehrerer kirchlich-sozialer Einrichtungen tätig.

Heinz Lehmann wurde am 1.1.1926 in Pillau/Ostpreußen geboren, wo er auch aufwuchs. Als Soldat erhielt er bei der Ardennen-Offensive einen Bauchschuß und kam in ein Lübecker Lazarett, wo er das Ende des Krieges erlebte. Heinz Lehmann besuchte den Betriebstechnischen Lehrgang, und nach dessen Abschluß wurde er am 17.5.1952 bei der Trave-Werft als Detail-Konstrukteur eingestellt. Heinz Lehmann wurde am 15.9.1953 vom IKL übernommen und erhielt schon am 1.6.1954 Handlungsvollmacht, um während der monatelangen Abwesenheit von Prof. Gabler in Italien das IKL vertreten zu können. Laut Anstellungsvertrag vom 18.8.1955 war Heinz Lehmann dementsprechend selbständiger Konstrukteur und Sachbearbeiter. Zu den Aufgaben von Heinz Lehmann gehörte neben der Konstruktion auch die gesamte IKL-Verwaltung. Zusammen mit Ulrich Gabler und Lutz Nohse gründete Heinz Lehmann am 17.7.1962 die MASCHINENBAU GABLER GmbH und wurde neben Lutz Nohse als Geschäftsführer eingesetzt. Zu dieser Zeit waren also Heinz Lehmann und Lutz Nohse in beiden Firmen Geschäftsführer, und aus dieser Zeit stammt die an mehreren Stellen dieses Buches geschilderte Arbeitsteilung. Heinz Lehmann verstarb jedoch schon am 29.12.1962 an den Folgen eines Unfalls mitten im Aufbau der MASCHINENBAU GABLER GmbH und zu der Zeit einer erheblichen Expansion des IKL. Dementsprechend mußten nach seinem plötzlichen Tod im IKL kurzfristig eine Reihe von Maßnahmen ergriffen werden, die an anderer Stelle schon beschrieben sind. Um das Andenken von Heinz Lehmann zu wahren, erhielt unter anderem das Varianta-Segelboot der Segelgemeinschaft beider Firmen den Namen *Heinz Lehmann.*

Dr. Fritz Abels wurde am 12.11.1931 in Brake/Wesermarsch geboren und wuchs in Bad Zwischenahn auf. Er studierte Schiffbau von 1951–1954 an der Technischen Hochschule Hannover und anschließend am Institut für Schiffbau der Universität Hamburg. Dort promovierte er 1960 zum Dr.-Ing. Am 1.3.1960 nahm Dr. Abels seine Tätigkeit als Forschungs- und Entwicklungsingenieur im IKL auf und arbeitete seit 1964 als Gruppenführer an Problemen der Festigkeit, der Hydrodynamik, des Schocks und der Akustik. 1964 wurde er Abteilungsleiter für allgemeinen Schiffbau, Projekte, Meerestechnik sowie Forschungs- und Entwicklungsvorhaben. Diese Tätigkeit übte er bis Ende 1978 aus und übernahm zum 1.1.1979 zusammen mit Lutz Nohse und Peter Kayser von Prof. Gabler das IKL. Nach Lutz Nohses Ausscheiden zum Ende des Jahres 1988 wurde Dr. Fritz Abels Hauptgesellschafter des IKL mit 50,1 % Anteilen. Während Dr. Abels in den ersten 10 Jahren der GmbH für den Schiffbau als Geschäftsführer tätig war, übernahm er ab 1.10.1988 von Lutz Nohse auch die Bereiche Geschäftspolitik, Verkauf, Finanzverwaltung und allgemeine Verwaltung.
Seit 1978 hat Dr. Abels einen Lehrauftrag am Institut für Schiffbau der Universität Hamburg über Entwerfen von Marinefahrzeugen. Er ist also auch hier Nachfolger von Prof. Gabler. Er ist außerdem im Vorstandsrat der Schiffbautechnischen Gesellschaft e. V. und wurde zum 1.1.1990 einer der beiden Stellvertreter des Vorsitzenden und ist damit zusammen mit diesen beiden anderen Herren (Prof. Keil und Dipl.-Ing. Zehm) Vorstand der STG. Dr. Abels ist Mitglied als Fellow der Royal Institution of Naval Architects in London.

Peter Kayser wurde am 23.11.1935 in Berlin geboren und erhielt in Hannover seine Schulausbildung. Anschließend absolvierte er ein Studium in den Jahren 1955 bis 1961 an der Technischen Hochschule Hannover (allgemeiner Maschinenbau und Schiffsmaschinenbau). Nach dem Diplomexamen war er Mitarbeiter am Institut für Schiffsmaschinenbau der TH Hannover bei Prof. Illies. Am 1. November 1962 nahm Peter Kayser seine Tätigkeit im IKL auf und wurde in verschiedenen Konstruktions- und Entwicklungsgruppen eingesetzt. Diese Tätigkeiten gaben ihm eine gute Grundlage für seinen weiteren Werdegang in den beiden Gabler-Firmen, der in Stichworten wiedergegeben werden kann:

26.10.1965 Assistent von L. Nohse
1.10.1967 Abteilungsleiter Maschinenbau einschließlich Elektrotechnik
5.11.1968 Handlungsvollmacht beim IKL
1. 7.1971 Abteilungsleiter Modellbau mit Prokura bei MG

Am 18.3.1972 wurde Peter Kayser Nachfolger von Gemmecke, also Geschäftsführer in beiden Firmen. Dementsprechend übernahm er auch Gemmeckes Anteile bei MG am 9.11.1972. Seit dieser Zeit ist Peter Kayser vorrangig für MG zuständig und im IKL insbesondere für den Geschäftsbereich »Waffen- und Führungstechnik«. Wie im Kapitel 11 beschrieben, übernahm er zusammen mit Lutz Nohse und Dr. Fritz Abels von Professor Gabler das IKL zum 1.11.1979. Zum gleichen Zeitpunkt übernahm Peter Kayser weitere MG-Anteile von Professor Gabler, ebenso erwarb er zusammen mit Frau Galka und Horst Brügge nach und nach die Anteile von L. Nohse (1985 und Ende 1990). Damit ist Peter Kayser beim Niederschreiben dieses Buches Hauptgesellschafter bei Maschinenbau Gabler mit 58 % Anteilen. Nach dem altersbedingten Ausscheiden von Lutz Nohse beim IKL erhöhte Herr Kayser zum 1.1.1989 hier die Anteile von 20 % auf 25,1 %.

Ursula Galka wurde am 9.10.1935 in Königsberg/Preußen geboren und verlebte nach der Flucht die Jugendjahre in Holstein. Sie absolvierte in Hamburg eine kaufmännische Lehre, besuchte von 1951–1953 die Staatliche Handels- und Höhere Handelsschule und arbeitete in einer internationalen Spedition. Anschließend führte sie 10 Jahre lang in der Meierei in Reinfeld/Holstein alle Büroarbeiten aus.

Ab 1.10.1965 ist Ursula Galka Buchhalterin im IKL. Seit 1.7.1971 ist sie für beide Firmen, also IKL und MG, tätig und erhielt bei MG mit Wirkung vom 26.7.1971 Prokura. Ab 1966 leitete sie die Finanzverwaltung in beiden Firmen und wurde ab 10.1.1972 offiziell Abteilungsleiterin Finanzwesen für diese beiden Firmen.

Mit dem Ausscheiden von Prof. Gabler wurde Frau Galka am 1.1.1979 Prokuristin beim IKL und erwarb bei MG 6,6 % Anteile, die sie nach und nach auf 21 % erhöhte.

Mit Wirkung vom 1.1.1989 verkaufte Lutz Nohse seine IKL-Anteile. Ursula Galka wurde damit auch beim IKL Gesellschafterin (3 % Anteile). Seit diesem Zeitpunkt sind Ursula Galka und Peter Kayser Gesellschafter in beiden Firmen und setzen damit eine lange Tradition fort, die enge Zusammenarbeit beider Firmen sicherzustellen.

Horst Brügge wurde am 17. Januar 1936 in Lübeck geboren. Bei den Schwartauer Werken führte er eine Lehre als Industriekaufmann durch. Danach erfolgte der Besuch einer Fremdsprachenschule in Hamburg. Über einen Zeitraum von 8 Jahren war er tätig im Einkauf und Verkauf bei den Lubeca-Werken GmbH, Lübeck. Am 1. Januar 1965 Eintritt in die Firma MASCHINENBAU GABLER GmbH, und zwar zuständig für den Vertrieb. In späteren Jahren wurde ihm zusätzlich die Oberleitung des Einkaufs übertragen. In seiner Zeit wurde weltweit der Vertrieb von Thermoform-Maschinen für die Herstellung von Kunststoffverpackungen aufgebaut.
1979 wurde Horst Brügge Mitinhaber der Firma MASCHINENBAU GABLER GmbH (inzwischen 21 %). Am 1. November 1985 wurde er zum Geschäftsführer dieser Firma bestellt, für die Bereiche Verkauf und Einkauf.

Dr.-Ing. Klaus Knaack wurde am 17.8.1934 in Greifswald/Pommern geboren. Nach Kindheit und Jugendjahren in der Grenzmark Posen/Westpreußen, Vorpommern, Delmenhorst und Langenhagen bei Hannover beendete Dr. Knaack seine Schulausbildung mit dem Abitur im März 1955 in Hannover und studierte anschließend an der Technischen Hochschule Hannover allgemeinen Maschinenbau und Schiffsmaschinenbau. Weitere Stationen:

- 1963 Diplom-Hauptprüfung an der TH Hannover; zuvor wissenschaftliche Hilfskraft und anschließend wissenschaftlicher Mitarbeiter am Lehrstuhl und Institut von Prof. Illies.
- 1965 erfolgte die Übernahme als Assistent für das Gebiet Schiffsdieselmotoren und Gasturbinen.
- Oktober 1973 Dissertation an der Technischen Universität Hannover.
- Von 1975–1987 war Dr. Knaack Leiter des Fachausschusses Schiffsmaschinenwesen der Schiffbautechnischen Gesellschaft, Hamburg.

Mit Wirkung vom 1.2.1971 wechselte Dr. Knaack von der TU Hannover zum IKL und wurde als Unterabteilungsleiter »Sondergebiete Schiffsmaschinenbau« eingestellt. Hier wurden die außenluftunabhängigen Antriebe, die an anderer Stelle des Buches beschrieben sind, entwickelt. Mit dem Ausscheiden von Karl Stülpner übernahm Dr. Knaack zum 1.1.1983 als Abteilungsleiter den gesamten Schiffsmaschinenbau und erhielt zum 1.11.1985 Prokura.
Zur Vorbereitung des Ausscheidens von Lutz Nohse wurde Dr. Knaack per 1.4.1988 Geschäftsführer im IKL und übernahm aus Lutz Nohses Anteilen per 1.1.1989 9,8 % der IKL-Geschäftsanteile. Seit dieser Zeit ist Dr. Knaack vorrangig für den Schiffsmaschinenbau einschließlich Entwicklung und für die Elektrotechnik zuständig.

Günter Büttner wurde am 18.1.1931 in Ostpreußen geboren, verlebte seine Kindheit in Danzig, mußte mit der Familie nach Lütjenburg in Holstein flüchten, besuchte in Plön die Oberschule und die Physikalisch-Technische Lehranstalt in Lübeck-Schlutup. Ab 1.8.1957 wurde Günter Büttner als Physik-Ing. im IKL eingestellt. Schon bald gehörten die Integration von Sensoren und Waffenleitanlagen sowie die Auslegung von Hydraulikanlagen zu seinem Aufgabenbereich. Daraus entstand unter seiner Leitung zu Beginn 1963 die Gruppe K9, zu der seinerzeit auch Meß- und Regeltechnik gehörten. In gleicher Eigenschaft wurde Günter Büttner per 6.11.1968 Abteilungsleiter. Zu dieser Abteilung gehörten in den folgenden Jahren mehrere Gruppen, die schließlich in zwei Unterabteilungen zusammengefaßt wurden, einerseits die Unterabteilung unter Leitung von Herrn Wiesse mit den beiden Gruppen schiffstechnische Integration und funktionelle Integration von Waffen- und Führungssystemen und andererseits die Unterabteilung unter Leitung von Herrn Wiggers mit den beiden Gruppen Hydraulik/Waffeneinrichtungen und Ausfahrgeräte. Damit ist Günter Büttner auch seit langem für die Entwicklung und Konstruktion der bei MASCHINENBAU GABLER zu bauenden Ausfahrgeräte als Abteilungsleiter zuständig. Über mehrere Jahre gehörte zu Günter Büttners Abteilung die Gruppe bzw. die spätere Unterabteilung Logistik und Dokumentation (Unterabteilungsleiter Dykow).
Günter Büttner wurde mit Wirkung vom 1.1.1979 Prokurist im IKL und wurde zum 1.1.1989 zusammen mit Ursula Galka, Dr. Jürgen Ritterhoff, Horst Schnoor und Klaus Evers 3 %iger IKL-Gesellschafter (Ausscheiden von Lutz Nohse).

Klaus Evers wurde am 16.2.1929 in Berlin geboren, erhielt in Berlin und in Lübeck seine Schulausbildung und wurde anschließend in Lübeck durch erfolgreiche Lehre Kaufmannsgehilfe. Nach verschiedenen anderen kaufmännischen Tätigkeiten war er schließlich 1969 in einer Eutiner Gerätefirma als Prokurist und Vertriebsabteilungsleiter tätig. Zum 1.7.1971 wurde Klaus Evers als Industriekaufmann beim IKL eingestellt, um Nachfolger von Herrn Ebert zu werden, der in den vorhergegangenen Jahren im IKL für den kaufmännischen Vertrieb und für Vertragswesen zuständig war. Nach Übernahme dieser Aufgaben wurde Klaus Evers per 10.1.1972 Abteilungsleiter für Vertragswesen. In dieser Eigenschaft hat er unter anderem zusammen mit dem hierfür zuständigen Geschäftsführer, also bis 30.9.1988 zusammen mit Lutz Nohse und anschließend mit Dr. Fritz Abels, alle großen Verträge ausgehandelt. Auch die Abwicklung des schwierigen Vorganges IK 97 gehörte zu den Aufgaben von Lutz Nohse und Klaus Evers. Beim Ausscheiden von Prof. Gabler wurde Klaus Evers Prokurist im IKL und, wie schon an anderer Stelle erwähnt, beim Ausscheiden von Lutz Nohse 3 %iger Gesellschafter beim IKL.

Dr.-Ing. Jürgen Ritterhoff wurde am 28.12.1938 in Bremerhaven-Lehe geboren. Hier verbrachte er seine Jugendjahre und machte dort im Februar 1957 das Abitur. Nach praktischen Tätigkeiten auf Bremerhavener Werften studierte Dr. Ritterhoff von 1957–1963 an der Technischen Hochschule Hannover allgemeinen Maschinenbau und Schiffsmaschinenbau mit Abschluß der Diplom-Hauptprüfung. Anschließend war er wissenschaftlicher Mitarbeiter am Lehrstuhl und Institut von Prof. Illies. An gleicher Stelle war er vom Dezember 1966 bis 30.7.1972 wissenschaftlicher Assistent und promovierte am 9.5.1972 zum Dr.-Ing.
Am 1.8.1972 nahm Dr. Ritterhoff als Gruppenführer K20 (Automatisierung und Regeltechnik) seine Arbeit im IKL auf. Mit Wirkung vom 1.1.1973 wurde er Unterabteilungsleiter. Neben der Gruppe K20 gehörten hierzu auch die Gruppen K10 Versuchswesen und K15 Elektrotechnik. Hieraus entstand 1975 die Abteilung KE (Elektrotechnik und Versuchswesen). Am 1.1.1979 erhielt Dr. Ritterhoff Prokura. Außer den drei alleinvertretungsberechtigten Geschäftsführern wurde das IKL von diesem Zeitpunkt an jeweils durch einen technischen und einen kaufmännischen Prokuristen vertreten. Beim Ausscheiden von Lutz Nohse übernahm Dr. Ritterhoff, ebenso wie die anderen IKL-Prokuristen, einen 3 %igen Anteil am IKL. Gleichzeitig wurde er der Leiter der neuen Abteilung Technischer Vertrieb (KA). Hierzu gehört die Unterabteilung Logistik (KA1) unter Führung von Herrn Dykow und die selbständige Gruppe K58 (Marineaufgaben, Marketing und Projektmanagement). Parallel dazu leitet Dr. Ritterhoff nach wie vor die Elektrotechnik-Abteilung mit den beiden Unterabteilungsleitern KE1 Windler und KE2 Limberg. Neben diesen beiden sogenannten »Linienaufgaben« hat Dr. Ritterhoff in den vergangenen Jahren mehrere bedeutende Projekte gemanagt: Australien-Entwicklung in enger Verbindung mit HDW, Ferrostaal und EGLO sowie Konzept und Definition des Bundesmarine-Vorhabens Klasse 212.

Horst Schnoor wurde am 28.7.1931 in Lübeck geboren, besuchte in Lübeck Volksschule, Mittelschule und Johanneum, welches er mit dem Abitur beendete. Nach einem Praktikum auf den beiden Lübecker Werften LMG und Flender begann Horst Schnoor 1952 sein Studium an der Technischen Hochschule Braunschweig, wechselte aber ein Jahr später zur Technischen Hochschule Hannover zum Schiffbaustudium. Hierzu gehörten weitere Semester am Institut für Schiffbau an der Universität in Hamburg. Die Diplom-Prüfung bestand Horst Schnoor im Oktober 1957. Er war daraufhin als Konstrukteur 2 Jahre bei der Lübecker Flender-Werft und anschließend 4 Jahre in Hamburg bei der Stülcken-Werft tätig. Nach einer kurzen Tätigkeit als Direktionsassistent bei der Hatra in Travemünde kam Horst Schnoor schließlich als Konstrukteur am 15.2.1964 zum IKL. Hier übernahm er Entwicklungs- und Berechnungsaufgaben und wurde am 13.9.1967 zum Gruppenführer für Akustik und Schock ernannt. Mit Wirkung vom 10.1.1972 übernahm er dann als Unterabteilungsleiter KS1 Planungs- und Projektführungsaufgaben. Seine erste große Aufgabe in dieser Eigenschaft war das Projekt IK 80. Hier vertrat er das IKL unter anderem bei den routinemäßigen Progress-Meetings (Kunde, Bauwerft Vickers und IKL). 1975–1980 war er Projektleiter für die Definitionsphase der U-Boote der *Ula*-Klasse für die königlich-norwegische Marine.
Mit Wirkung vom 1.1.1979, also bei Gründung der IKL GmbH, trat Horst Schnoor die Nachfolge von Dr. Abels als Abteilungsleiter Schiffbau an. Neben dieser eigentlichen Linienaufgabe managte er ununterbrochen die großen Konstruktionsvorhaben, insbesondere die der 209er Varianten für HDW einschließlich IK 70 (Indien).
Zum 1.11.1985 wurde Horst Schnoor Prokura erteilt. Am 1.1.1989 übernahm er von dem ausscheidenden Lutz Nohse 3 % der IKL-Anteile, ist also seit diesem Datum Prokuristen-Gesellschafter im IKL.

ANHANG 6.1
APPENDIX 6.1

Geschäftsverteilungsplan
Organization Chart
Stand vom 1.3.1963

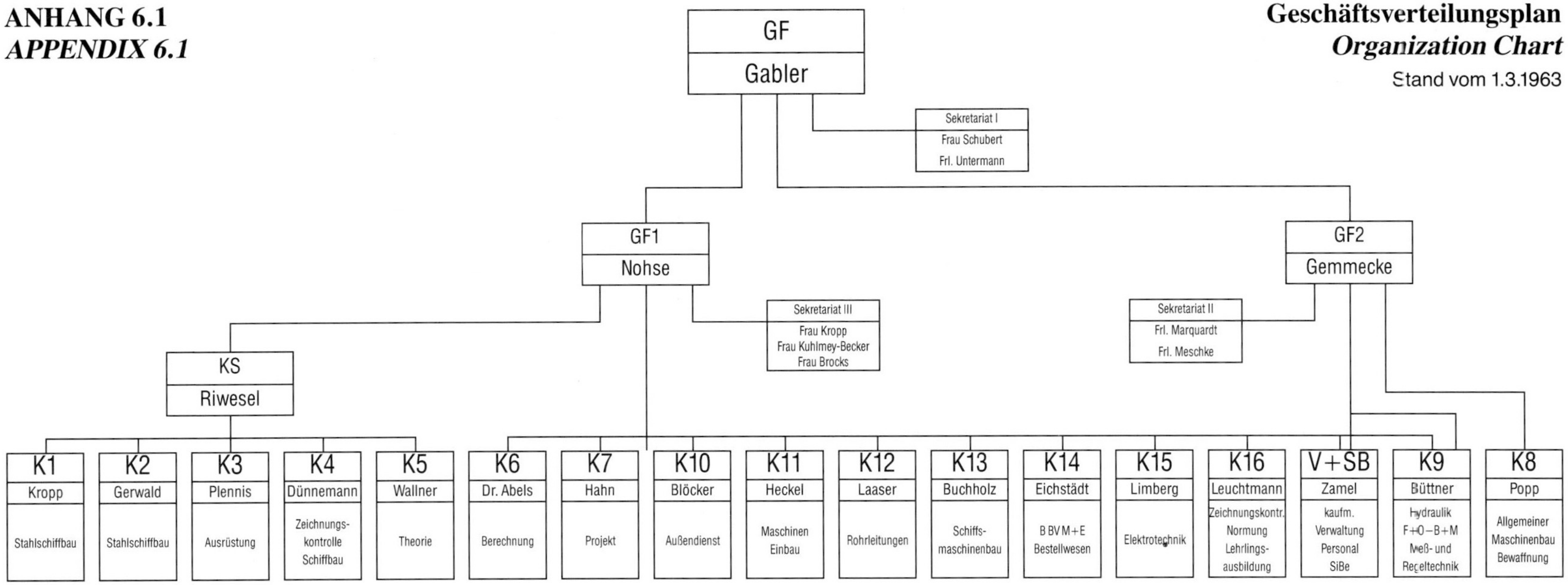

ANHANG 6.2
APPENDIX 6.2

Geschäftsverteilung
Organization
Stand 1/79

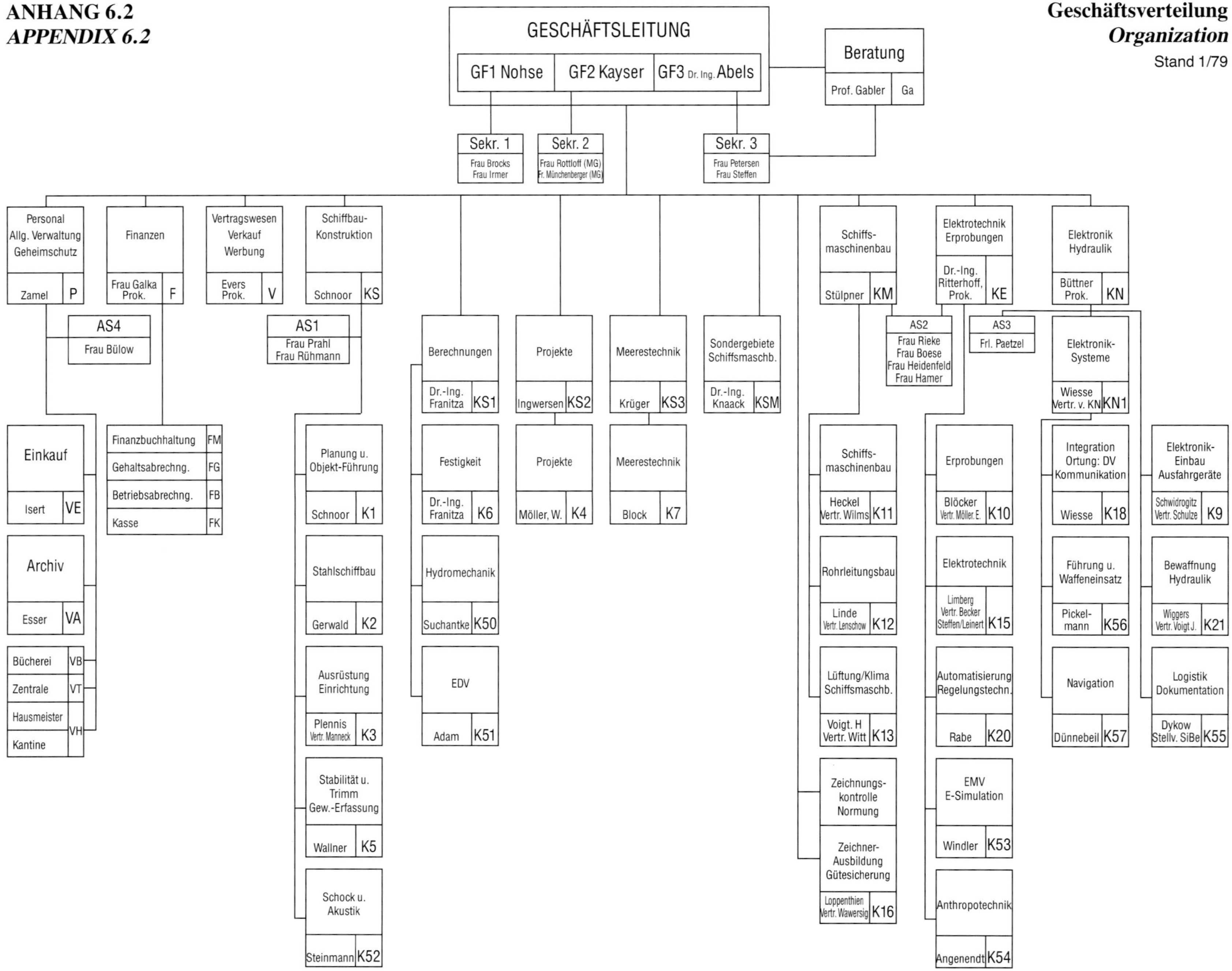

ANHANG 6.3
APPENDIX 6.3

Geschäftsverteilung
Organization
Stand vom 1.8.1990

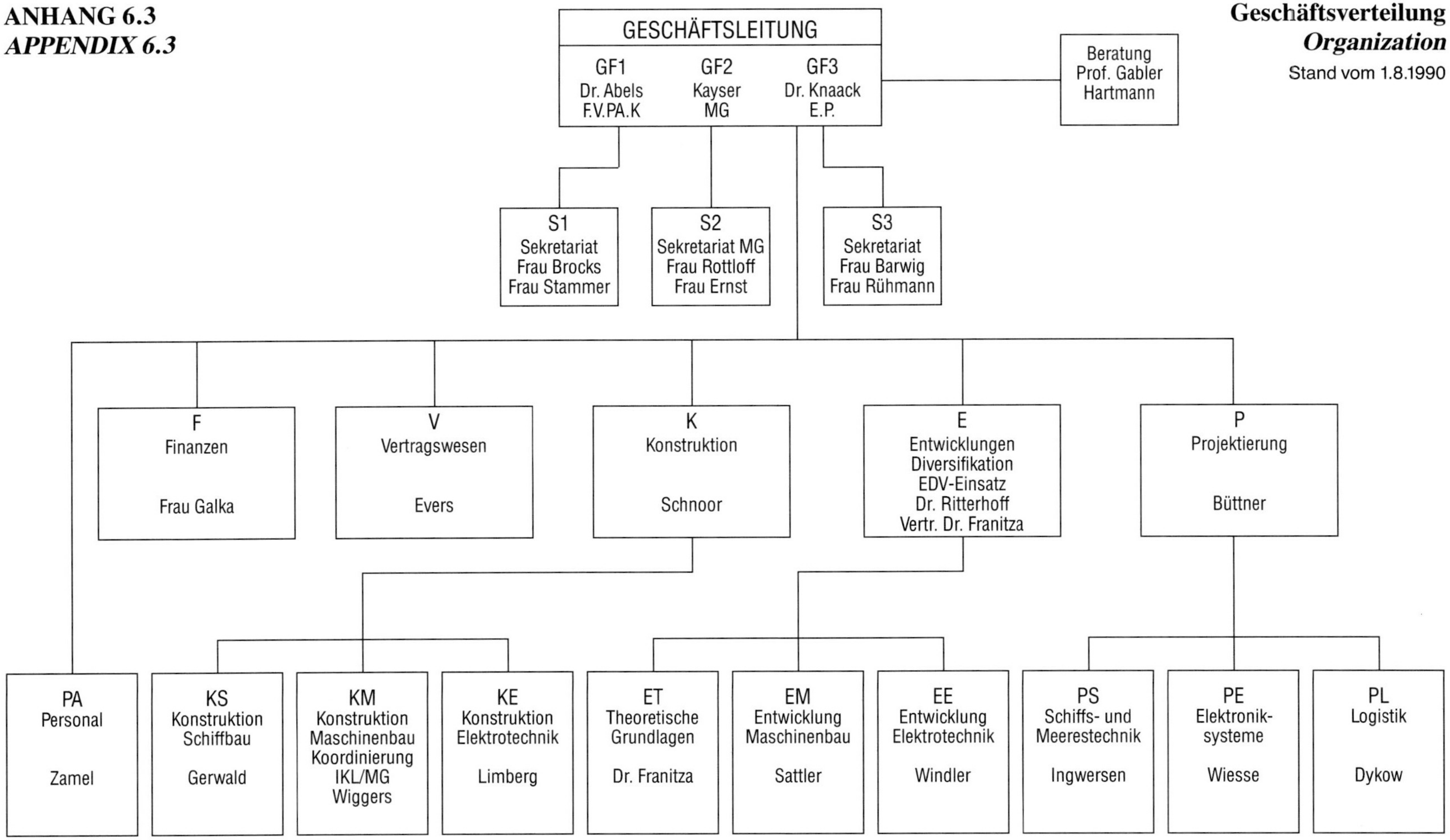

Unterteilungen der Arbeitsbereiche der Abteilungen sind in den hier nicht abgedruckten Einzelplänen der Hauptabteilungen dargestellt.

ANHANG 7.1
APPENDIX 7.1
Personal-Entwicklung im IKL
Development of Staff Numbers at IKL

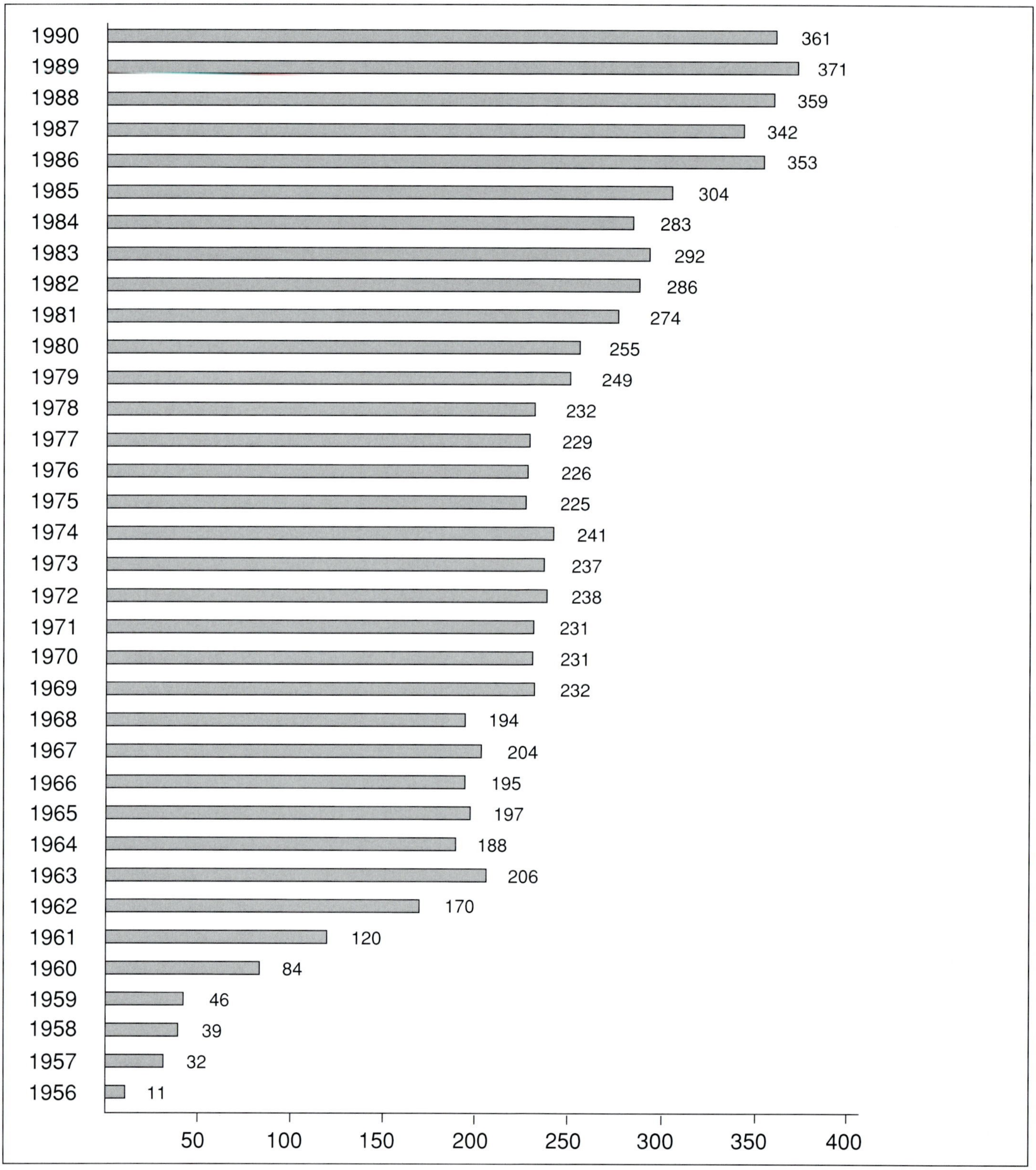

ANHANG 7.2

APPENDIX 7.2

Personal-Entwicklung bei MG

Development of Staff Numbers at MG

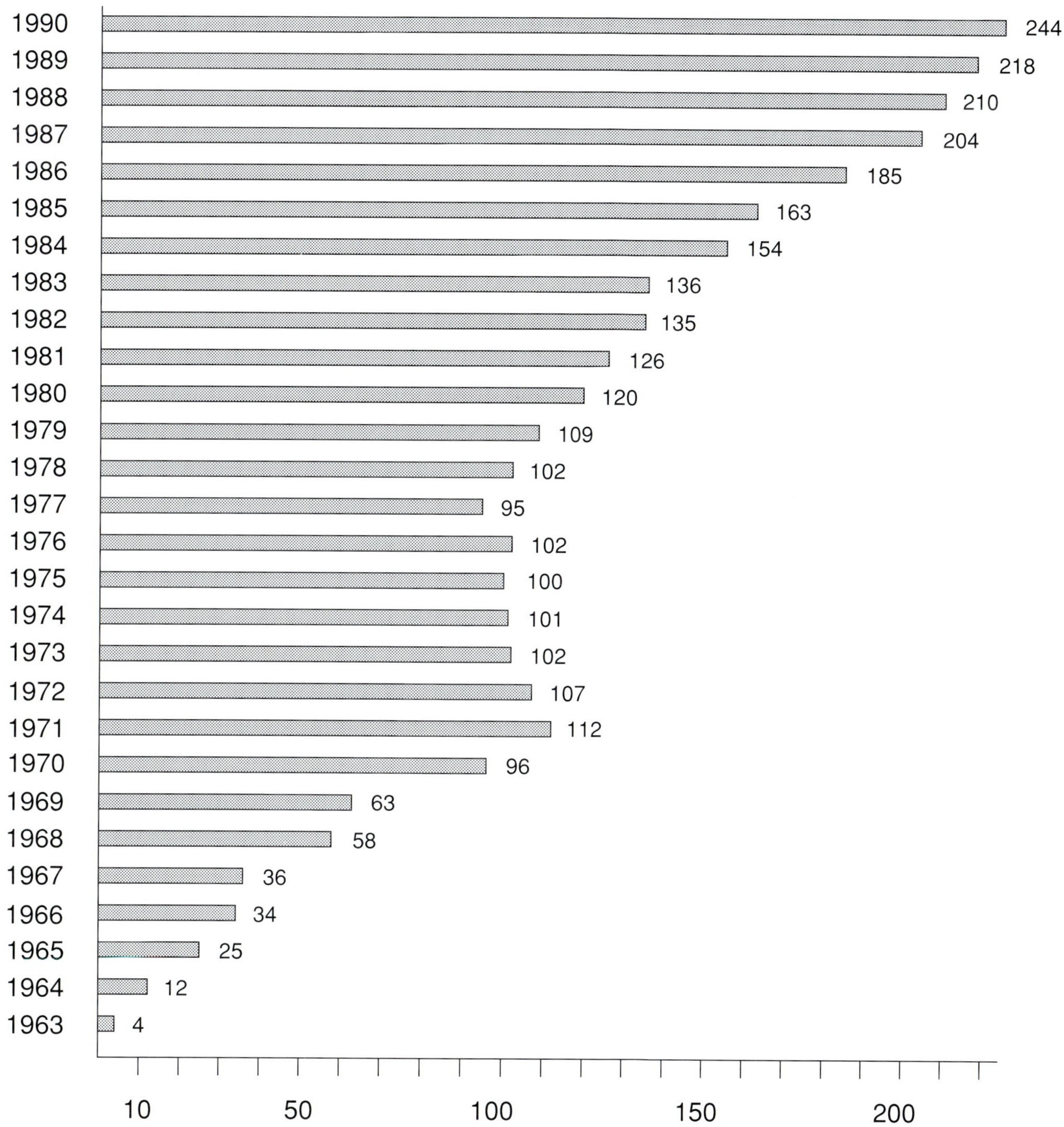

Stand: 01.01.1990

ANHANG 8
APPENDIX 8
Veröffentlichungen von IKL-Mitarbeitern
Publications by IKL Staff Members

Titel	Autor
– STABILITÄTSUNTERSUCHUNGEN FÜR DRUCKKÖRPER Institut für Schiffbau der Universität Hamburg, 13. Fortbildungskurs, 17.–20. Oktober 1977	Dr. Abels
– DIE SIMULATION DES BEWEGUNGSVERHALTENS VON U-BOOTEN Bundesakademie für Wehrverwaltung und Wehrtechnik, Mannheim, 57. Arbeitstagung-Wehrtechnik, Die Anwendung der Simulation im Kriegsschiffbau, November 1974	Dr. Abels
– DESIGN OF MANNED UNDERWATER VEHICLES Paper read at Technical University Aachen (Second WEGEMT Graduate School), März 1979	Dr. Abels
– *EINFLUSS SCHIFFSTECHNISCHER ARBEITEN AUF ENTWURF UND KONSTRUKTION VON U-BOOTEN Schiff und Hafen, Heft 9/1973	Dr. Abels
– DIE DRUCKVERTEILUNG AN EINEM FESTGEHALTENEN SCHIFFSMODELL IM REGELMÄSSIGEN SEEGANG STG-Jahrbuch, 53. Band, 1959	Dr. Abels
– DREIDIMENSIONALES BEWEGUNGSVERHALTEN VON U-BOOTEN UND DESSEN SIMULATION STG-Jahrbuch, 73. Band, 1979	Dr. Abels
– DREIDIMENSIONALES BEWEGUNGSVERHALTEN VON U-BOOTEN UND DESSEN SIMULATION Nachträge der Kurzfassungen von Fachvorträgen anläßlich der 24. Hauptversammlung der STG am 22.11.1979 in Hamburg; erschienen in »Schiff und Hafen«, 32. Jahrgang, Januar 1980	Dr. Abels
– THREE-DIMENSIONAL MOTION OF SUBMARINES AND ITS SIMULATION London: Eldon Publications Ltd., Maritime Defence, The Journal of International Naval Technology, Vol. 6, No. 5, Mai 1981, S. 161–163	Dr. Abels
– THE PRESSURE-TIGHT BULKHEAD IN THE SUBMARINE Presented at the Royal Institution of Naval Architects, International Symposium of Naval Submarines, 17.–20. Mai 1983	Dr. Abels
– DAS DRUCKFESTE SCHOTT IM U-BOOT Schiff und Hafen, Heft 1, 2 und 3, 1984	Dr. Abels
– THE DEVELOPMENT OF A SUBMARINE FREIGHTER FOR OFFSHORE OPERATION IN ICE-COVERED AREAS Stockholm: International Conference on Medical and Technological Problems of Diving and Related Underwater Activities in Artic Conditions, Ice Dive 84, 3.–6. Juni 1984, S. 465–503	Dr. Abels
– CONVENTIONAL SUBMARINE TECHNOLOGY FOR UNDER-ICE OPERATION Narssarssuag, Greenland: The 8th International Conference on Port and Ocean Engineering under Arctic Conditions, POAC 85, 7.–14. September 1985	Dr. Abels
– AUFSTIEGSKUGEL ALS RETTUNGSSYSTEM FÜR U-BOOTE Wehr und Wissen Verlagsgesellschaft mbH, Wehrtechnik, Juli 7/82, S. 82–83	Dr. Abels
– THE RESCUE SPHERE – A RESCUE SYSTEM FOR SUBMARINES London: The Royal Institution Naval Architects, Conference on Escape, Survival and Rescue at Sea, 29.–31. Oktober 1986, Paper No. 14	Dr. Abels
– MINELAYING EQUIPMENT FOR SUBMARINES RINA International Symposium on Mine Warfare Vessels and Systems – 2, 8.–10. Mai 1989, Paper No. 19	Dr. Abels
– ENTWERFEN VON UNTERWASSERFAHRZEUGEN In Poehls, H: Grundlagen des Schiffsentwurfs, Hamburg, Institut für Schiffbau der Universität Hamburg, Vorlesungsmanuskript Nr. 33, Mai 1986, S. UF 1–UF 18	Dr. Abels
– NEW DEVELOPMENTS IN GERMAN SUBMARINE DESIGN Geneva: Interavia SA, International Naval Technology, Exposition 78, Conference Proceedings, Juni 1978, S. 175–188	Dr. Abels
– DEVELOPMENTS IN CONVENTIONAL SUBMARINE DESIGN Naval Forces, Special Supplement HDW, No. VI/1982, S. 61–65	Dr. Abels
– NEW RESCUE SYSTEMS FOR SUBMARINES Naval Forces, No. V/1982, Vol. III	Dr. Abels
– ZWANZIG JAHRE U-BOOT-ENTWICKLUNG IN LÜBECK RÜCKBLICK UND AUSBLICK Marine-Rundschau 9/1979	G. Büttner
– *STAND UND ENTWICKLUNGSMÖGLICHKEITEN DER ELEKTRONISCHEN AUSRÜSTUNGEN KONVENTIONELL ANGETRIEBENER U-BOOTE Schiff und Hafen, Heft 9/1973	G. Büttner
– UNTERSEEBOOTBAU (BUCH) 1., 2. und 3. Auflage, Bernhard und Graefe Verlag, auch englische und spanische Ausgaben	Prof. Gabler
– THE DEVELOPMENT OF GERMAN SUBMARINE TECHNOLOGY Maritime Defence, 3/1978	Prof. Gabler
– FURTHER DEVELOPMENT OF CONVENTIONAL SUBMARINES Military Technology 3/83	Prof. Gabler
– PROJEKT 70 EIN KLEINES KÜSTEN-U-BOOT FÜR ZAHLREICHE AUFGABEN Internationale Wehrrevue 6/1973	Prof. Gabler
– MÖGLICHE WEITERENTWICKLUNG NICHT-NUKLEARANGETRIEBENER UNTERSEEBOOTE Schiff und Hafen / Kommandobrücke, Heft 11/1	Prof. Gabler
– THE RESCUE SPHERE – A RESCUE SYSTEM FOR SUBMARINES Naval Forces No. IV/1986, Vol. VII	Chr. Heilscher
– ANTI-SUBMARINE WARFARE THE SUBMARINE DESIGNER'S RESPONSE RINA-Veröffentlichung, 1987	G. Ingwersen U.-K. Petersen

- *ERFAHRUNGEN MIT SCHNELLAUFENDEN DIESELMOTOREN IN UNTERWASSER-FAHRZEUGEN — P. Kayser
  Schiff und Hafen, Heft 9/1973
- 10 JAHRE ERFAHRUNGEN MIT DEM KONSTRUKTIONSMODELLBAU — P. Kayser, H. Sennert, K. Stülpner
  Hansa Sonderdruck, Heft 14, 1977
- RATIONALISIERUNG BEI DER ROHRVER-LEGUNG DURCH ANWENDUNG VON KON-STRUKTIONS-MODELLEN — P. Kayser
  Hansa Sonderdruck, Heft 24, 1967
- ALTERNATIVE ENERGIEN — Dr. K. Knaack
  STG-Jahrbuch, Band 74, 1980
- A NEW GERMAN HYBRID PROPULSION SYSTEM — Dr. K. Knaack
  Maritime Defence, 9/1986
- *EINFLUSS DES U-BOOT-BAUS AUF FAHR-ZEUGE UND GERÄTE DER MEERESTECHNIK — P. Krüger
  Schiff und Hafen, Heft 9/1973
- MODERNE KÜSTEN-U-BOOTE (BUCH); — L. Nohse, E. Rössler
  Band 12 der Naturwissenschaftlichen Berichte, herausgegeben vom Arbeitskreis für Wehr-forschung, 1971
- *ENTWURF UND KONSTRUKTION VON U-BOOTEN IN DER BUNDESREPUBLIK DEUTSCHLAND NACH DEM ZWEITEN WELTKRIEG — L. Nohse
  Schiff und Hafen, Heft 9/1973
- GERMAN 1.000 TON EXPORT SUBMARINE — L. Nohse
  International Defense Review, No. 5/1972
- FUTURE LINES OF SUBMARINE DEVELOP-MENT — L. Nohse
  International Defense Review, No. 3/1974
- WOHIN FÜHRT DIE U-BOOT-ENTWICKLUNG? — L. Nohse
  Internationale Wehrrevue, 3/1974
- DER ANTRIEB VON UNTERSEEBOOTEN AUGENBLICKLICHER STAND UND ENTWICK-LUNGSMÖGLICHKEITEN — L.Nohse
  Wehrtechnik 9/69
- SUBMARINE PROPULSION CONVENTIONAL AND OUTSIDE-AIR-INDEPENDENT — L. Nohse
  Naval Forces No. IV/1982
- VERROHRUNG VON SCHIFFSMASCHINEN-ANLAGEN MIT HILFE VON KONSTRUKTIONS-MODELLEN — L. Nohse
  STG-Jahrbuch, Band 62, 1968
- DIE NEUEN KAMPF-U-BOOTE DER BUNDESWEHR — L. Nohse, U. Ude
  Internationale Wehrrevue, 3/1968
- NEW LIGHT SUBMARINES OF THE GERMAN NAVY — L. Nohse
  International Defense Review, 3/1968
- DEVELOPMENT OF AUTOMATION IN THE SHIP TECHNICAL AREA OF CONVENTIONAL SUBMARINES — D. Radtke
  SAE Technical Paper Series, Issue 871383
  Marine/Rail Propulsion Technology Conference, Washington DC, June 8–10, 1987
- MARINETECHNISCHE ANFORDERUNGEN AN PROZESSLEITSYSTEME FÜR EINEN MODERNEN U-BOOT-ENTWURF — Dr. J. Ritterhoff, D. Radtke
  STG-Jahrbuch, Band 81, 1987
- *LANDERPROBUNG DER HAUPTANTRIEBS- UND HILFSMASCHINEN-ANLAGEN DER U-BOOT-KLASSE 206 — Dr. J. Ritterhoff, H.-G. Bach-mann
  Schiff und Hafen, Heft 9/1973
- EINFÜHRUNG IN DAS THEMA »DER BILDSCHIRM ALS SCHNITTSTELLE MENSCH/PROZESS« — Dr. J. Ritterhoff
  STG-Jahrbuch, Band 75, 1981
- ACHIEVEMENTS AND TRENDS IN 30 YEARS OF GERMAN SUBMARINE DESIGN AND TECHNOLOGY — Dr. J. Ritterhoff, E. Gruhl, H. Saeger
  Vortrag/Proceedings Under Sea Defence '89, San Diego
- SIMULATION OF SUBMARINE MOTION — Dr. J. Ritterhoff, M. Noll, K.-H. Windler
  Maritime Defence, 10/81
- AIR-INDEPENDENT PROPULSION PLANTS FOR OFFSHORE APPLICATIONS — G. Sattler, Dr. K. Knaack
  Marine Technology, Vol. 16, No. 3, 1985, S. 106
- AIR-INDEPENDENT FUEL-CELL PROPULSION SYSTEMS — G.Sattler
  DEFENCE, 6/1987, S. 345–348
- AUSSENLUFTUNABHÄNGIGE ANTRIEBE FÜR U-BOOTE — G. Sattler
  Hansa, 124. Jg., Nr. 18, 9/1987, S. 1066–1067
- COMPARISON OF DIFFERENT HYBRID PROPULSION SYSTEMS — G. Sattler, Dr. K. Knaack
  RINA-Veröffentlichung, Mai 1988
- BRENNSTOFFZELLEN ZUR ERWEITERUNG DES UNTERWASSERFAHRBEREICHES VON U-BOOTEN — G. Sattler
  Salzgitter Hausmitteilung, 8/1988
- AUSSENLUFTUNABHÄNGIGE ANTRIEBE — G. Sattler
  Naval Forces Supplement IKL
- ENTWICKLUNGSTENDENZEN KONVEN-TIONELL ANGETRIEBENER UNTERSEE-BOOTE — W. Scharf
  Hansa-Special Nr. 5/89
- GRUNDLAGEN UND TECHNOLOGIEN DER BILDSCHIRMTECHNIK UND EINSATZ-MÖGLICHKEITEN AN BORD VON SCHIFFEN — W. Thomsen
  Sonderdruck aus STG-Jahrbuch, Band 75, 1981
- CAD-ANWENDUNG IM INGENIEURBÜRO — W. Thomsen
  STG-Jahrbuch, Band 81, 1987
- MIT RECHNERUNTERSTÜTZUNG VOM KONSTRUKTIONSMODELL ZUR ROHRLEITUNGSISOMETRIE — W. Thomsen
  Schiff und Hafen, Heft 2/84
- TIEFENSTEUERSIMULATOR FÜR U-BOOTE — W. Thomsen
  Wehrtechnik, 11/79
- AUSBILDUNGSSIMULATOREN — W. Thomsen, M. Noll
  Maritime Defence, 1981
- UNI DUISBURG KOLLOQUIUM — W. Thomsen
  Schiffstechnik/Meerestechnik 1986
- MASSNAHMEN ZUR ELEKTROMAGNETISCHEN VERTRÄGLICHKEIT AN BORD VON MARINE-SCHIFFEN — K.-H. Windler
  STG-Jahrbuch, Band 77, 1983

Die mit *) gekennzeichneten Veröffentlichungen wurden zum 60. Geburtstag von Prof. Gabler geschrieben. Ihnen vorausgesetzt wurde eine »Laudatio« zu Ehren von Prof. Gabler, verfaßt von Prof. O. Grim. Alles zusammen erschien als Sonderdruck in deutsch und englisch, letzteres mit Hilfe der Fa. Vickers.

ANHANG 9
APPENDIX 9

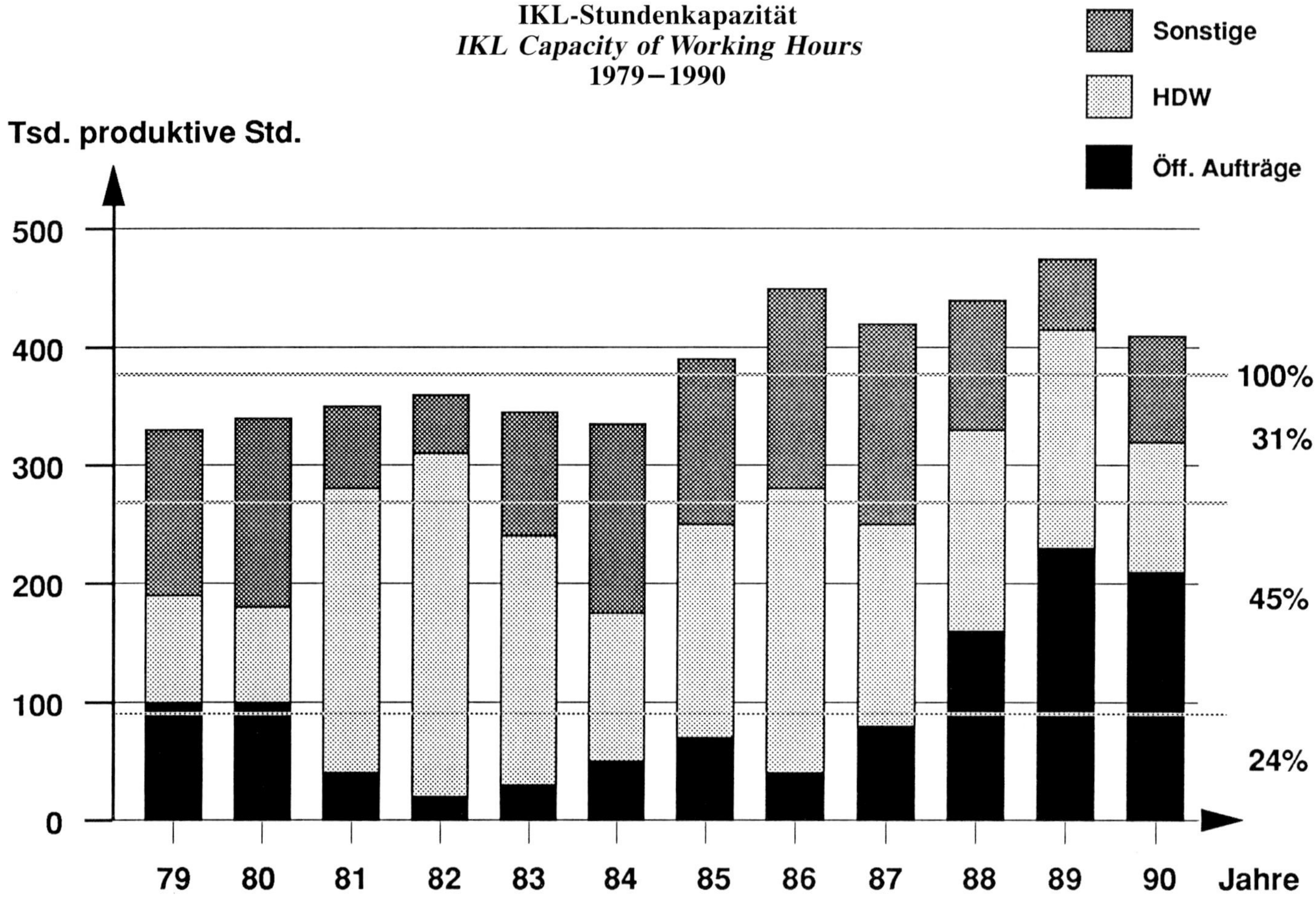

ANHANG 10

APPENDIX 10

IKL-Arbeits-Nr. für U-Boot-Bauvorhaben

IKL Filing Number for Submarine Projects

6	Klasse 202	67	Brasilien
10	Klasse 201	68	Argentinien
10W	Klasse 205 U4–7	69	Klasse 210/P6071, Ula-Klasse
10Wm	Klasse 205 Ersatz U1 und 2 (magnetisch)	70	Indien
10Wa	Klasse 205 U8–12 (amagnetisch)	71	Iran
10H	Klasse 201 Umbau U1 mit Heck-Tr	72	Malaysia
12	»Wilhelm Bauer«	75	Neuseeland
13	Klasse 204 (Walter-Anlage)	76	Süd-Korea
14	Türkei	78	Kolumbien
19	Klasse 203 (Elektro-Boot)	79	Ecuador
29	Klasse 207, Kobben-Klasse	80	Typ 540, Gal-Klasse
36	Griechenland	800	Dolphin-Klasse
136	Umbauten Griechenland	81	Venezuela
44	Druckdock für Bundesmarine	83	Australien
48	Klasse 208	84	Spanien
57	Minengürtel	86	Indonesion
60	Pakistan	87	Kanada
62	Peru	88	Dänemark
64	Zieldarstellungs-Boot BM	95	Singapur
65	Chile	97	Südafrika
66	Portugal	99	Philippinen

ANHANG 11
APPENDIX 11
Personalzahlen
Number of Staff

Stand 31.12.1990

Gesamtpersonalstand 618 Mitarbeiter

INGENIEURKONTOR LÜBECK

361 Mitarbeiter	
weiblich	116 = 32 %
männlich	245 = 68 %
Auszubildende	18 = 5 %
Verwaltung	55 = 15 %
Geschäftsführer	4
Berater und freie Mitarbeiter	3
Forschungs- und Projektingenieure	24
Entwicklungs-konstrukteure	71
Konstrukteure	130
Zeichner	56

MASCHINENBAU GABLER

257 Mitarbeiter	
weiblich	33 = 13 %
männlich	224 = 87 %
Auszubildende	20 = 8 %
Verwaltung	40 = 14 %
Geschäftsführer	2
Konstrukteure	18
Technische Zeichner	9
Maschinenbau-Fertigung	104
Thermoform-Fertigung	36
Modellbau	28

ANHANG 12
APPENDIX 12
Betriebsfeste
Company Get-Together

9.12.1955	Sparclub-Essen im »Schweizer Haus«, Lübeck
1956	
1957	Rothenhusen
12. 9.1958	Schlutuper Tannen
18. 9.1959	
6. 5.1960	mit Bussen nach Hamburg, weiter auf der Elbe nach Blankenese mit Kaffeetrinken, anschließend Hansa-Theater, Hamburg
9. 9.1961	mit Bussen nach Großenbrode, weiter mit der Fähre *Deutschland* nach Gedser
21. 9.1962	mit der *Tom Kyle* von Kiel aus in See
20. 9.1963	mit Bussen nach Hamburg, Hafenrundfahrt, danach »My Fair Lady« im Operettenhaus an der Reeperbahn
27.11.1964	Hotel »Schwarzbunte«, Lübeck; gleichzeitig Richtfest für das neue Bürogebäude am Niels-Bohr-Ring
17. 9.1965	mit Bussen zur Fegetasche in der Holsteinischen Schweiz, anschließend Spaziergänge, Abschluß im »Deutschen Haus«, Malente
23. 9.1966	mit MS *Tom Kyle* von Kiel nach Sonderburg
22. 9.1967	mit Bussen zur Fegetasche, von hier mit Motorboot nach Bosau, dort Kaffeetrinken und Spaziergang, Abschluß im »Twiehaus«, Israelsdorf
6. 9.1968	Kursaal Grömitz
3.10.1969	mit Bussen nach Puttgarden, von hier mit Fähre *Theodor Heuss* nach Rödby, Abschluß im Hotel »Dania«, Puttgarden
2.10.1970	mit Bussen nach Travemünde, von hier aus mit MS *Wappen* nach Fehmarn und zurück zur Untertrave
8.10.1971	Tanzabend im »Quellenhof«, Mölln
29. 9.1972	Besuch des Hansa-Theaters, Hamburg
14. 9.1973	Tagesausflug nach Helgoland von Büsum aus
20. 9.1974	Bordfest auf MS *Baltica*
10.10.1975	Hotel »Intermar«, Malente

Betriebsausflug 1957 in Rothenhusen an der Nordspitze des Ratzeburger Sees, damals noch direkt an der Grenze zur DDR. Hier der Tisch der Senioren mit Ehefrauen. Die 3 Herren übertrugen damals Ihr U-Boot-Know-how auf die »Heranwachsende Mannschaft«. Links: Wagner (Gesamtentwurf und Schiffbau), halbverdeckt: Lammers (Maschinenbau), vorn: Buhr (Zentrale)

1957, a company outing in Rothenhusen at the northernmost end ot the lake Ratzeburg, in those days directly on the border to the GDR. The picture shows the table on which the senior executives with their wives are seated. The 3 gentlemen passed on their submarine know-how to the "coming generation". On the left: Wagner (overall design and ship building), half-covered: Lammers (mechanical engineering), front: Buhr (CIC).

22.10.1976	Besuch des Ohnsorg-Theaters, Hamburg
30. 9.1977	Abendveranstaltung im Kursaal in Travemünde
1. 9.1978	mit der Bahn nach Lauenburg, von hier per Schiff elbaufwärts nach Hitzacker (Mittagessen, Spaziergänge und Besichtigungen), zurück per Schiff und Bahn (Tagesfahrt)

1960 machte das IKL seinen Betriebsausflug nach Blankenese. MG war noch nicht gegründet. Das am 6. Mai auf den Hamburger Landungsbrücken gemachte Foto zeigt eine fast 100 %ige Beteiligung, denn das Büro hatte damals 84 Mitarbeiter.

In 1960 IKL went on a company outing to Blankenese. MG had not yet been founded. The picture taken at the Hamburger Landungsbrücken on 6th May shows almost the complete personnel because at that time the office had a staff of 84.

8. 6.1979	nachmittags und abends ins Alte Land
3.10.1980	Zeltfest auf dem Werksgelände
4. 9.1981	Bordfest auf MS *Nordpalma*
3. 9.1982	mit Bussen nach Rothenhusen, weiter per Schiff auf dem Ratzeburger See, abends im »Senioren-Wohnsitz«, Ratzeburg
28.10.1983	Abendveranstaltung im Clubhaus des Tanzclubs »Hanseatic«
21. 9.1984	Zeltfest auf dem Volksfestplatz an der Travemünder Allee
20. 9.1985	Bordfest auf MS *Aphrodite*
30. 8.1986	Tag der offenen Tür in beiden Firmen (40 Jahre IKL), Festzelt auf dem ehemaligen Amter-Grundstück (Parkplatz)
25. 9.1987	in der MG-Halle 3; gleichzeitig Einweihung dieser Halle und 25jähriges Bestehen von MG
16. 9.1988	Tanzfahrt auf MS *Nordsee 1*
15. 9.1989	Festlicher Abend im Hotel »Lysia«, Lübeck
5.10.1990	»Oktoberfest« im Hotel »Lysia«

Dieses Foto zeigt U. Gabler und L. Nohse auf dem Betriebsausflug mit MS TOM KYLE von Kiel nach Sonderburg (23.9.66). 8 Tage später wurde U. Gabler 53 Jahre alt, L. Nohse zählte 38 Jahre.

The picture shows U. Gabler and L. Nohse on a company outing on MS TOM KYLE from Kiel to Sonderburg (23.9.66). 8 days later U. Gabler turned 53, L. Nohse was 38 years old.

ANHANG 13
APPENDIX 13
Betriebssport
Company Sports

Seit den 60er Jahren hat der Betriebssport in den Firmen INGENIEUR-KONTOR LÜBECK und MASCHINENBAU GABLER eine relativ große Bedeutung. Die verschiedenen Gruppen sind dabei in einer Betriebssportgemeinschaft (BSG) zusammengefaßt. Diese hatte zum Beispiel für 6 verschiedene Sparten im April 1989 113 aktive Mitglieder, die sich wie folgt verteilten:

Fußball	12
Kegeln	11
Segeln	13
Squash	24
Tennis	32
Tischtennis	21

Beim Kegeln handelt es sich um eine rein innerbetriebliche Angelegenheit, wobei auch Ehefrauen mitmachen können. Dieser Betriebssport Kegeln wird besonders in der Abteilung Konstruktionsmodellbau gepflegt.

Alle anderen Sparten haben über den innerbetrieblichen Betrieb hinaus eine Vielzahl von Freundschaftsspielen, Turnieren bzw. Wettfahrten ausgetragen. Gegner waren dabei vorrangig Lübecker Betriebe, aber auch Betriebssportgemeinschaften anderer Städte im In- und Ausland. So pflegten die Tischtennisspieler zu Zeiten, als Westberlin noch isoliert war, dorthin besonders intensive Kontakte. Großes Interesse fanden selbstverständlich Fußballspiele oder Meisterschaften

gegen Kundenfirmen. So gab es zum Beispiel im Fußball über lange Zeit regelmäßige Begegnungen zwischen HDW und IKL. Als die Südkoreaner mit großer Kopfzahl zur Baubelehrung in Kiel waren, stellten sie ebenfalls eine Fußballmannschaft zusammen und errangen gegen die IKL/MG-Mannschaft einen haushohen Sieg. Treffen dieser Art mit Partner- bzw. Kundenmannschaften endeten sowohl in Lübeck wie in Kiel bzw. in anderen Städten mit geselligem Beisammensein. So hatten die sportlichen Treffen und Zusammenkünfte einen positiven Einfluß auf das Arbeitsverhältnis und das Verständnis im Berufsalltag füreinander. Dementsprechend wurden natürlich alle Sparten der Betriebssportgemeinschaft bei solchen Begegnungen vom IKL und von MG unterstützt.

Eine besondere Rolle spielt im Rahmen des Betriebssportes das Segeln. 1966 wurde auf Initiative von Prof. Gabler hierfür eine firmeninterne Segelgruppe gegründet. Das IKL, damals also noch im alleinigen Besitz von Prof. Gabler, kaufte ein Segelboot und stellte es der Gruppe zur Verfügung. Die Gruppe war für Unterhaltung und Pflege des Bootes zuständig. Auf diese Weise konnten IKL- und MG-Mitarbeiter zusammen mit Familienangehörigen oder Freunden kurze Urlaubsfahrten und Wochenendtörns auf der Ostsee unternehmen. Die Gruppe trat dem Seglerverein Trave (SVT) bei. Hierdurch wurde ein Liegeplatz unterhalb der Lübecker Herrenbrücke an der Trave ermöglicht.

Für diese mehrtägigen Fahrten auf der Ostsee wurde als geeignetes Kajütboot eine »Varianta« der Fa. Dehler gekauft. Die »Varianta« ist ein 6,50 m langes Boot mit eingerichteter Kajüte, einem Außenbordmotor und einer Segelfläche von 22 m^2. Zur Erinnerung an den so früh verstorbenen ersten IKL-Geschäftsführer erhielt das Boot den Namen *Heinz Lehmann.*

Die nun 20 Mitglieder starke Seglertruppe nutzte das Boot in der Sommerzeit ausgiebig auf der Ostsee und in der dänischen Inselwelt. Beim Arbeitsdienst am Boot und bei der Gemeinschaftsarbeit im SVT mußten die Mitglieder kräftig anpacken.

1975 wurde auf gleiche Weise durch das IKL eine neue »Varianta«, also ein Nachfolgemodell, beschafft, und der Name *Heinz Lehmann* wurde auf dieses neue Boot übertragen.

Neben den Tages- und Urlaubsfahrten kam das sportliche Engagement nicht zu kurz, denn jedes Jahr wurde an Regatten auf der Ostsee teilgenommen. Erste Plätze fielen dabei leider nicht an die Segelgruppe Gabler, dafür waren solche Regatten aber stets ein Erlebnis.

Auch die 2. »Varianta« der Seglergruppe Gabler taufte Frau Irmgard Gabler auf den Namen des 1. IKL-Geschäftsführers, also auf den Namen HEINZ LEHMANN, und zwar am 25.5.1975 beim Seglerverein Trave auf der Herreninsel.

Also the 2nd "Varianta" of the sailing team Gabler was named after IKL's first managing director HEINZ LEHMANN by Irmgard Gabler. The ceremony took place on the Herreninsel at the Seglerverein Trave on 25.5.1975.

ANHANG 14
APPENDIX 14
Sozialleistungen
Social Benefits

Beide Firmen waren und sind keine Tarifpartner. Die sozialen Leistungen lagen aber stets über dem, was in der schleswig-holsteinischen Metallindustrie in Tarifverträgen vereinbart wurde. Ausgehend von dem Grundgedanken von Prof. Gabler haben sich die Geschäftsleitungen von IKL und MG bemüht, über allgemeine Regelungen hinaus den Mitarbeitern gezielt zu helfen, wenn der Bedarfsfall erkannt wurde. Dabei blieb naturgemäß vieles im verborgenen. Aus dieser unternehmerischen Pflicht heraus haben auch Prof. Gabler und L. Nohse ihre Stiftungen eingerichtet (s. Anhang 5.1 und 5.2). Dabei hatte L. Nohse ursprünglich die Absicht, junge IKL- und MG-Mitarbeiterfamilien zu unterstützen. Die Zuwendungen sollten bei der Geburt von Kindern von der Höhe unterschiedlich sein, und zwar im umgekehrten Verhältnis zum Gehalt. Leider ließ sich dieser Gedanke nicht durchsetzen, denn aus steuerlichen Gründen dürfen keine Bevorzugungen oder gar Einschränkungen auf einen bestimmten Personenkreis vorgenommen werden. Beide Stiftungen arbeiten eng mit den kirchlich-sozialen Einrichtungen in Lübeck zusammen, denn Prof. Gabler und L. Nohse sind über Jahrzehnte verantwortlich in folgenden Gremien tätig:
Kirchenvorstand St. Stephanus-Gemeinde, Synode des Kirchenkreises Lübeck, Kirchenkreisvorstand Lübeck, Vorstand Seemannsmission Lübeck, Vorstand Diakonisches Werk Lübeck, Vorstand Vorwerker Heime und Gesellschafterversammlung Diakonisches Werk Kirchenkreis Wismar.

An Sozialleistungen bei den Firmen IKL und MG sind konkret zu nennen:

- **Altersversorgung**
  Hierfür wurde 1970 die »Unterstützungskasse Gabler GmbH« gegründet, welche am 31.12.1970 ihre Tätigkeit aufnahm. Beide Firmen zahlten jährlich 2 % der Gehaltssumme in diese GmbH ein. Bis 1976 sollte daraus ein Kapital entstehen, welches so viel Zinsen abwirft, daß daraus bestimmte Unterstützungen für die Mitarbeiter, insbesondere für das Alter, geleistet werden konnten.
  Aufgrund einer hierfür getroffenen Betriebsvereinbarung sollte entweder eine einmalige Kapitalzahlung bei Erreichen des Ruhealters oder eine Zeitrente durch diese Kasse vorgenommen werden. In den IKL- bzw. MG-Betriebsvereinbarungen waren außerdem Unterstützungen für Krankheitsfälle und Geburten festgeschrieben. Die Einzahlungen der Firmen erfolgten dann auch wie geplant von 1971 bis 1975. In 9 altersbedingten Kündigungen konnten außerdem Leistungen der Unterstützungskasse vorgenommen werden. In der Zwischenzeit hatte sich aber leider herausgestellt, daß die Zinserträge dieser Unterstützungskasse – im Gegensatz zu denen einer Stiftung – der Körperschaftssteuerzahlung unterliegen. Somit wären also über die Hälfte der Erträge an das Finanzamt gegangen, und die Kasse hätte ihren Verpflichtungen nicht mehr nachkommen können. Aufgrund neuer Betriebsvereinbarungen wurde dann nach einem bestimmten Schlüssel das Kapital der Unterstützungskasse zum 31.12.1975 an die Mitarbeiter ausgeschüttet. Seit dieser Zeit werden jeweils im Sommer 2 % der persönlichen Jahresgehaltssumme an jeden Mitarbeiter ausgezahlt, und zwar mit der Anregung, dieses für die Altersversorgung anzulegen. Viele verbinden dieses mit den entsprechenden Steuervergünstigungen, den sogenannten »Direkt-Versicherungen aus Gehaltsverzicht«.
- **Zusätzliches Urlaubsgeld**
  Für die Dauer des Grundurlaubs, der also mit dem Tarifurlaub vergleichbar ist, wird seit Jahrzehnten ein Urlaubsgeld gezahlt, das stets um einige Prozentpunkte über den Tarifvereinbarungen liegt.

- **Weihnachtsgeld**
  Hier liegen die Zahlungen wesentlich über denen der Tarifpartner. Bis 1976 wurden 60 % des Monatsgehaltes gezahlt. Dieser Betrag wurde wiederholt erhöht. Seit 1990 ist das Weihnachtsgeld in gleicher Höhe wie ein Monatsgehalt, d. h. über das Urlaubsgeld hinaus wird zu Weihnachten ein 13. Monatsgehalt gezahlt.
- **Geburtsbeihilfen**
  1972 wurde mit DM 50,– pro Kind begonnen. Auch hier wurde die Beihilfe mehrfach erhöht. Sie beträgt seit Ende 1987 DM 250,– pro Kind.
- **Leistungsprämien an Auszubildende**
  Seit 1973 werden nach einem besonderen Schlüssel Geld- und Sachwerte gezahlt, und da – wie in Kapitel 16 schon berichtet – die Lehrlinge bzw. Auszubildenden beider Firmen stets gute Leistungen erbrachten, kamen auch hier beträchtliche Summen zusammen. Den jungen Leuten wurde nahegelegt, das Geld möglichst für die eigene Ausbildung zu nutzen.
- **Leistungs-Gehaltserhöhungen**
  Die routinemäßigen Tariferhöhungen der Metallindustrie übernahmen IKL und MG im großen und ganzen. Darüber hinaus bemühen sich aber beide Firmen, soweit wie möglich Gehälter primär den Leistungen entsprechend zu zahlen. Nur in besonderen Fällen wird auch die soziale Lage des Mitarbeiters berücksichtigt. Für die Gehaltserhöhungen aufgrund von Leistungen besteht ein System, das seit ca. 1959 ständig verbessert wird, und das mit gewissen Modifikationen auch andere Firmen übernommen haben. Ein- bis zweimal im Jahr hat jeder Vorgesetzte, also in der Regel der Gruppenführer, nach bestimmten Richtlinien die Leistungen seiner Mitarbeiter schriftlich zu beurteilen. Die Beurteilungen der mittleren Führungsebene nimmt die Geschäftsleitung selber vor. Die »Benotung« der einzelnen Gruppenführer wurden anfangs untereinander verglichen und z. T. mit Korrekturfaktoren versehen, um auch hier Ungerechtigkeiten zu vermeiden. Die Abteilungs- bzw. Unterabteilungsleiter sprechen die Beurteilungen mit ihren Gruppenführern durch. Im Laufe der Zeit konnten dabei die Korrekturfaktoren aufgegeben werden. Es stellte sich also ein einheitliches Beurteilungssystem aller Gruppenführer heraus. Schließlich spricht ein- bis zweimal im Jahr die Geschäftsleitung mit jedem einzelnen Abteilungsleiter die Beurteilungen der betreffenden Abteilung durch. Dabei werden vor allem Veränderungen gegenüber den Vorjahren besprochen. Abschließend werden von der Geschäftsleitung in Abstimmung mit dem betreffenden Abteilungsleiter die Leistungserhöhungen fixiert. Dieses System hat darüber hinaus den großen Vorteil, daß die Geschäftsleitung verpflichtet ist, mindestens ein- bis zweimal im Jahr von den Tätigkeiten jedes einzelnen Mitarbeiters konkret Kenntnis zu nehmen bzw. über positive oder negative Änderungen der Leistungen zu sprechen. Dieses stellte sich vor allem bei der Vergrößerung beider Firmen als besonderer Vorteil heraus. Aus solchen Beurteilungen haben sich wiederholt auch Rücksprachen der mittleren Führungsebene oder der Geschäftsführung mit den Mitarbeitern im einzelnen ergeben.

Schließlich beschloß man noch einige Vereinbarungen zwischen den Betriebsräten und den Geschäftsleitungen, die zwar keine besonderen sozialen Leistungen von der einen oder anderen Seite erforderten, sich aber beim IKL und bei MG besonders bewährt haben:

- **Wochenarbeitszeit**
  Diese liegt seit Jahren stets etwas über der tariflichen. Hiermit wurde und wird folgendes erreicht: Zwischen Weihnachten und Neujahr sind die Werkstätten und Büros geschlossen. Über den Grund-(Tarif-)Urlaub hinaus werden einige zusätzliche Urlaubstage gewährt. Außerdem wurde über lange Zeit neben der schon o. g. 2 %-Zahlung im Sommer eine weitere einmalige Zahlung zum Ausgleich für Mehrarbeit vorgenommen. Dieses gab man jedoch schließlich im Zuge der Arbeitszeitverkürzung auf.
- **Gleitzeit**
  Die Gleitzeit ist beim IKL und bei der Verwaltung von MG sowie beim Modellbau schon sehr früh üblich. Sie bewährte sich auf Anhieb derart, daß man sie auch auf die Maschinenfabrik übertrug. Über Vor- und Nachteile der Gleitzeit braucht an dieser Stelle nicht berichtet zu werden. Die Vorteile liegen aber bekanntlich vor allem im persönlichen Bereich des einzelnen Arbeitnehmers, vor allem aufgrund der immer schwierigeren Verkehrsverhältnisse. Für den Erfolg beim IKL und bei MG war es notwendig, daß diejenigen, die im Team zusammenarbeiten, sich zeitlich absprechen und daß außerdem eine relativ lange Kernzeit vorhanden ist. Dieses ist vor allem beim IKL aufgrund seiner engen Zusammenarbeit mit den Werften – und hier speziell mit HDW – notwendig.

ANHANG 15.1
APPENDIX 15.1
IKL-Betriebsratsvorsitzende und ihre Vertreter
Chairmen of IKL's Works Council and their Representatives

1962–1964	Günter Heckel/Reiner Esser
1964–1966	Günter Heckel/Wilhelm Herzog
	ab 18.6.1964 Vertreter: Rudolf Krüger
1966–1969	Rudolf Krüger/Egon Lenschow
1969–1972	Rudolf Krüger/Egon Lenschow
1972–1975	gewählt: Reiner Esser/Günter Heckel
	jedoch ab 5.5.1972 Günter Heckel/Egon Rauter
1975–1978	Günter Heckel/Dr. Franitza
1978–1981	Günter Heckel/Dr. Franitza
1981–1984	Günter Heckel/Rudolf Fischer
1984–1987	Hans-Ulrich Raab/Günter Heckel
1987–1990	Hans-Ulrich Raab/Axel Schneider
	jedoch ab 15.11.1989 Frau Oldenburg/Axel Schneider
1990–1994	Uwe Mirow/Axel Schneider jedoch
	ab 6.2.1991 Hans-Eberhard Hansen/Axel Schneider

Gleichzeitig wurde aufgrund der Firmengröße und entsprechend dem Betriebsverfassungsgesetz erstmalig ein Betriebsrat, und zwar Hans-Eberhard Hansen, von seiner beruflichen Tätigkeit freigestellt.
Nach Gründung der IKL GmbH setzte der Betriebsrat einen Wirtschaftsausschuß ein.
Aus obiger Aufstellung geht hervor, daß Günter Heckel für sehr lange Zeit Betriebsratsvorsitzender bzw. Stellvertreter im IKL war. Er war am 1.10.1957 zusammen mit Lutz Nohse von den Lübecker Flender-Werken zum IKL gekommen und führte über lange Zeit die Gruppe K11, die sich vor allem mit Maschineninstallation und Schalldämmung beschäftigte. Nach Erreichen der Altersgrenze schied Günter Heckel 1990 aus den IKL-Diensten aus.

ANHANG 15.2
APPENDIX 15.2
MG-Betriebsratsvorsitzende und ihre Vertreter
Chairmen of MG's Works Council

1964–1969	Arnold Härle
1969–1972	Klaus Alwert/Arnold Härle
1972–1975	Klaus Alwert/Arnold Härle
	ab 9.1.1973 Vertreter: Dieter Sobik
1975–1978	Klaus Alwert/Dieter Sobik
1978–1981	Klaus Alwert/Dieter Sobik
1981–1984	Klaus Alwert/Dieter Sobik
1984–1987	Klaus Alwert/Dieter Sobik
1987–1990	Hans-Jürgen Wulff/Volker Mellin
	ab 7.2.1989 Vertreter: Joachim Leu
1990–1994	Per Schmidt/Peter Kranz
	ab 11.9.1990 Vertreter: Udo Prüß

Abkürzungen und Erläuterungen

Adcock	Antenne für Vierkursfunkfeuer
Arge	Arbeitsgemeinschaft
ABEI	Allgemeine Bestimmungen für Entwicklungsaufträge der Industrie
AEG	Allgemeine Elektrizitäts-Gesellschaft
AFA	Accumulatoren-Fabrik Aktiengesellschaft
AG	Aktiengesellschaft
AIP	Australian Industry Participation
AUUD	Typbezeichnung für Sonarortungswarnanlage (Empfänger)
BA	Bauanweisung
BBC	Brown Boveri Company
BLM	Berlin Lübecker Maschinenfabrik
BMFT	Bundesministerium für Forschung und Technologie
BMVg	Bundesministerium für Verteidigung
BR	Betriebsrat
BRT	Bruttoregistertonnen
BSG	Betriebssportgemeinschaft
BV	Bauvorschrift
B + V	Blohm und Voss
BWB	Bundesamt für Wehrtechnik und Beschaffung
Co	Company
CAD	Computer Aided Design
CAM	Computer Aided Manufactoring
CFK	Kohlefaserverstärkte Kunststoffe
CIC	Commanding and Information Center
COGS	Compact Ocean Going Submarine
CS	Compact Sonar
CSF	Companie Général de Telegraphie Sans Fie
Dipl.-Ing.	Diplom-Ingenieur
Dk	Druckkörper
Dr.-Ing.	Doktor-Ingenieur
Dr.-Ing. E.h.	Doktor-Ingenieur Ehrenhalber
DAG	Deutsche Angestellten Gewerkschaft
DB	Daimler Benz
DEBEG	Deutsche Betriebsgesellschaft für drahtlose Telegraphie
DIN	Deutsches Institut für Normung
DM	Deutsche Mark
DNVU	Deutsch-Norwegischer Verbindungsstab Unterseeboote
DSRV	Deep Submergence Rescue Vehicle
DSWS	Deep Subsea Working System
DUUG	Typbezeichnung für Sonarortungsanlage (Frequenzanalyse)
DUUX	Typbezeichnung für Passive Entfernungsmeßanlage Elektro
EDV	Elektronische Daten-Verarbeitung
EGLO	Erich Glowatzki Ltd.
ELAC	Electroacustic
EMV	Elektromagnetische Verträglichkeit
ES	Endgültige Spezifikation
ESM	Electronic support measure
Final Det. Spec.	Final Detail Specification (Endgültige Bauanweisung)
FüM	Führungsstab der Marine
FAT	Forschungsinstitut für Anthropotechnik
FGN	Federal German Navy
FH	Fachhochschule
FS	Ferrostaal
FÜWES	Führungs- und Waffen-Einsatz-System
GFK	Glasfaserverstärkte Kunstoffe
GHG	Gruppenhorchgerät
GU	Generalunternehmer
GUT	Gabler Umwelttechnik
GW	Germaniawerft
He	Helium
HAPRO	Handelsgesellschaft für Export
HATRA	Hagelstein Travemünde
HBA	Haupt-Bauabschnitt
HDW	Howaldtswerke Deutsche Werft AG
HNA	Handelsschiffbau Normausschuß
HSA	Hollandse Signaalapparaten
HSVA	Hamburgische Schiffbau-Versuchsanstalt
H_2O_2	Wasserstoff-Superoxyd
IfS	Ingenieurkontor für Schiffbau
Igewit	Ingenieurbüro für Wirtschaft und Technik
Ing	Ingenieur
IvS	Ingenieurskaantor voor Schepsbouw
IBG	Ingenieurbüro Glückauf
ICT	Intercept Anlage
IFF	Identification of Friend or Foe
IKL	Ingenieurkontor Lübeck
ISUS	Integrated Submarine Combat System
Kmdt	Kommandant
Kptl	Kapitänleutnant
KAE	Krupp-Atlas-Elektronik AG
KALIPSO	Kompaktes Analyse-, Lage- und Informationssystem auf der Basis von Passiv Sonar Ortung
KHW	Kieler Howaldtswerke AG
KU	Küsten-U-Boot
KUBA	Küsten-U-Boot-Sonaranlage
KI U	U-Bootabteilung (Schiffbau) im Hauptamt Kriegsschiffbau

KII U	U-Bootabteilung (Maschinenbau) im Hauptamt Kriegsschiffbau
Lkw	Lastkraftwagen
LFW	Lübecker Flender Werke AG
LMG	Lübecker Maschinenbau Ges.
LRBD	Leitender Regierungsbaudirektor
MaK	Maschinenbau GmbH, Kiel
Mio	Millionen
Ms	Mobilmachungs
MAN	Maschinenfabrik Augsburg-Nürnberg
MG	Maschinenbau Gabler GmbH
MR	Maschinenraum
MS	Motorschiff
MTG	Marinetechnik Planungs-Ges. mbH
MOBR	Marineoberbaurat
MTU	Motoren- und Turbinen-Union GmbH
NAC 1/SNAC-I	Submarino Nacional-I
NATO	North Atlantic Treaty Organization
NAV	Navigation
OFD	Oberfinanz-Direktion
OHG	Offene Handelsgesellschaft
OKM	Oberkommando der Kriegsmarine
OPZ	Operationszentrale
OR	Operation Research
ORBR	Oberregierungsbaurat
O_2	Sauerstoff
Prel Det Spec	Preliminary Detail Specification (Vorläufige Bauanweisung)
PDS	Project Definition Study
PM-Motor	Permanent-Magnet-Motor
PR	Product Requirements
PRS	Passive Range Sonar
PS	Passive Sonar
R	Reserve
RAN	Royal Australian Navy
RFT	Request for Tender
RINA	Royal Institution of Naval Architects
RM	Reichsmark
RNON	Royal Norwegian Navy
RNSW	Rheinstahl Nordseewerke GmbH
SAE	Society of Automotive Engineers
SAT	Ship Acceptance Test
SAT-NAV	Satelliten-Navigation
STG	Schiffbautechnische Gesellschaft
STO	Schiffstechnischer Offizier
STZ	Schiffstechnische Zentrale
SVT	Seglerverein Trave
t	Tonne; 1 [t] =1.000 [kg]
ts	tons; 1 [ts] = 1.016 [kg] (gebräuchlich für den juristischen Begriff der „Standard-Verdrängung")
TAF	Taktische Forderung
TEKO	Technisches Konzept
TH	Technische Hochschule
TIMA	Tiefzieh-Maschinenbau GmbH
TLP	Tension Leg Platform
TNSW	Thyssen Nordseewerke GmbH
TOURS	Tourist Observation Underwater Reservation Submarine
TRT	Thyssen Rheinstahl-Technik
TÜV	Technischer Überwachungs Verein
TU	Technische Universität
U	Untersee(boot)
UdSSR	Union der Sozialistischen Sowjetrepubliken
UNI	Universität
USA	United States of America
UT	Unterwassertelefonie
VDI	Verein Deutscher Ingenieure
VSG	Vickers Shipbuilding Group
VU	Versuchs-U-Boot
Wemas	Werkzeugmaschinenfabrik Salzgitter
WC	Wasserklosett
WDV	Wet Diver Vehicle
WEU	Westeuropäische Union
WSU	Weit-Sonaranlage für U-Boote
W+F	Waffen- und Führungs-Technik

Personenregister

Synchron – optische Darstellung de

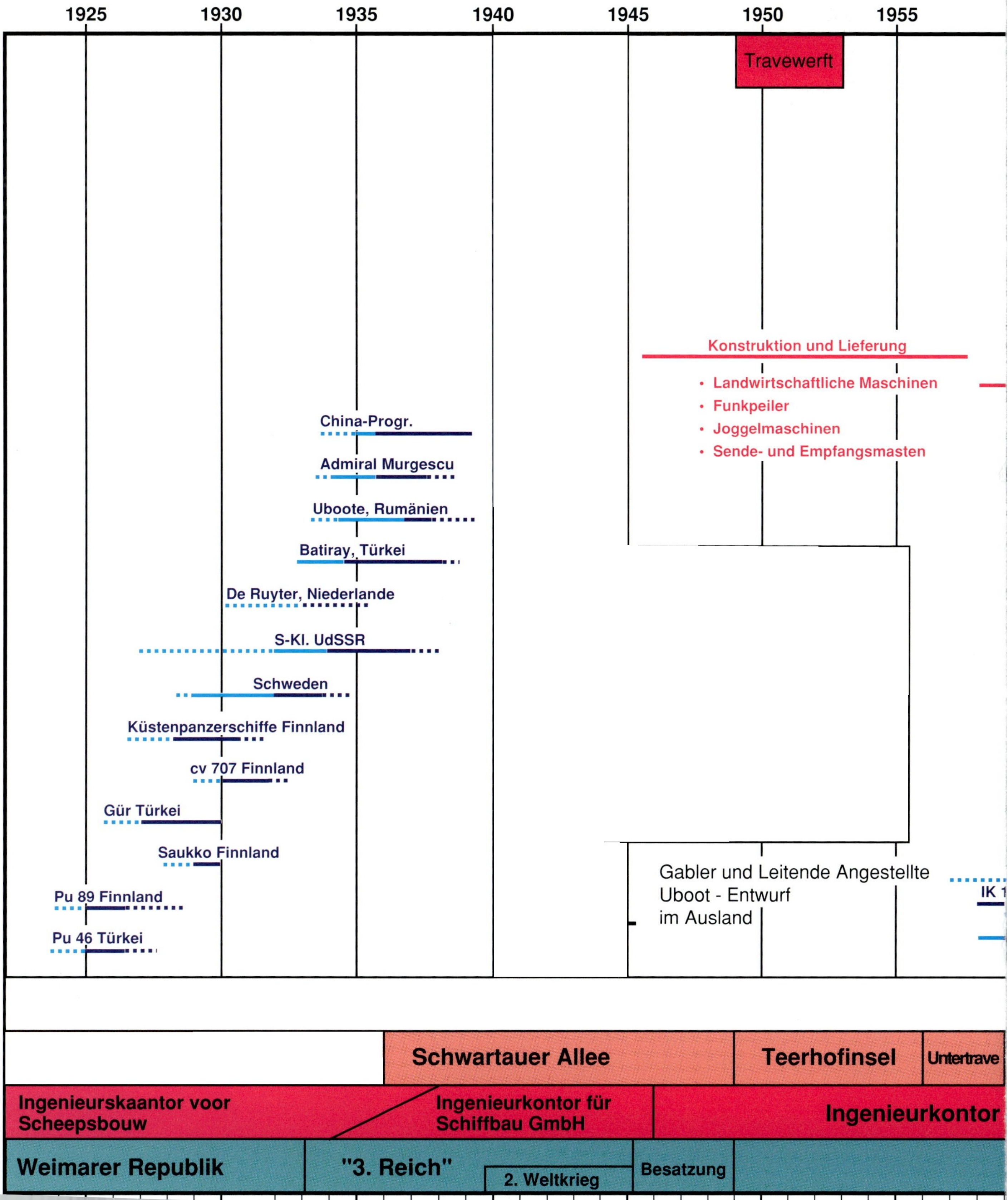

...er IKL- und MG-Firmengeschichte

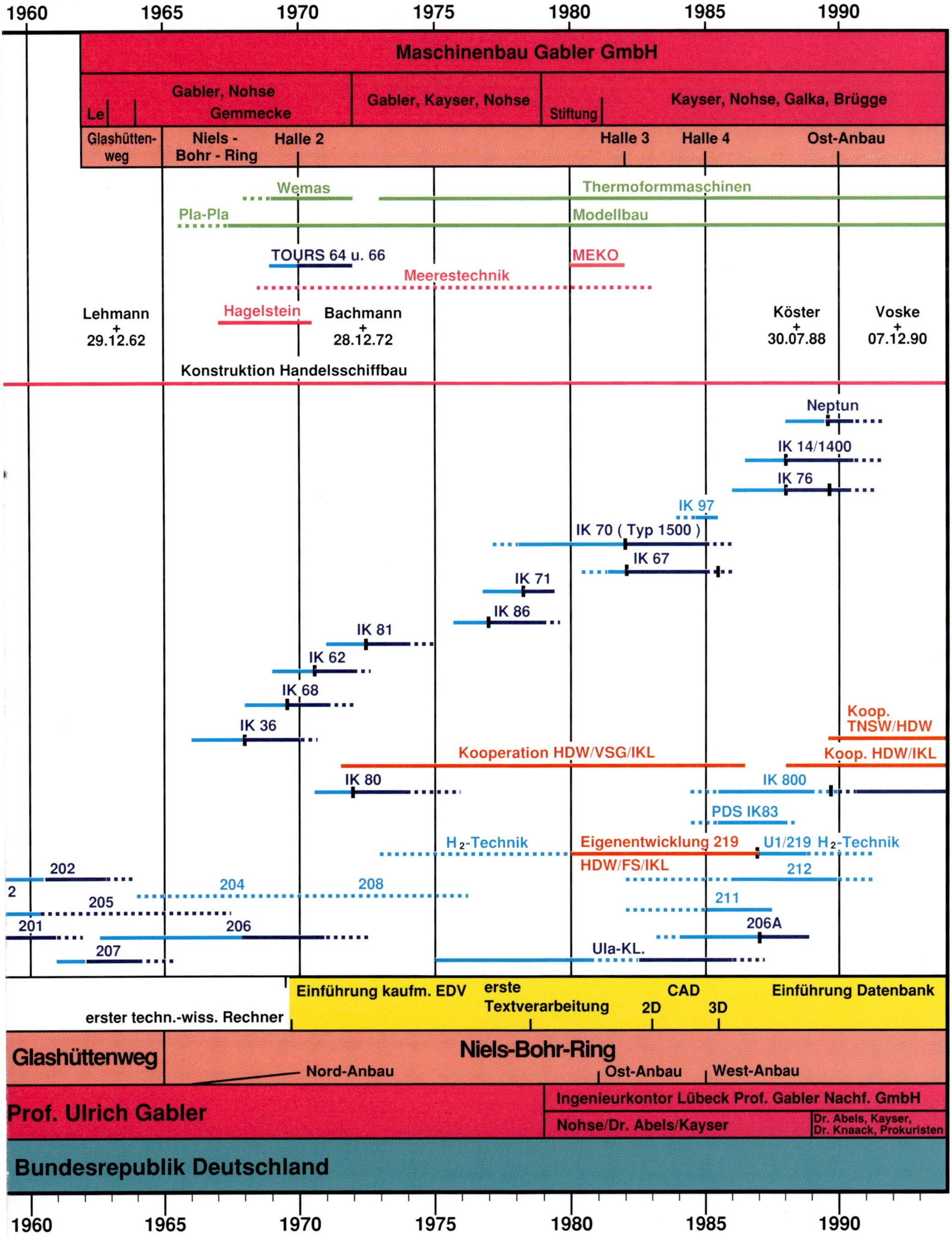